21世纪高职高专新概念规划教材

电子技术基础
（第二版）

主　编　李中发　邓　晓

副主编　彭敏放　黄清秀　朱彦卿　江亚群

中国水利水电出版社
www.waterpub.com.cn

内 容 提 要

本书系统地介绍了电子技术的基本概念、基本理论、基本方法及其在实际中的应用。全书共10章，主要内容包括：半导体器件、单级交流放大电路、多级放大电路、集成运算放大器的应用、直流稳压电源、门电路与逻辑代数、组合逻辑电路、触发器与时序逻辑电路、存储器与可编程逻辑器件、模拟量与数字量的转换。

本书充分体现了职业教育特色，集电子技术与应用为一体。全书叙述简明，概念清楚，知识架构合理，重点突出，难点不难；内容精炼，深入浅出，图文并茂，通俗易懂；每章前有学习要求，后有归纳小结；例题、习题丰富，并附有部分习题参考答案，易于教学，方便自学。

本书可作为各类职业院校非电专业电子技术课程的教材或参考书，也可供有关工程技术人员参考。

本书为授课教师和读者免费提供 PowerPoint 电子教案，教师可以根据教学需要任意修改，读者可以从中国水利水电出版社网站和万水书苑上下载，网址为：http://www.waterpub.com.cn/softdown/和 http://www.wsbookshow.com。

图书在版编目（CIP）数据

电子技术基础 / 李中发，邓晓主编. -- 2版. -- 北京：中国水利水电出版社，2016.5（2023.2重印）
21世纪高职高专新概念规划教材
ISBN 978-7-5170-4311-9

Ⅰ. ①电… Ⅱ. ①李… ②邓… Ⅲ. ①电子技术—高等职业教育—教材 Ⅳ. ①TN

中国版本图书馆CIP数据核字(2016)第101956号

策划编辑：雷顺加　　　责任编辑：赵佳琦　　　封面设计：李　佳

书　　名	21世纪高职高专新概念规划教材 电子技术基础（第二版）
作　　者	主　编　李中发　邓　晓 副主编　彭敏放　黄清秀　朱彦卿　江亚群
出版发行	中国水利水电出版社 （北京市海淀区玉渊潭南路1号D座　100038） 网址：www.waterpub.com.cn E-mail：mchannel@263.net（答疑） 　　　　sales@mwr.gov.cn 电话：（010）68545888（营销中心）、82562819（组稿）
经　　售	北京科水图书销售有限公司 电话：（010）68545874、63202643 全国各地新华书店和相关出版物销售网点
排　　版	北京万水电子信息有限公司
印　　刷	三河市德贤弘印务有限公司
规　　格	170mm×227mm　　16开本　　20.25印张　　376千字
版　　次	2004年3月第1版　　2004年3月第1次印刷 2016年5月第2版　　2023年2月第4次印刷
印　　数	6001—8000册
定　　价	45.00元

第二版前言

《电子技术基础》一书自 2004 年出版以来，经各类职业院校教学使用近 10 余年，深受师生们的好评与欢迎。广大师生们普遍反映，本教材叙述简明，内容深入浅出，通俗易懂；编写思路紧扣教学要求，基本概念讲述清楚，重点突出，难点不难；对问题的讨论注重物理概念的阐述，分析清晰透彻，举例具有典型性且有工程实际观点；每章前有学习要求，后有归纳小结，例题丰富、习题配置齐全，且部分习题提供参考答案，易于教学，方便自学。

编者在本书第一版的基础上，根据多年的教学经验和对课程改革的实践尝试，听取众多使用本教材师生提出的宝贵意见和建议，结合目前电子技术的发展和应用情况，教学上的灵活性以及因材施教的需要，对教材进行了适当的修订。修订后的教材，更加切合理工科职业院校非电类专业的教学层次及教学特点，概念更加清晰、简明，读者更易于掌握电子技术的规律，提高应用能力。

本书的修订是在中国水利水电出版社的指导下完成的。主要修订人员分工如下：彭敏放（第 1 章）、邹津海（第 2 章）、姜燕（第 3 章）、朱彦卿（第 4 章）、黄清秀（第 5 章）、谭阳红（第 6 章）、江亚群（第 7 章）、李中发（第 8 章）、邓晓（第 9 章）、张晚英（第 10 章）。本书由李中发、邓晓担任主编，负责全书的组织、修改和定稿工作；彭敏放、黄清秀、朱彦卿、江亚群担任副主编。

由于编者水平有限，书中疏漏和错误之处在所难免，恳请广大读者提出宝贵意见，以便修改。

编　者
2016 年 1 月

第一版前言

电子技术是研究电子器件、电子电路及其应用的科学技术。它是 20 世纪才发展起来的新兴学科。几十年来，电子技术以惊人的发展速度改变着它自身和整个现代科学技术的面貌，对整个科学技术的发展起了极大的推动作用。目前，电子技术应用十分广泛，并且已经渗透到国民经济、国防和日常生活的一切领域，在我国社会主义现代化建设中占有极其重要的地位。

电子技术课程是高等工业学校非电类专业的一门技术基础课。它的任务是使学生通过本课程的学习，获得电子技术必要的基本理论、基本知识和基本技能，了解电子技术的应用和发展，为学习后续相关课程以及从事与本专业有关的工程技术工作和科学研究工作打下一定的基础。

本教材与《电工技术基础》（李中发主编，即将由中国水利水电出版社出版）作为电工学的一套教材，在章节安排和内容取舍上都作了仔细的协调。

本书集电子技术和应用于一体，在内容和结构上对电子技术课程进行了优化整合。在本书编写过程中，作者根据自己多年的教学经验及对课程改革的实践尝试，从时代发展、技术进步、知识结构、课程体系上进行总体考虑，力图实现以下目标：

叙述简明，内容深入浅出，通俗易懂，文图并茂，例题、习题丰富，各章均有学习要求、概述和小结，书后有附录和习题答案，便于教与学；内容精练，基本概念清楚，重点突出，难点不难；系统性强，使学生建立完整有序的概念；知识结构合理，为进一步学习有关后续课程和实际应用打下良好的基础；理论教学与实践教学紧密结合，注重学生的智力开发和能力培养；力图反映新技术、新动向，以适应电工电子技术发展和变化的需要。

本教材的理论教学时数约为 60 学时，实践教学时数约为 20 学时。在教学时可根据各专业的实际情况进行适当取舍。

本书是在教育部"高职高专教育电工课程教学内容体系改革、建设的确定与实践"（项目编号Ⅲ31-1）课题组和中国水利水电出版社指导下编写完成的。参加本书编写工作的有：许新民（第 1 章），邹津海（第 2 章），胡锦（第 3 章），谢胜曙（第 4 章），陈洪云（第 5 章），方厚辉（第 6 章），江亚群（第 7 章），李中发（第 8 章、第 9 章），向阳（第 10 章），杨华、周少华参加了部分习题的选编工作，陈玉英、李珊珊、陈南放等做了本书的文字录入和图表制作工作。本书由李中发担任主编，负责全书的组织、修改和定稿工作；由方厚辉、谢胜曙、胡锦担任副主编。

限于编者水平，书中疏漏在所难免，恳请广大读者提出宝贵意见。作者的 E-mail 地址为：li_zhongfa@163.net。

编　者

2004 年 1 月

目 录

第1章　半导体器件

本章学习要求

- 了解半导体二极管、三极管的结构。
- 理解二极管的工作原理、伏安特性和主要参数。
- 理解双极型三极管的放大作用、输入和输出特性曲线及主要参数。
- 了解 MOS 场效应管的伏安特性、主要参数及其与双极型三极管的性能比较。

半导体器件是用半导体材料制成的电子器件，是构成各种电子电路最基本的核心元件。电子技术就是研究电子器件、电子电路及其应用的科学技术。

半导体器件具有体积小、重量轻、功耗低、使用寿命长等优点，在现代工业、农业、科学技术、国防等各个领域得到了广泛的应用。

半导体二极管和三极管是最常用的半导体器件。它们的基本结构、工作原理、伏安特性和主要参数是学习电子技术和分析电子电路必不可少的基础，而 PN 结又是构成各种半导体器件的共同基础。因此，本章首先介绍半导体的导电特性、PN 结及其单向导电性，然后介绍半导体二极管、双极型三极管和绝缘栅型场效应管的基本结构、工作原理、伏安特性和主要参数，为以后的学习打下基础。

1.1　PN 结

自然界中存在着各种物质，按导电能力的强弱可分为导体、绝缘体和半导体。半导体的导电能力介于导体和绝缘体之间，主要有硅、锗、硒、砷化镓和氧化物、硫化物等。

半导体之所以被重视，是因为很多半导体的导电能力在不同的条件下有着显著的差异。例如，有些半导体如钴、锰、硒等的氧化物对温度的反应特别灵敏，环境温度升高时，它们的导电能力会明显增强。利用这种热敏特性可制成各种热敏元件。又如，有些半导体如镉、铝的硫化物和硒化物受到光照时，它们的导电能力会变得很强；当无光照射时，又变得像绝缘体那样不导电。利用这种光敏特性可制成各种光敏元件。

更重要的是，如果在纯净的半导体中掺入微量的杂质元素，其导电能力会猛增到几千、几万甚至上百万倍。利用半导体的这种掺杂特性，可制成种类繁多的具有不同用途的半导体器件，如二极管、双极型三极管、场效应管等。

1.1.1　半导体的导电特征

常用的半导体材料是硅和锗，它们都是四价元素。纯净的半导体具有晶体结构，所以半导体又称为晶体。在这种晶体结构中，原子与原子之间构成共价键结构。纯净半导体材料在热力学温度为零度的情况下，电子被共价键束缚得很紧，没有导电能力。当温度升高时，由于热激发，一些电子获得一定能量后会挣脱束缚成为自由电子，使半导体材料具有一定的导电能力。同时在这些自由电子原来的位置上留下空位，称为空穴。空穴因失掉一个电子而带正电。由于正负电的相互吸引，空穴附近的电子会填补这个空位，于是又会产生新的空穴，又会有相邻的电子来递补，如此进行下去就形成空穴运动。由热激发产生的自由电子和空穴是成对出现的，称为电子空穴对。自由电子和空穴都称为载流子。

由此可见，半导体材料在外加电压作用下出现的电流是由自由电子和空穴两种载流子的运动形成的。这是半导体导电与金属导体导电机理上的本质区别。

在常温下，纯净半导体中自由电子和空穴的数量有限，导电能力并不很强。如果在纯净半导体中掺入某些微量杂质，其导电能力将大大增强。

在纯净半导体硅或锗中掺入磷、砷等五价元素，这类元素的原子最外层有 5 个价电子，故在构成的共价键结构中，由于存在多余的价电子而产生大量自由电子。这种半导体主要靠自由电子导电，称为电子半导体或 N 型半导体，其中自由电子为多数载流子，热激发形成的空穴为少数载流子。

在纯净半导体硅或锗中掺入硼、铝等三价元素，这类元素的原子最外层只有 3 个价电子，故在构成的共价键结构中，由于缺少价电子而形成大量空穴。这类掺杂后的半导体其导电作用主要靠空穴运动，称为空穴半导体或 P 型半导体，其中空穴为多数载流子，热激发形成的自由电子是少数载流子。

图 1-1 所示为 N 型半导体和 P 型半导体中载流子和杂质离子的示意图。图中 ⊕ 表示杂质原子因提供了一个价电子而形成的正离子，⊖ 表示杂质原子因提供了一个空穴而形成的负离子。这些正、负离子不能移动，不能参与导电。

值得注意的是，无论是 P 型半导体还是 N 型半导体都是中性的，对外不显电性。

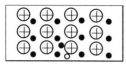

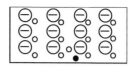

（a）N 型半导体 （b）P 型半导体

图 1-1 N 型半导体和 P 型半导体

1.1.2 PN 结及其单向导电性

采用适当工艺把 P 型半导体和 N 型半导体制作在同一基片上，使得 P 型半导体与 N 型半导体之间形成一个交界面。由于两种半导体中载流子种类和浓度的差异，将产生载流子的相对扩散运动，如图 1-2（a）所示。多数载流子在交界面处被中和而形成一个空间电荷区，这就是 PN 结。空间电荷区在 N 区一侧是正电荷区，在 P 区一侧是负电荷区，因此在 PN 结内存在一个内电场，其方向是从带正电的 N 区指向带负电的 P 区，如图 1-2（b）所示。

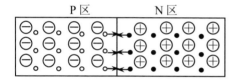

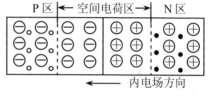

（a）载流子的扩散运动 （b）PN 结及其内电场

图 1-2 PN 结的形成

内电场对多数载流子的进一步扩散起阻挡作用，但对少数载流子的运动却起到推动作用。少数载流子在电场力作用下的定向运动称为漂移运动。显然，多子的扩散和少子的漂移是两类方向相反的运动。在一定的条件下，漂移运动和扩散运动达到动态平衡，PN 结处于相对稳定的状态。

如果给 PN 结施加正向电压，如图 1-3（a）所示，则外电场与内电场的方向相反，当外电场大于内电场时，内电场的作用被抵消，PN 结变薄，多数载流子的扩散运动增强，形成正向电流。外加电场越强，正向电流就越大，这意味着 PN 结的正向电阻变小。PN 结的这种工作状态称为导通状态。

如果给 PN 结施加反向电压，如图 1-3（b）所示，则外电场与内电场的方向一致，使内电场的作用增强，PN 结变厚，多数载流子的扩散运动难于进行。但内电场的增强有助于少数载流子的漂移运动，形成反向电流。由于常温下少数载流子数量很少，因此一般情况下反向电流很小，即 PN 结的反向电阻很大。PN 结的这种工作状态称为截止状态。

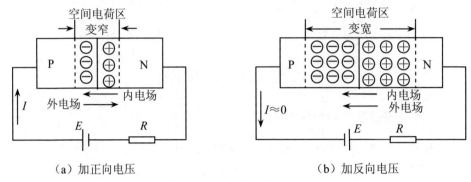

（a）加正向电压　　　　　　　　　　（b）加反向电压

图 1-3　PN 结的单向导电性

　　综上所述，PN 结具有单向导电性，即 PN 结加正向电压时，正向电阻很小，PN 结导通，可以形成较大的正向电流；PN 结加反向电压时，反向电阻很大，PN 结截止，反向电流基本为零。二极管、三极管等半导体器件的工作特性都是以 PN 结的单向导电性为基础的。

1.2　半导体二极管

1.2.1　半导体二极管的结构

　　在 PN 结两端各引出一个电极，再封装在管壳里就构成半导体二极管。从 P 区引出的电极称为阳极或正极，从 N 区引出的电极称为阴极或负极。图 1-4（a）所示为几种二极管的外形。二极管的符号如图 1-4（b）所示。

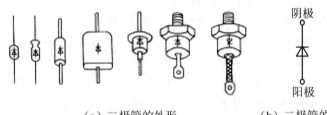

（a）二极管的外形　　　　　　　　　　（b）二极管的符号

图 1-4　二极管的外形和符号

　　按结构分，二极管有点接触型和面接触型两类，如图 1-5 所示。点接触型二极管 PN 结的结面积较小，因而结电容很小，且不能通过较大电流，但其高频性能好，故一般适用于高频和小功率电路的工作，也可用于数字电路中作开关元件。

面接触型二极管的结面积较大，允许通过较大电流，但结电容较大，工作频率较低，适用于整流电路。

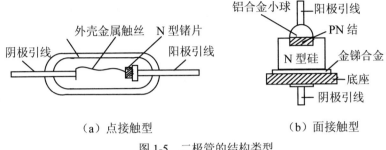

（a）点接触型　　　　　　　　　　（b）面接触型

图 1-5　二极管的结构类型

1.2.2　半导体二极管的伏安特性

由于二极管内部是一个 PN 结，因此也具有单向导电性。实际二极管的伏安特性如图 1-6 所示。

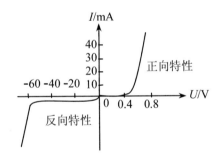

图 1-6　二极管的伏安特性

1. 正向特性

当二极管承受的正向电压（又称正向偏置）很低时，还不足以克服 PN 结内电场对多数载流子运动的阻挡作用，二极管的正向电流非常小。这一区域称为死区。通常硅二极管的死区电压约为 0.5V，锗二极管的死区电压约为 0.2V。

当二极管的正向电压超过死区电压后，PN 结内电场被抵消，正向电流明显增加。并且随着正向电压增大，电流迅速增大，二极管的正向电阻变得很小。当二极管充分导通后，二极管的正向压降基本维持不变，称为正向导通电压。硅二极管的正向导通电压约为 0.6～0.8V，锗二极管的正向导通电压约为 0.2～0.3V。这一区域称为正向导通区。

2. 反向特性

当二极管承受反向电压（又称反向偏置）时，由于只有少数载流子的漂移运动，因此，形成的反向电流极小。正常情况下，硅二极管的反向电流一般在几微安以下，锗二极管的反向电流较大，一般在几十至几百微安。这一区域称为反向截止区。

当反向电压增加到某一数值时，在强大的外电场力作用下，获得足够能量的载流子高速运动将其他被束缚的电子撞击出来。这种撞击的连锁反应，使二极管中的电子与空穴数目急剧增加，造成反向电流突然增大，这种现象称为反向击穿。击穿时对应的电压称为反向击穿电压。这一区域称为反向击穿区。由于二极管发生反向击穿时，反向电流会急剧增大，如不加以限制，将造成二极管永久性损坏，失去单向导电性。

1.2.3　半导体二极管的主要参数

在使用各种半导体器件时，要根据它们的实际工作条件确定它们的参数，然后从相应的半导体器件手册中查找出合适的半导体器件型号。

半导体二极管的主要参数有：

1. 最大整流电流 I_{OM}

最大整流电流是指二极管长期工作时允许通过的最大正向平均电流。点接触型二极管的最大整流电流一般在几十毫安以下，面接触型二极管的最大整流电流较大，可达上百毫安。实际工作时，管子通过的电流不应超过这个数值，否则将导致管子过热而损坏。

2. 最高反向工作电压 U_{DRM}

最高反向工作电压是保证二极管不被击穿所允许的最高反向电压。为安全起见，一般最高反向工作电压为反向击穿电压的 $1/2\sim2/3$。点接触型二极管的最高反向工作电压为几十伏特，面接触型二极管的最高反向工作电压可达数百伏特。

3. 最大反向电流 I_{RM}

最大反向电流是指二极管在常温下承受最高反向工作电压时的反向电流。反向电流大，说明二极管的单向导电性能差，并且受温度的影响大。硅管的反向电流较小，一般在几个微安以下，锗管的反向电流较大，为硅管的几十到几百倍。

二极管的应用范围很广，利用它的单向导电性，可组成整流、检波、限幅、钳位等电路，还可用它构成其他元件或电路的保护电路，以及在脉冲与数字电路中作为开关元件等。

在进行电路分析时，一般可将二极管视为理想元件，即认为其正向电阻为零，正向导通时为短路特性，正向压降忽略不计；反向电阻为无穷大，反向截止时为开路特性，反向漏电流忽略不计。理想二极管的电路模型如图 1-7 所示。

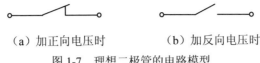

（a）加正向电压时 （b）加反向电压时

图 1-7 理想二极管的电路模型

例 1-1 在图 1-8 所示的电路中，已知输入端 A 的电位 $U_A = 3\,\text{V}$，B 的电位 $U_B = 0\,\text{V}$，电阻 R 接-12V 电源，求输出端 F 的电位 U_F。

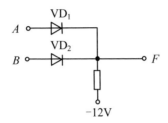

图 1-8 例 1-1 的电路

解 因为 $U_A > U_B$，所以二极管 VD_1 优先导通，设二极管为理想元件，则输出端 F 的电位为 $U_F = U_A = 3\,\text{V}$。当 VD_1 导通后，VD_2 上加的是反向电压，VD_2 因而截止。

在这里，二极管 VD_1 起钳位作用，把 F 端的电位钳在 3V；VD_2 起隔离作用，把输入端 B 和输出端 F 隔离开来。

例 1-2 在图 1-9（a）所示的电路中，已知输入电压 $u_i = 10\sin(\omega t)\,\text{V}$，电源电动势 $E = 5\text{V}$，二极管为理想元件，试画出输出电压 u_o 的波形。

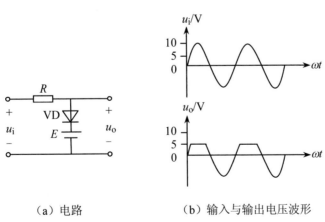

（a）电路 （b）输入与输出电压波形

图 1-9 例 1-2 的图

解　根据二极管的单向导电特性可知，当 $u_i \leqslant 5\,\text{V}$ 时，二极管 VD 截止，相当于开路，因电阻 R 中无电流流过，故输出电压与输入电压相等，即 $u_o = u_i$；当 $u_i > 5\,\text{V}$ 时，二极管 VD 导通，相当于短路，故输出电压等于电源电动势，即 $u_o = E = 5\,\text{V}$。所以，在输出电压 u_o 的波形中，5V 以上的波形均被削去，输出电压被限制在 5V 以内，波形如图1-9（b）所示。在这里，二极管组成了限幅电路。

1.3　特殊二极管

除了上述普通二极管外，还有一些特殊二极管，如稳压二极管、发光二极管、光电二极管等。

1.3.1　稳压管

1. 稳压管的稳压作用

稳压管是一种特殊工艺制成的面接触型硅二极管。由于它在电路中与适当数值的电阻配合后能起稳定电压的作用，故称为稳压管。

稳压管的伏安特性和普通二极管的伏安特性基本相似，主要区别是稳压管的反向击穿区特性曲线比普通二极管更陡。稳压管的伏安特性曲线及电路符号如图1-10所示。

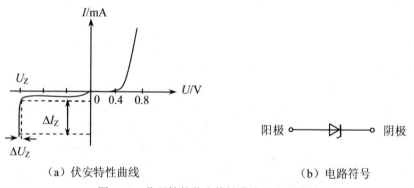

（a）伏安特性曲线　　　　　　　　　　　　　（b）电路符号

图1-10　稳压管的伏安特性曲线及电路符号

稳压管工作于反向击穿区。从稳压管的反向特性曲线上可以看出，反向电压在一定范围内变化时，反向电流很小。当反向电压增高到击穿电压时，反向电流突然剧增，稳压管反向击穿。此后，电流虽然在很大范围内变化，但稳压管两端的电压变化很小。利用这一特性，稳压管在电路中能起稳压作用。

稳压管与一般二极管不一样，它的反向击穿是可逆的。当去掉反向电压之后，稳压管又恢复正常。

值得注意的是，如果稳压管的反向电流超过允许范围，稳压管会因过热而损坏。所以，与稳压管配合的电阻要适当，才能起稳压作用。

2. 稳压管的主要参数

稳压管的主要参数如下：

（1）稳定电压 U_Z。稳定电压就是稳压管在正常工作下管子两端的电压。通常，各种手册中所列的数据都是在一定条件（工作电流、温度）下的数值，即使是同一型号的稳压管，由于工艺方面和其他原因，稳压值也有一定的分散性。例如 2CW18 稳压管的稳压值为 10～12V。

（2）稳定电流 I_Z。就是指在稳压管两端加稳定电压时通过的电流值。稳压管的稳定电流只是一个作为依据的参考数值，设计选用时要根据具体情况（例如工作电流的变化范围）来考虑。但对各种型号的稳压管，都规定有一个最大稳定电流 I_{ZM}。

（3）动态电阻 r_Z。指稳压管在稳定工作范围内，管子两端电压的变化量与相应电流的变化量之比。即：

$$r_Z = \frac{\Delta U_Z}{\Delta I_Z}$$

由图 1-10 可见，稳压管的 r_Z 越小，稳压性能越好。

（4）额定功率 P_Z 和最大稳定电流 I_{ZM}。额定功率 P_Z 是在稳压管允许结温下的最大功率损耗。最大稳定电流 I_{ZM} 是指稳压管允许通过的最大反向电流。它们之间的关系是：

$$P_Z = U_Z I_{ZM}$$

稳压管在电路中的主要作用是稳压和限幅，也可和其他电路配合构成欠压或过压保护、报警环节等。

例 1-3 在图 1-11 所示的电路中，已知稳压管 VD_Z 的参数为：$U_Z = 12\,V$，$I_Z = 5\,mA$，$I_{ZM} = 18\,mA$，负载电阻 $R_L = 2\,k\Omega$，要求当输入电压 U_i 由正常值发生 ±20% 的波动时，输出电压 U_o 基本不变。试确定电阻 R 和输入电压 U_i 的正常值。

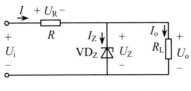

图 1-11 例 1-3 的图

解 负载电阻 R_L 两端的电压 U_o 就是稳压管两端的电压 U_Z。当 U_i 发生波动时，必然使限流电阻 R 上的压降和 U_o 发生变动，从而使通过稳压管的电流变动。但只要通过稳压管的电流在 $I_Z \sim I_{ZM}$ 范围内变动，即可认为 U_Z 即 U_o 基本上不变。

当输入电压达到上限时，流过稳压管的电流为最大值 I_{ZM}，因此有：

$$I = I_{ZM} + I_o = I_{ZM} + \frac{U_Z}{R_L} = 18 + \frac{12}{2} = 24 \quad (\text{mA})$$

$$U_i + 0.2U_i = U_R + U_Z = IR + U_Z = 24R + 12$$

$$1.2U_i = 24R + 12 \qquad\qquad ①$$

当输入电压降为下限时，流过稳压管的电流应为 I_Z，于是有：

$$I = I_Z + I_o = I_Z + \frac{U_Z}{R_L} = 5 + \frac{12}{2} = 11 \quad (\text{mA})$$

$$U_i - 0.2U_i = U_R + U_Z = IR + U_Z = 11R + 12$$

$$0.8U_i = 11R + 12 \qquad\qquad ②$$

联立①、②两式解得：

$$U_i = 26\,\text{V}$$

$$R = 0.8\,\text{k}\Omega$$

1.3.2 发光二极管

发光二极管的结构与普通二极管相似，但发光二极管不是由硅和锗材料构成，而是用半导体砷化镓、磷化镓等材料制成的 PN 结构成。

当发光二极管的 PN 结加上正向电压时，电子与空穴复合过程以光的形式放出能量。不同材料制成的发光二极管会发出不同颜色的光。图 1-12（a）所示为发光二极管的电路符号。图 1-12（b）所示为发光二极管正向导通发光的电路。

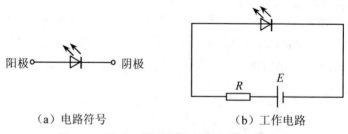

| （a）电路符号 | （b）工作电路 |

图 1-12　发光二极管的电路符号及其工作电路

发光二极管具有亮度高、清晰度高、电压低（1.5～3V）、反应快、体积小、可靠性高、寿命长等特点，是一种很有用的半导体器件，常用于信号指示、数字和字符显示。

1.3.3　光电二极管

光电二极管又称为光敏二极管。光电二极管的符号如图 1-13 所示，其工作原理恰好与发光二极管相反。当光线照射到光电二极管的 PN 结时，能激发更多的电子，使之产生更多的电子空穴对，从而提高了少数载流子的浓度。在 PN 结两端加反向电压时反向电流会增加，反向电流的大小与光的照度成正比，所以光电二极管正常工作时所加的电压为反向电压。为使光线能照射到 PN 结上，在光电二极管的管壳上设有一个小的通光窗口。

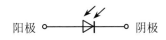

阳极　　　　　　　　　　　　　　阴极

图 1-13　光电二极管的电路符号

光电二极管应用广泛，如冲床安全保护装置就是光电二极管应用的具体例子。把光电二极管安装在冲床工件的前面。正常时有光照射到光电二极管上，光电二极管有光电流，冲床可以启动，当操作人员的手未离开工件而将光路挡住时，光电二极管无光电流，发出禁止启动冲床的信号，起到安全保护作用。

光电二极管可用于光的测量。当制成大面积光电二极管时，能将光能直接转换成电能，可当作一种电源，称为光电池。

1.4　双极型三极管

双极型三极管又称为半导体三极管或晶体三极管，常简称为晶体管或三极管，是一种重要的半导体器件，是放大电路和开关电路的基本元件之一。

1.4.1　三极管的结构及类型

三极管有 3 个管脚，图 1-14 所示是常见的三极管封装外形。三极管的种类很多，按工作频率分有高频管和低频管；按耗散功率分有大、中、小功率管；按半导体材料分有硅管和锗管等。耗散功率不同的三极管，体积及封装形式也不同。近年来生产的小、中功率管多采用硅酮塑料封装；大功率管采用金属封装，通常制成扁平形状，并有螺钉安装孔。有的大功率管制成螺栓形状，这样能使其外壳和散热器连成一体，便于散热。

三极管的结构是由两个 PN 结构成。目前最常见的有平面型和合金型两类，如图 1-15 所示。硅管主要是平面型，锗管都是合金型。

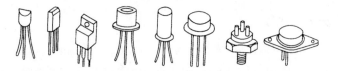

图 1-14　常见三极管的外形

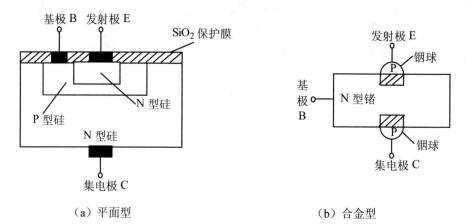

（a）平面型　　　　　　　　　　　　　（b）合金型

图 1-15　三极管的结构

不论平面型或合金型，都分成 NPN 或 PNP 三层，因此又把三极管分为 NPN 型和 PNP 型两种类型。当前国内生产的硅晶体管多为 NPN 型（3D 系列），锗晶体管多为 PNP 型（3A 系列）。图 1-16 所示分别为两种三极管的结构示意图和电路符号。两种三极管符号的区别是发射极的箭头方向不同，该箭头方向表示发射结加正向电压时的电流方向。

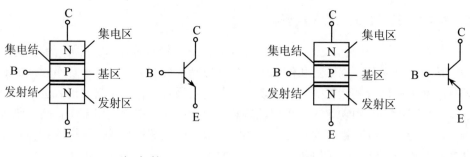

（a）NPN 型三极管　　　　　　　　　　（b）PNP 型三极管

图 1-16　三极管的结构示意图和电路符号

不论何种类型的三极管，其内部均有发射区、基区和集电区 3 个区，其中基区较另两个区要薄得多，且掺杂浓度也低得多。这三个区分别引出发射极 E、基极 B 和集电极 C 这 3 个电极。两个 PN 结分别为发射区与基区之间的发射结和集电区与基区之间的集电结，集电结面积较发射结面积要大。

NPN 型和 PNP 型三极管工作原理相似，不同之处仅在于使用时工作电源极性相反而已。由于应用中采用 NPN 型三极管较多，所以下面以 NPN 型三极管为例进行分析讨论，所得结论对于 PNP 型管同样适用。

1.4.2　三极管的电流分配和电流放大作用

三极管在电路中工作时，两个 PN 结上的电压可能是正向电压，也可能是反向电压。根据两个 PN 结上电压正反向的不同，管内电流的流动与分配便有很大的不同，由此而导致其性能上有显著的差别。为了使三极管具有放大作用，必须使发射结加正向电压，集电结加反向电压，如图 1-17 所示。

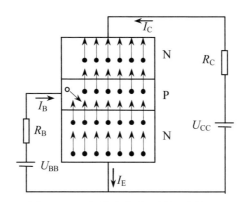

图 1-17　三极管中载流子的运动情况

由于发射结承受的正向电压抵消了发射结内电场，发射区的多数载流子（自由电子）不断向基区扩散，形成发射极电流 I_E。因基区很薄，掺杂浓度很低，且 $U_{CC} > U_{BB}$，在强大的外电场作用下，扩散到基区的自由电子绝大部分穿过集电结流向集电极，形成集电极电流 I_C，只有极少部分电子与基区的空穴复合形成基极电流 I_B。3 个电极的电流满足如下关系式：

$$I_E = I_C + I_B$$

且 I_B 与 I_E、I_C 相比小得很多，实验表明 I_C 比 I_B 大数十至数百倍，因而有：

$$I_C \approx I_E \gg I_B$$

I_B 虽然很小，但对 I_C 有控制作用，I_C 随 I_B 的改变而改变，即基极电流较小的变化可以引起集电极电流较大的变化，表明基极电流对集电极具有小量控制大量的作用，这就是三极管的电流放大作用。

综上所述，三极管 3 个电极的电流分配关系和电流放大作用是由其内在特性所决定的。三极管能够起电流放大作用的外部条件是发射结正向偏置，集电结反向偏置，即：

$$|U_{CE}| > |U_{BE}|$$

由于三极管内部自由电子和空穴都参与导电，属双极型电流控制器件，故亦称为双极型三极管。此外还可看到，对 NPN 型管而言，U_{CE} 和 U_{BE} 都是正值；而对 PNP 型管而言，U_{CE} 和 U_{BE} 都是负值。

1.4.3　三极管的特性曲线

三极管的特性曲线是用来表示三极管各电极电压与电流之间相互关系的，是分析三极管各种电路的重要依据。各种三极管的特性曲线形状相似，但由于种类不同，数据差异很大，使用时可查阅有关半导体器件手册或用晶体管特性图示仪直接观察，也可用图 1-18 所示的实验电路测量得到。

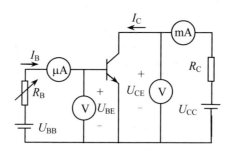

图 1-18　测量三极管特性曲线的实验电路

1. 输入特性曲线

输入特性曲线是指当三极管的集电极与发射极间所加的电压 U_{CE} 为常数时，基极和发射极间电压 U_{BE} 与基极电流 I_B 之间的关系曲线，即：

$$I_B = f(U_{BE})\big|_{U_{CE}=常数}$$

一般情况下，当 $U_{CE} \geqslant 1\,V$ 时，就能保证集电结处于反向偏置，可以把发射区扩散到基区的电子中的绝大部分拉入集电区。此时，再增大 U_{CE} 对 I_B 影响甚微，也即 $U_{CE} \geqslant 1\,V$ 的输入特性曲线基本上是重合的。所以，半导体器件手册中通常只给出一条 $U_{CE} \geqslant 1\,V$ 时三极管的输入特性曲线，如图 1-19 所示。

由图可见，三极管的输入特性曲线与二极管的伏安特性曲线很相似，也存在一段死区。硅管的死区电压约为 0.5V，锗管的死区电压约为 0.2V。在正常导通时，硅管的 U_{BE} 约在 0.6~0.8V 之间，而锗管的 U_{BE} 约在 0.2~0.3V 之间。

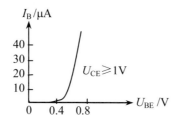

图 1-19　三极管的输入特性曲线

2. 输出特性曲线

输出特性曲线是指当三极管基极电流 I_B 为常数时，集电极电流 I_C 与集电极和发射极间电压 U_{CE} 之间的关系曲线，即：

$$I_C = f(U_{CE})|_{I_B=常数}$$

I_B 的取值不同，得到的输出特性曲线也不同。所以，三极管的输出特性曲线是一族曲线，如图 1-20 所示。根据三极管的工作状态不同，可将输出特性曲线分为三个区域：

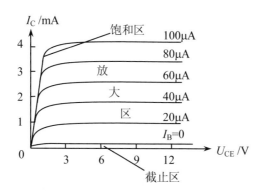

图 1-20　三极管的输出特性曲线

（1）放大区。放大区是输出特性曲线中近似平行于横轴的曲线族部分。当 U_{CE} 超过一定数值后（1V 左右），I_C 的大小基本上与 U_{CE} 无关，呈现恒流特性。在放大区，I_C 与 I_B 成正比，即 $I_C = \beta I_B$，随 I_B 增加 I_C 也增加，三极管具有电流放大作用。如前所述，三极管在放大状态下，发射结处于正向偏置，集电结处于反向偏置。

（2）截止区。$I_B = 0$ 这条曲线及以下的区域称为截止区。在此区域内，$I_C = I_{CEO} \approx 0$，集电极和发射极间只有微小的反向电流，近似于断开状态。对 NPN 硅管，$U_{BE} < 0.5\,V$ 时即已开始截止。为了使三极管可靠截止，通常给发射结加上

反向偏置电压，即 $U_{BE} < 0 \text{V}$。这样，发射结和集电结都处于反向偏置，三极管处于截止状态。

（3）饱和区。靠近输出特性曲线纵坐标轴曲线上升部分所对应的区域称为饱和区。在饱和区，I_C 不再随 I_B 的增大而成比例地增大，三极管失去线性放大作用。饱和时的 I_C 称为集电极饱和电流，用 I_{CS} 表示，饱和时的集电极和发射极间电压称为集电极和发射极间饱和电压，用 U_{CES} 表示。U_{CES} 很小，约为 0.3V。一般认为 $U_{CES} = 0 \text{V}$，集电极和发射极间相当于接通状态。在饱和状态下，$|U_{BE}| > |U_{CE}|$，即发射结和集电结均为正向偏置。

1.4.4 三极管的主要参数

1. 电流放大系数

（1）动态（交流）电流放大系数 β。指 U_{CE} 为定值时，集电极电流变化量 ΔI_C 与基极电流变化量 ΔI_B 之比，即：

$$\beta = \frac{\Delta I_C}{\Delta I_B}\bigg|_{U_{CE}=常数}$$

（2）静态（直流）电流放大系数 $\overline{\beta}$。表示在无交流信号输入时，集电极电流 I_C 与基极电流 I_B 的比值，即：

$$\overline{\beta} = \frac{I_C}{I_B}$$

β 与 $\overline{\beta}$ 虽含义不同，但在常用的工作范围内两者数值差别很小，一般不作严格区分。常用小功率三极管的 β 值在 50～200 之间，大功率管的 β 值一般较小。选用三极管时应注意，β 太小的管子放大能力差，而 β 太大则管子的热稳定性较差。

2. 极间反向电流

（1）集电极与基极间反向饱和电流 I_{CBO}。指发射极开路时，集电结在反向偏置作用下，集电极与基极间的反向电流。它是由少数载流子漂移形成的。三极管的 I_{CBO} 越小越好。在室温下，小功率硅管的 I_{CBO} 小于 1μA，而小功率锗管的 I_{CBO} 则在 10μA 左右。

（2）穿透电流 I_{CEO}。指在基极开路时，集电结处于反向偏置、发射结处于正向偏置的情况下，集电极与发射极间的反向电流。I_{CEO} 中除含有由集电区的少数载流子（空穴）漂移形成的 I_{CBO} 外，还有从发射区的多数载流子（电子）扩散形成的电流 $\overline{\beta} I_{CBO}$，即：

$$I_{CEO} = I_{CBO} + \overline{\beta} I_{CBO} = (1 + \overline{\beta}) I_{CBO}$$

I_{CBO}、I_{CEO} 受温度影响很大，它们均随温度升高而增大，造成三极管工作不稳定。I_{CEO} 是 I_{CBO} 的 $(1+\overline{\beta})$ 倍，且 $\overline{\beta}$ 值也随温度升高而增大，因此 I_{CEO} 对三极管的影响更大。I_{CEO} 的大小是判别三极管质量好坏的重要参数，一般希望 I_{CEO} 越小越好。

3．极限参数

（1）集电极最大允许电流 I_{CM}。三极管的集电极电流超过一定数值时，其 β 值会下降，规定 β 值下降至正常值的 2/3 时的集电极电流为集电极最大允许电流 I_{CM}。使用时如果 $I_{\text{C}} > I_{\text{CM}}$，除了使 β 值显著下降外，还有可能使管子损耗过大导致三极管损坏。

（2）反向击穿电压 $U_{\text{(BR)CEO}}$。基极开路时，集电极与发射极之间的最大允许电压，称为集电极与发射极间的反向击穿电压 $U_{\text{(BR)CEO}}$。当三极管的 U_{CE} 大于 $U_{\text{(BR)CEO}}$ 时，管子的电流由很小的 I_{CEO} 突然剧增，表示管子已被反向击穿，造成管子损坏。$U_{\text{(BR)CEO}}$ 常称为管子的耐压，使用时，应根据电源电压 U_{CC} 选取 $U_{\text{(BR)CEO}}$，一般应使 $U_{\text{(BR)CEO}} \geqslant (2\sim3)U_{\text{CC}}$。

（3）集电极最大允许耗散功率 P_{CM}。集电极电流流经集电结时，要产生功率损耗，使集电结发热，当结温超过一定数值后，将导致管子性能变坏，甚至烧毁。为了使管子结温不超过允许值，规定了集电极最大允许耗散功率 P_{CM}。P_{CM} 与 I_{C}、U_{CE} 的关系为：

$$P_{\text{CM}} = I_{\text{C}} U_{\text{CE}}$$

1.5　场效应晶体管

场效应晶体管是一种电压控制型半导体器件，它具有输入电阻高（可达 $10^9\sim10^{14}\Omega$，而晶体管的输入电阻仅有 $10^2\sim10^4\Omega$）、噪声低、热稳定性好、抗辐射能力强、耗电省等优点。目前场效应晶体管已广泛地应用于各种电子电路中。

场效应管按其结构的不同分为结型和绝缘栅型两种。其中绝缘栅型由于制造工艺简单，便于实现集成电路，因此发展很快。本书仅介绍绝缘栅型场效应管。

1.5.1　绝缘栅型场效应管的结构

根据导电沟道的不同，绝缘栅型场效应管可分为 N 型沟道和 P 型沟道两类。图 1-21（a）所示为 N 沟道绝缘栅型场效应管的结构示意图。它是用一块杂质浓度较低的 P 型薄硅片作衬底，在上面扩散两个杂质浓度很高的 N+区，分别用金属铝各引出一个电极，称为源极 S 和漏极 D。在半导体表面覆盖一层二氧化硅（SiO$_2$）绝缘层，在漏极和源极之间的绝缘层上也引出一个电极，称为栅极 G。

因为栅极和其他电极及硅片之间是绝缘的，所以称为绝缘栅场效应管。又由于它是由金属、氧化物和半导体所构成，所以又称为金属－氧化物－半导体场效应管（MOSFET），简称 MOS 管。正因为栅极是绝缘的，所以 MOS 管的栅极电流几乎为零，输入电阻 R_{GS} 很高，可达 $10^{14}\Omega$。

如果在制造 MOS 管时，在 SiO_2 绝缘层中掺入大量的正离子产生足够强的内电场，使得 P 型衬底的硅表层的多数载流子空穴被排斥开，从而感应出很多的负电荷，使漏极与源极之间形成 N 型导电沟道，如图 1-21（a）所示。这样，即使栅极和源极之间不加电压（$U_{GS}=0$），漏极和源极之间已经存在原始导电沟道，这种场效应管称为耗尽型场效应管。N 沟道耗尽型场效应管的电路符号如图 1-21（b）所示。

如果在 SiO_2 绝缘层中没有掺入正离子，或掺入的正离子数量较少而不足以形成原始导电沟道，只有在栅极和源极之间加一个正电压，即 $U_{GS}>0$ 时，才能形成导电沟道。这种场效应管称为增强型场效应管。N 沟道增强型场效应管的电路符号如图 1-21（c）所示。

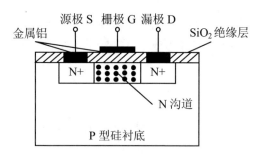

（a）N 沟道绝缘栅型场效应管的结构

（b）N 沟道耗尽型场效应管的符号　　　（c）N 沟道增强型场效应管的符号

图 1-21　N 沟道绝缘栅型场效应管的结构和电路符号

如果在制作场效应管时采用 N 型硅片作衬底，漏极和源极为 P+型，则导电沟道为 P 型，如图 1-22（a）所示。P 沟道耗尽型场效应管和 P 沟道增强型场效应管的电路符号分别如图 1-22（b）和（c）所示。

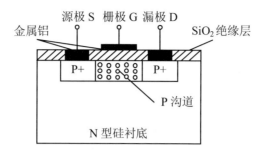

（a）P 沟道绝缘栅型场效应管的结构

（b）P 沟道耗尽型场效应管的符号 　　（c）P 沟道增强型场效应管的符号

图 1-22　P 沟道绝缘栅型场效应管的结构和电路符号

　　N 沟道场效应管与 P 沟道场效应管的工作原理是一样的，只是两者电源极性及电流方向相反而已。这和 NPN 型与 PNP 型晶体管的电源极性及电流方向相反的道理是相同的。

　　无论是 N 沟道场效应管还是 P 沟道场效应管，都只有一种载流子导电，均为单极型电压控制器件。

1.5.2　绝缘栅型场效应管的工作原理和特性曲线

　　下面以 N 沟道场效应管为例说明场效应管的工作原理。

　　在 U_{DS} 为常数的条件下，漏极电流 I_D 与栅极和源极间的电压 U_{GS} 之间的关系曲线，称为场效应管的转移特性。在 U_{GS} 为常数的条件下，漏极电流 I_D 与漏极和源极间的电压 U_{DS} 之间的关系曲线，称为场效应管的漏极（输出）特性。

　　1. 耗尽型场效应管

　　图 1-23（a）是 N 沟道耗尽型场效应管的转移特性曲线。耗尽型场效应管存在原始导电沟道，在 $U_{GS}=0$ 时漏极和源极之间就可以导电。这时在外加漏、源电压 U_{DS} 的作用下，流过场效应管的漏极电流称为漏极饱和电流 I_{DSS}。当 $U_{GS}>0$ 时，沟道内感应出的负电荷增多，使导电沟道加宽，沟道电阻减小，I_D 增大；当 $U_{GS}<0$ 时，会在沟道内产生出正电荷与原始负电荷复合，使沟道变窄，沟道电阻增大，I_D 减小；当 U_{GS} 达到一定负值时，导电沟道内的载流子全部复合耗尽，

沟道被夹断，$I_D = 0$，这时的 U_{GS} 称为夹断电压 $U_{GS(off)}$。

图 1-23（b）为 N 沟道耗尽型场效应管的漏极特性曲线。按场效应管的工作情况可将漏极特性曲线分为两个区域。在虚线左边的区域内，漏、源电压 U_{DS} 相对较小，漏极电流 I_D 随 U_{DS} 的增加而增加，输出电阻 $r_o = \dfrac{\Delta U_{DS}}{\Delta I_D}$ 较小，且可以通过改变栅、源电压 U_{GS} 的大小来改变输出电阻 r_o 的阻值，所以这一区域称为可变电阻区。在虚线右边的区域内，当栅、源电压 U_{GS} 为常数时，漏极电流 I_D 几乎不随漏、源电压 U_{DS} 的变化而变化，特性曲线趋于与横轴平行，输出电阻 r_o 很大，在栅、源电压 U_{GS} 增大时，漏极电流 I_D 随 U_{GS} 线性增大，所以这一区域称为放大区。

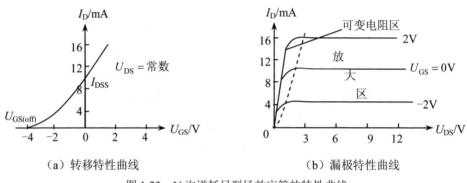

（a）转移特性曲线　　　　　　　　（b）漏极特性曲线

图 1-23　N 沟道耗尽型场效应管的特性曲线

2. 增强型场效应管

图 1-24（a）是 N 沟道增强型场效应管的转移特性。增强型场效应管不存在原始导电沟道，在 $U_{GS} = 0$ 时场效应管不能导通，$I_D = 0$。如果在栅极和源极之间加一正向电压 U_{GS}，在 U_{GS} 的作用下，会产生垂直于衬底表面的电场。P 型衬底与 SiO_2 绝缘层的界面将感应出负电荷层，随着 U_{GS} 的增加，负电荷的数量也增多，当积累的负电荷足够多时，使两个 N+区沟通，形成导电沟道，漏、源极之间便有 I_D 出现。在一定的漏、源电压 U_{DS} 下，使管子由不导通转为导通的临界栅、源电压称为开启电压，用 $U_{GS(th)}$ 表示。当 $U_{GS} < U_{GS(th)}$ 时，$I_D = 0$；当 $U_{GS} > U_{GS(th)}$ 时，随 U_{GS} 的增加 I_D 也随之增大。

图 1-24（b）为 N 沟道增强型场效应管的漏极特性曲线，它与耗尽型场效应管的漏极特性曲线相似。

综上所述，场效应管的漏极电流 I_D 受栅、源电压 U_{GS} 的控制，即 I_D 随 U_{GS} 的变化而变化，所以场效应管是一种电压控制器件。

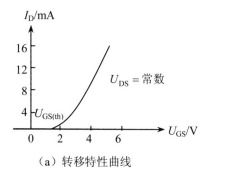
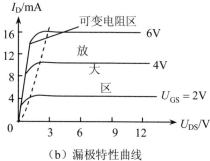

（a）转移特性曲线　　　　　　　（b）漏极特性曲线

图 1-24　N 沟道增强型场效应管的特性曲线

1.5.3　场效应管的主要参数

场效应管的主要参数除前面提到的输入电阻 R_{GS}、漏极饱和电流 I_{DSS}、夹断电压 $U_{GS(off)}$ 和开启电压 $U_{GS(th)}$ 外，还有以下重要参数：

（1）跨导 g_m。在 U_{DS} 为定值时，漏极电流 I_D 的变化量 ΔI_D 与引起这个变化的栅、源电压 U_{GS} 的变化量 ΔU_{GS} 的比值称为跨导，即：

$$g_m = \left. \frac{\Delta I_D}{\Delta U_{GS}} \right|_{U_{DS}=常数}$$

g_m 表示场效应管栅、源电压 U_{GS} 对漏极 I_D 控制作用的大小，单位是 μA/V 或 mA/V。

（2）通态电阻。在确定的栅、源电压 U_{GS} 下，场效应管进入饱和导通时，漏极和源极之间的电阻称为通态电阻。通态电阻的大小决定了管子的开通损耗。

（3）最大漏、源击穿电压 $U_{DS(BR)}$。指漏极与源极之间的反向击穿电压。

（4）漏极最大耗散功率 P_{DM}。漏极耗散功率 $P_D = U_{DS} I_D$ 的最大允许值，是从发热角度对管子提出的限制条件。

绝缘栅场效应管的输入电阻很高，栅极上很容易积累较高的静电电压将绝缘层击穿。为了避免这种损坏，在保存场效应管时应将它的 3 个电极短接起来。在电路中，栅、源极间应有固定电阻或稳压管并联，以保证一定的直流通道。在焊接时，应使电烙铁外壳良好接地。

（1）PN 结是构成一切半导体器件的基础。PN 结具有单向导电性，加正向电压时导通，其电阻很小；加反向电压时截止，其电阻很大。

（2）二极管和稳压管都是由一个 PN 结构成，它们的正向特性很相似，主要区别是二极管不允许反向击穿，一旦击穿会造成永久性损坏；而稳压管正常工作时必须处于反向击穿状态，且反向击穿时动态电阻很小，即电流在允许范围内变化时，稳定电压 U_Z 基本不变。

（3）三极管具有两个 PN 结，有 NPN 和 PNP 两种管型。三极管的主要功能是可以用较小的基极电流控制较大的集电极电流，控制能力用电流放大系数 β 表示。三极管有 3 种工作状态。工作在放大状态时发射结正偏、集电结反偏，集电极电流随基极电流成比例变化。工作在截止状态时发射结和集电结均反偏，集电极与发射极之间基本上无电流通过。工作在饱和状态时发射结和集电结均正偏，集电极与发射极之间有较大的电流通过，两极之间的电压降很小。后两种情况集电极电流均不受基极电流控制。

（4）场效应管是一种单极型半导体器件。场效应管的基本功能是用栅、源极间电压控制漏极电流。场效应管具有输入电阻高、噪声低、热稳定性好、耗电省等优点。场效应管的源极、漏极和栅极分别相当于双极型晶体管的发射极、集电极和基极。

 习 题 一

1-1 在图 1-25 所示各电路中，已知直流电压 $U_i = 3\,\text{V}$，电阻 $R = 1\,\text{k}\Omega$，二极管的正向压降为 0.7V，求 U_o。

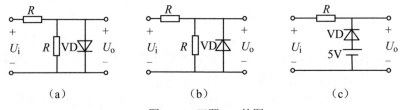

图 1-25　习题 1-1 的图

1-2 在图 1-26 所示各电路中，$u_i = 10\sin(\omega t)\,\text{V}$，二极管的正向压降可忽略不计，试分别画出各电路的输入、输出电压 u_o 的波形。

1-3 在图 1-27 所示电路中，试求下列几种情况下输出端 F 的电位 U_F 及各元件（R、VD_A、VD_B）中的电流，图中的二极管为理想元件。

（1）$U_A = U_B = 0\,\text{V}$；

（2）$U_A = 3\,\text{V}$，$U_B = 0\,\text{V}$；

（3）$U_A = U_B = 3\,\text{V}$。

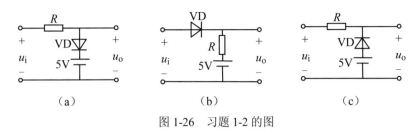

图 1-26 习题 1-2 的图

1-4 在图 1-28 所示电路中，试求下列几种情况下输出端 F 的电位 U_F 及各元件（R、VD_A、VD_B）中的电流，图中的二极管为理想元件。

（1）$U_A = U_B = 0\ \text{V}$；

（2）$U_A = 3\ \text{V}$，$U_B = 0\ \text{V}$；

（3）$U_A = U_B = 3\ \text{V}$。

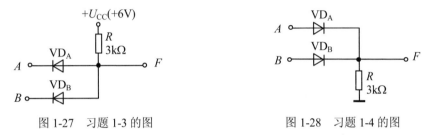

图 1-27 习题 1-3 的图　　　　　　　图 1-28 习题 1-4 的图

1-5 在图 1-29 所示电路中，已知 $E = 10\ \text{V}$，$e = 30\sin(\omega t)\ \text{V}$。试用波形图表示二极管上的电压 u_D。

1-6 在图 1-30 所示电路中，已知 $E = 20\ \text{V}$，$R_1 = 900\ \Omega$，$R_2 = 1100\ \Omega$。稳压管 VD_Z 的稳定电压 $U_Z = 10\ \text{V}$，最大稳定电流 $I_{ZM} = 8\ \text{mA}$。试求稳压管中通过的电流 I_Z，是否超过 I_{ZM}？如果超过，怎么办？

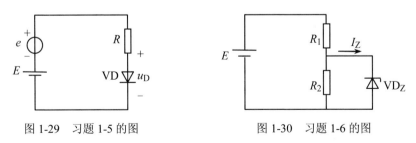

图 1-29 习题 1-5 的图　　　　　　　图 1-30 习题 1-6 的图

1-7 有两个稳压管 VD_{Z1} 和 VD_{Z2}，其稳定电压分别为 5.5V 和 8.5V，正向压降都是 0.5V，如果要得到 0.5V、3V、6V、9V 和 14V 几种稳定电压，这两个稳压管（还有限流电阻）应该如何连接，画出各个电路。

1-8　在一放大电路中，测得某三极管 3 个电极的对地电位分别为-6V、-3V、-3.2V，试判断该三极管是 NPN 型还是 PNP 型？锗管还是硅管？并确定 3 个电极。

1-9　有一三极管的 $P_{CM}=100\ \text{mW}$，$I_{CM}=20\ \text{mA}$，$U_{(BR)CEO}=15\ \text{V}$，试问在下列几种情况下，哪种为正常工作状态？

（1）$U_{CE}=3\ \text{V}$，$I_C=10\ \text{mA}$；

（2）$U_{CE}=2\ \text{V}$，$I_C=40\ \text{mA}$；

（3）$U_{CE}=8\ \text{V}$，$I_C=18\ \text{mA}$。

1-10　某场效应管漏极特性曲线如图 1-31 所示，试判断：

（1）该管属哪种类型？画出其符号。

（2）该管的夹断电压 $U_{GS(off)}$ 约为多少？

（3）该管的漏极饱和电流 I_{DSS} 约为多少？

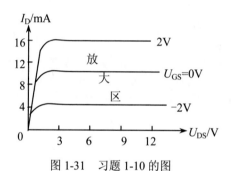

图 1-31　习题 1-10 的图

第 2 章　单级交流放大电路

本章学习要求

- 掌握放大电路的直流通路、交流通路和微变等效电路。
- 掌握静态工作点、电压放大倍数、输入电阻和输出电阻的计算。
- 掌握共发射极放大电路的组成、工作原理、性能特点及分析方法。
- 理解静态工作点、电压放大倍数、输入电阻和输出电阻的概念。
- 了解射极输出器的电路结构、性能特点及应用。
- 了解场效应管共源极放大电路的结构及性能特点。

　　三极管的主要用途之一是利用其放大作用组成放大电路。放大电路的功能是把微弱的电信号放大成较强的电信号，广泛用于音像设备、电子仪器、测量、控制系统以及图像处理等各个领域。在生产和科学实验中，往往要求用微弱的信号去控制较大功率的负载。例如，在自动控制机床上，需要将反映加工要求的控制信号加以放大，得到一定输出功率以推动执行元件如电磁铁、电动机、液压机构等。又例如，在测量仪表及自动控制系统中，首先将温度、压力、流量等非电量通过传感器变换为微弱的电信号，经过放大以后，从显示仪表上读出非电量的大小，或者用来推动执行元件以实现自动控制。就是在常见的收音机和电视机中，也是将天线收到的微弱信号放大到足以推动扬声器和显象管的程度。可见放大电路的应用十分广泛，是电子设备中最普遍的一种基本单元。

　　本章介绍由双极型三极管组成的共发射极放大电路和共集电极放大电路，以及由场效应管组成的共源极放大电路。着重讨论这些基本放大电路的电路结构、基本概念、基本工作原理、基本分析方法以及特点和应用。

2.1　放大电路的静态分析

　　放大电路并不能放大能量。实际上，负载得到的能量来自于放大电路的供电电源。放大电路的作用是控制电源的能量，使其按输入信号的变化规律向负载传送。所以，放大的实质是用较小的信号去控制较大的信号。

2.1.1 放大电路的组成

单管放大电路是构成其他类型放大电路（如差动放大电路）和多级放大电路的基本单元电路。图 2-1（a）所示的单管放大电路，三极管的发射极是输入信号 u_i 和输出信号 u_o 的公共参考点，所以称为共发射极放大电路。各构成元件的作用分别如下：

（1）晶体管 VT。电流放大元件，用基极电流 i_B 控制集电极电流 i_C。

（2）电源 U_{CC} 和 U_{BB}。使晶体管的发射结正偏，集电结反偏，晶体管处在放大状态，同时也是放大电路的能量来源，提供电流 i_B 和 i_C。U_{CC} 一般在几伏到十几伏之间。

（3）偏置电阻 R_B。用来调节基极偏置电流 I_B，使晶体管有一个合适的工作点，一般为几十千欧到几百千欧。

（4）集电极负载电阻 R_C。将集电极电流 i_C 的变化转换为电压的变化，以获得电压放大，一般为几千欧。

（5）电容 C_1、C_2。用来传递交流信号，起到耦合交流信号的作用，保证交流信号畅通无阻地经过放大电路，沟通信号源、放大电路和负载三者之间的交流通路。同时，又使放大电路和信号源及负载间的直流相隔离，起隔直作用，使三者之间无直流联系，互不影响。为了减小传递信号的电压损失，C_1、C_2 应选得足够大，一般为几微法至几十微法，通常采用电解电容器，连接时要注意其极性。

在实际电路中，用电源 U_{CC} 代替 U_{BB}，基极电流 I_B 由 U_{CC} 经 R_B 提供。同时为了简化电路的画法，习惯上常不画电源 U_{CC} 的符号，而只在其非接地的一端标出它对"地"的电压值 U_{CC} 和极性（"+"或"-"），如图 2-1（b）所示。

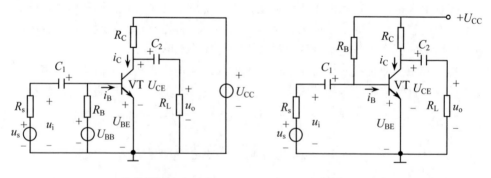

（a）共发射极放大电路　　　　（b）共发射极放大电路的实际电路

图 2-1　共发射极放大电路

放大电路的工作状态分静态和动态两种。静态是指无交流信号输入（$u_i = 0$）

时，电路中的电流、电压都不变的状态。静态时三极管各极的电流和电压值称为静态工作点 Q（主要指 I_B、I_C 和 U_{CE}）。动态是指有交流信号输入（$u_i \neq 0$）时，电路中的电流、电压随输入信号作相应变化的状态。

静态分析主要是确定放大电路中的静态值 I_B、I_C 和 U_{CE}。静态分析方法有估算法和图解法两种。

2.1.2 估算法

估算法是用放大电路的直流通路计算静态值。对图 2-1（b）所示电路，由于电容 C_1、C_2 具有隔直作用，可视为开路，因而其直流通路如图 2-2 所示。由图 2-2 可求得静态基极电流为：

$$I_B = \frac{U_{CC} - U_{BE}}{R_B}$$

式中 $U_{BE} \approx 0.7\text{V}$（硅管），可忽略不计。

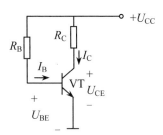

图 2-2 共发射极放大电路的直流通路

由 I_B 可求出静态集电极电流为：

$$I_C = \beta I_B$$

静态时集电极与发射极间电压为：

$$U_{CE} = U_{CC} - I_C R_C$$

2.1.3 图解法

根据晶体管的输出特性曲线，用作图的方法求静态值称为图解法。设晶体管的输出特性曲线如图 2-3 所示。

图解步骤如下：

（1）用估算法求出基极电流 I_B（如 40μA）。

（2）根据 I_B 在输出特性曲线中找到对应的曲线。

（3）作直流负载线。

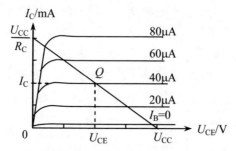

图 2-3　用图解法求放大电路的静态工作点

根据集电极电流 I_C 与集、射间电压 U_{CE} 的关系式：

$$U_{CE} = U_{CC} - I_C R_C$$

可画出一条直线。该直线在纵轴上的截距为 $\dfrac{U_{CC}}{R_C}$，在横轴上的截距为 U_{CC}，其斜率为 $-\dfrac{1}{R_C}$，只与集电极负载电阻 R_C 有关，称为直流负载线。

（4）求静态工作点 Q，并确定 I_C 和 U_{CE} 的值。

晶体管的 I_C 和 U_{CE} 既要满足 $I_B = 40\,\mu A$ 的输出特性曲线，又要满足直流负载线，因而晶体管必然工作在它们的交点 Q，该点就是静态工作点。由静态工作点 Q 便可在坐标上查得静态值 I_C 和 U_{CE}。

例 2-1　在图 2-4（a）所示的共发射极放大电路中，已知 $U_{CC} = 12V$，$R_B = 300\,k\Omega$，$R_C = 3\,k\Omega$，$\beta = 50$，晶体管的输出特性如图 2-4（b）所示。试分别用估算法和图解法求该放大电路的静态值。

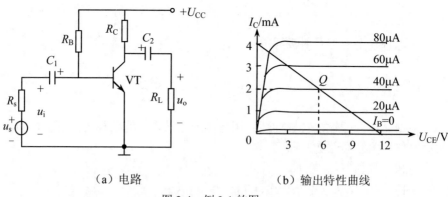

（a）电路　　　　　　　　（b）输出特性曲线

图 2-4　例 2-1 的图

解　（1）用估算法求静态值，即：

$$I_B = \frac{U_{CC} - U_{BE}}{R_B} \approx \frac{U_{CC}}{R_B} = \frac{12}{300} \text{ (A)} = 40 \text{ (μA)}$$

$$I_C = \beta I_B = 50 \times 0.04 = 2 \text{ (mA)}$$

$$U_{CE} = U_{CC} - I_C R_C = 12 - 2 \times 3 = 6 \text{ (A)}$$

（2）用图解法求静态值。在图 2-4 中，根据 $\frac{U_{CC}}{R_C} = \frac{12}{3} = 4$（mA）、$U_{CC} = 12\text{V}$
作直流负载线，与 $I_B = 40\,\mu\text{A}$ 的特性曲线相交得静态工作点 Q，根据 Q 查坐标得
$I_C = 2\text{mA}$，$U_{CE} = 6\text{V}$。

2.2　放大电路的动态分析

动态时放大电路是在直流电源 U_{CC} 和交流输入信号 u_i 共同作用下工作，电路
中的电压 u_{CE}、电流 i_B 和 i_C 均包含两个分量，即：

$$i_B = I_B + i_b$$

$$i_C = I_C + i_c$$

$$u_{CE} = U_{CE} + u_{ce}$$

其中 I_B、I_C 和 U_{CE} 是在电源 U_{CC} 单独作用下产生的电流、电压，实际上就是放大
电路的静态值，称为直流分量。而 i_b、i_c 和 u_{ce} 是在输入信号 u_i 作用下产生的电流、
电压，称为交流分量。动态分析就是在静态值确定以后分析信号的传输情况，主
要是确定放大电路的电压放大倍数、输入电阻和输出电阻等。

动态分析方法有图解法和微变等效电路法两种。

动态分析需用放大电路的交流通路（u_i 单独作用下的电路）。在图 2-1（b）所
示的共发射极放大电路中，由于电容 C_1、C_2 足够大，容抗近似为零（相当于短路），
直流电源 U_{CC} 去掉（短接），因而其交流通路如图 2-5 所示。

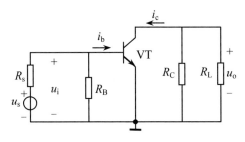

图 2-5　共发射极放大电路的交流通路

2.2.1 图解法

图解法是利用晶体管的特性曲线，通过作图的方法分析动态工作情况。图解法可以形象直观地看出信号传递过程，各个电压、电流在输入信号 u_i 作用下的变化情况和放大电路的工作范围等。

设输入信号 $u_i = U_{im} \sin(\omega t)$，图解分析步骤如下：

（1）根据静态分析方法，求出静态工作点 Q（I_B、I_C 和 U_{CE}），见图 2-6 中的 Q 点。

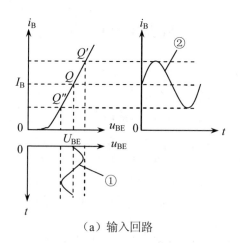

（a）输入回路

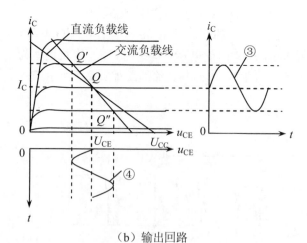

（b）输出回路

图 2-6　用图解法分析放大电路的动态工作情况

（2）根据 u_i 在输入特性上求 u_{BE} 和 i_B。u_i 为正弦量时，u_{BE} 为：

$$u_{BE} = U_{BE} + u_i = U_{BE} + U_{im}\sin(\omega t)$$

其波形如图 2-6（a）中的曲线①所示。在 u_{BE} 的作用下，工作点 Q 在输入特性曲线的线性段 Q' 和 Q'' 之间移动，基极电流 i_B 为：

$$i_B = I_B + i_b = I_B + I_{bm}\sin(\omega t)$$

其波形如图 2-6（a）中的曲线②所示。

（3）作交流负载线。在图 2-1（b）放大电路的输出端接有负载电阻 R_L 时，直流负载线的斜率仍为 $-\dfrac{1}{R_C}$，与负载电阻 R_L 无关。但在 u_i 作用下的交流通路中，负载电阻 R_L 与 R_C 并联（见图 2-5）。由交流负载电阻 $R_L' = R_C /\!/ R_L$ 决定的负载线称为交流负载线。由于在 $u_i = 0$ 时晶体管必定工作在静态工作点 Q，又因为 $R_L' < R_C$，因而交流负载线是一条通过静态工作点 Q、斜率为 $-\dfrac{1}{R_L'}$ 且比直流负载线更陡一些的直线，如图 2-6（b）所示。

（4）由输出特性曲线和交流负载线求 i_C 和 u_{CE}。在 i_B 的作用下，工作点 Q 随 i_B 的变化在交流负载线 Q' 和 Q'' 之间移动，集电极电流 i_C 和集、射间电压 u_{CE} 分别为：

$$i_C = I_C + i_c = I_C + I_{cm}\sin\omega t$$
$$u_{CE} = U_{CE} + u_{ce} = U_{CE} - U_{cem}\sin\omega t$$

其波形如图 2-6（b）中的曲线③、④所示。

从以上图解分析过程，可得出如下几个重要结论：

1）放大电路中的各个量 u_{BE}、i_B、i_C 和 u_{CE} 都由直流分量和交流分量两部分组成。

2）由于 C_2 的隔直作用，u_{CE} 中的直流分量 U_{CE} 被隔开，放大电路的输出电压 u_o 等于 u_{CE} 中的交流分量 u_{ce}，且与输入电压 u_i 反相。即：$u_o = u_{ce} = -u_{cem}\sin(\omega t) = -u_{om}\sin(\omega t)$。

3）放大电路的电压放大倍数可由 u_o 与 u_i 的幅值之比或有效值之比求出，其值为：

$$\left|\dot{A}_u\right| = \frac{U_{om}}{U_{im}} = \frac{U_o}{U_i}$$

负载电阻 R_L 越小，交流负载电阻 R_L' 也越小，交流负载线就越陡，使 U_{om} 减小，电压放大倍数下降。

4）静态工作点 Q 设置得不合适，会对放大电路的性能造成影响，如图 2-7 所示。

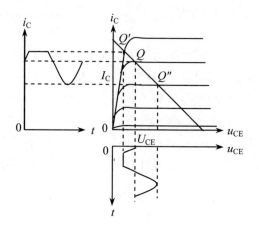

（a）饱和失真

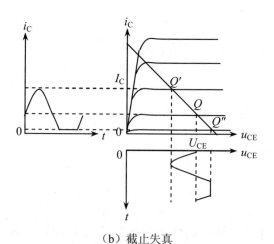

（b）截止失真

图 2-7　静态工作点对放大电路性能的影响

　　若 Q 点偏高，如图 2-7（a）所示，当 i_b 按正弦规律变化时，Q' 进入饱和区，造成 i_C 和 u_{CE} 的波形与 i_B（或 u_i）的波形不一致，输出电压 u_o（即 u_{ce}）的负半周出现平顶畸变，称为饱和失真；若 Q 点偏低，如图 2-7（b）所示，则 Q'' 进入截止区，输出电压 u_o 的正半周出现平顶畸变，称为截止失真。饱和失真和截止失真统称为非线性失真。

　　将静态工作点 Q 设置到放大区的中部，不但可以避免非线性失真，而且可以增大输出动态范围。另外，限制输入信号 u_i 的大小，也是避免非线性失真的一个途径。

2.2.2　微变等效电路法

用图解法分析放大电路虽然简单直观，但是不够精确。对于小信号情况下放大电路的定量分析，往往采用微变等效电路法。

把非线性元件晶体管所组成的放大电路等效成一个线性电路，就是放大电路的微变等效电路，然后用线性电路的分析方法来分析，这种方法称为微变等效电路法。等效的条件是晶体管在小信号（微变量）情况下工作。这样就能在静态工作点附近的小范围内，用直线段近似地代替晶体管的特性曲线。

1. 晶体管的微变等效电路

基极和发射极之间的电流、电压关系由三极管的输入特性曲线决定。

在静态工作点 Q 附近，当输入信号 u_i 较小时，引起 i_b 和 u_{be} 的变化也很微小。因此对于如图 2-8（a）所示的输入特性曲线，从整体上看虽然是非线性的，但在 Q 点附近的微小范围内可以认为是线性的。当 u_{BE} 有一微小变化 ΔU_{BE} 时，基极电流变化 ΔI_B，两者的比值称为三极管的动态输入电阻，用 r_{be} 表示，即：

$$r_{be} = \frac{\Delta U_{BE}}{\Delta I_B} = \frac{u_{be}}{i_b}$$

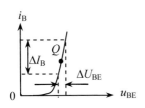

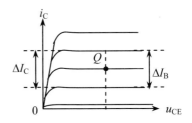

（a）从输入特性曲线求 r_{be}　　　　　（b）从输出特性曲线求 β

图 2-8　从三极管的特性曲线求 r_{be} 和 β

由上式可知，基极到发射极之间，对微变量 u_{be} 和 i_b 而言，相当于一个电阻 r_{be}。低频小功率管的 r_{be} 可以用下式估算：

$$r_{be} = 300 + (1+\beta)\frac{26}{I_E} \quad （\Omega）$$

式中　I_E——发射极电流静态值，mA。

　　　　r_{be}——动态输入电阻，在几百欧到几千欧。

集电极和发射极之间的电流、电压关系由三极管的输出特性曲线决定。

图 2-8（b）所示为三极管的输出特性曲线。假如认为输出特性曲线在放大区域内呈水平线，则集电极电流的微小变化 ΔI_C 仅与基极电流的微小变化 ΔI_B 有关，

而与电压 u_{CE} 无关，故 ΔI_C 与 ΔI_B 的比值为一常数，用 β 表示，即有：

$$\beta = \frac{\Delta I_C}{\Delta I_B} = \frac{i_c}{i_b}$$

所以三极管的集电极和发射极之间可等效为一个受 i_b 控制的电流源 βi_b，即：

$$\Delta I_C = \beta \Delta I_B$$

或 $$i_c = \beta i_b$$

据此可画出晶体管的微变等效电路，如图 2-9 所示。

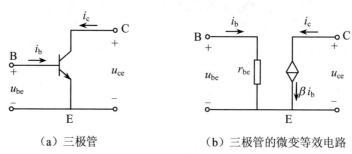

（a）三极管　　　　　　　　　（b）三极管的微变等效电路

图 2-9　三极管的微变等效电路

2. 放大电路的微变等效电路

将图 2-5 所示交流通路中的晶体管 VT 用其微变等效电路代替，便可得到放大电路的微变等效电路，如图 2-10 所示。

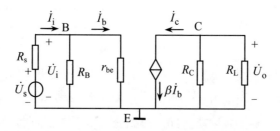

图 2-10　共发射极放大电路的微变等效电路

设 u_i 为正弦量，则电路中所有的电流、电压均可用相量表示。

（1）电压放大倍数。放大电路的输出电压 $\dot{U}_o$ 与输入电压 $\dot{U}_i$ 的比值称为放大电路的电压放大倍数，又称为电压增益，用 $\dot{A}_u$ 表示，即：

$$\dot{A}_u = \frac{\dot{U}_o}{\dot{U}_i}$$

由图 2-10 可得共发射极基本放大电路的电压放大倍数为：

$$\dot{A}_u = \frac{\dot{U}_o}{\dot{U}_i} = \frac{-R'_L \dot{I}_c}{r_{be} \dot{I}_b} = \frac{-R'_L \beta \dot{I}_b}{r_{be} \dot{I}_b} = -\frac{\beta R'_L}{r_{be}}$$

式中 $R'_L = R_C // R_L$ 称为放大电路的交流负载电阻，负号表明输出电压 $\dot{U}_o$ 与输入电压 $\dot{U}_i$ 反相。若放大电路的输出端开路（未接负载电阻 R_L），则电压放大倍数为：

$$\dot{A}_u = -\frac{\beta R_C}{r_{be}}$$

　　由于 $R'_L < R_C$，所以接入 R_L 后电压放大倍数下降了。可见放大电路的负载电阻 R_L 越小，电压放大倍数就越低。

　　（2）输入电阻。放大电路对信号源而言，相当于一个电阻，称为输入电阻，用 r_i 表示。r_i 等于放大电路的输入电压 $\dot{U}_i$ 与输入电流 $\dot{I}_i$ 之比，即：

$$r_i = \frac{\dot{U}_i}{\dot{I}_i}$$

由图 2-10 可得共发射极基本放大电路的输入电阻为：

$$r_i = \frac{\dot{U}_i}{\dot{I}_i} = R_B // r_{be}$$

　　输入电阻 r_i 的大小决定了放大电路从信号源吸取电流（输入电流）$\dot{I}_i$ 的大小。为了减轻信号源的负担，总希望 R_i 越大越好。另外，较大的输入电阻 R_i，也可以降低信号源内阻 R_s 的影响，使放大电路获得较高的输入电压 $\dot{U}_i$。在上式中由于 R_B 比 r_{be} 大得多，r_i 近似等于 r_{be}，在几百欧到几千欧，一般认为是较低的，并不理想。

　　（3）输出电阻。放大电路对负载而言，相当于一个具有内阻的电压源，该电压源的内阻定义为放大电路的输出电阻，用 r_o 表示。

　　r_o 的计算方法是：信号源 $\dot{U}_s$ 短路，断开负载 R_L，在输出端加电压 $\dot{U}$，求出由 $\dot{U}$ 产生的电流 $\dot{I}$，则输出电阻 r_o 为：

$$r_o = \frac{\dot{U}}{\dot{I}} \bigg|_{\substack{\dot{U}_s = 0 \\ R_L = \infty}}$$

对图 2-10 所示电路，输出电阻 r_o 可用图 2-11 计算。

由于 $\dot{U}_s = 0$，则 $\dot{I}_b = 0$，$\beta \dot{I}_b = 0$，得：

$$r_o = \frac{\dot{U}}{\dot{I}} = R_C$$

　　对于负载而言，放大电路的输出电阻 r_o 越小，负载电阻 R_L 的变化对输出电压 $\dot{U}_o$ 的影响就越小，表明放大电路带负载能力越强，因此总希望 r_o 越小越好。上

式中 r_0 在几千欧到几十千欧，一般认为是较大的，也不理想。

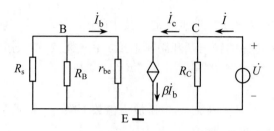

图 2-11　计算输出电阻的等效电路

例 2-2　在图 2-12 所示的共发射极放大电路中，已知 $U_{CC} = 12\text{V}$，$R_B = 300\text{k}\Omega$，$R_C = 3\text{k}\Omega$，$R_L = 3\text{k}\Omega$，$R_s = 3\text{k}\Omega$，$\beta = 50$，试求：

（1）R_L 接入和断开两种情况下电路的电压放大倍数 $\dot{A}_u$；

（2）输入电阻 r_i 和输出电阻 r_0；

（3）输出端开路时的源电压放大倍数 $\dot{A}_{us} = \dfrac{\dot{U}_o}{\dot{U}_s}$。

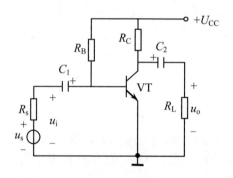

图 2-12　例 2-2 的图

解　例 2-1 已求得 $I_{CQ} = 2\text{mA}$，则 $I_{EQ} \approx I_{CQ} = 2\text{mA}$，三极管的动态输入电阻为：

$$r_{be} = 300 + (1+\beta)\frac{26}{I_E} = 300 + (1+50)\frac{26}{2} = 963 \ (\Omega) \approx 0.963 \ (\text{k}\Omega)$$

（1）R_L 接入时的电压放大倍数 $\dot{A}_u$ 为：

$$\dot{A}_u = -\frac{\beta R_L'}{r_{be}} = -\frac{50 \times \dfrac{3 \times 3}{3 + 3}}{0.963} = -78$$

R_L 断开时的电压放大倍数 $\dot{A}_u$ 为：

$$\dot{A}_u = -\frac{\beta R_C}{r_{be}} = -\frac{50 \times 3}{0.963} = -156$$

（2）输入电阻 r_i 为：

$$r_i = R_B \mathbin{/\mkern-5mu/} r_{be} = 300 \mathbin{/\mkern-5mu/} 0.963 \approx 0.96 \text{（k}\Omega\text{）}$$

输出电阻 r_o 为：

$$r_o = R_C = 3 \text{（k}\Omega\text{）}$$

（3）输出端开路时的源电压放大倍数为：

$$\dot{A}_{us} = \frac{\dot{U}_o}{\dot{U}_s} = \frac{\dot{U}_i}{\dot{U}_s}\frac{\dot{U}_o}{\dot{U}_i} = \frac{R_i}{R_s + R_i}\dot{A}_u = \frac{1}{3+1} \times (-156) = -39$$

2.3　静态工作点的稳定

2.3.1　温度对静态工作点的影响

前面介绍的共发射极基本放大电路，$I_B \approx \dfrac{U_{CC}}{R_B}$，$U_{CC}$、$R_B$ 固定后，I_B 基本不变，因此称为固定偏置放大电路。调整 R_B 可获得一个合适的静态工作点 Q。

固定偏置放大电路虽然简单且容易调整，但静态工作点 Q 极易受温度等因素的影响而上、下移动，造成输出动态范围减小或出现非线性失真。

三极管是一种对温度比较敏感的元件，几乎所有参数都与温度有关。例如，温度每升高 1℃，发射结正向压降 U_{BE} 约减小 2～2.5mV，电流放大系数 β 约增大 0.5%～2%；温度每升高 10℃，反向饱和电流 I_{CBO} 约增加一倍等。所有这些影响都使集电极静态电流 I_C 随温度升高而增大。但基极静态电流 I_B 受温度影响较小，可认为基本保持不变。从而导致整个输出特性曲线向上平移，静态工作点相应上移，如图 2-13 中的虚线所示。如基极静态电流为 $I_B = 40\ \mu\text{A}$，则温度升高时，静态工作点将会从 Q 点上移到 Q' 点，使工作范围从 Q_1Q_2 移动到 $Q_1'Q_2'$，进入饱和区，对放大电路的工作显然会有影响。相反，温度下降静态工作点会下移。可见，这种放大电路的静态工作点是不稳定的，温度的变化会导致静态工作点进入饱和区或截止区。

综上所述，在实用的放大电路中必须稳定工作点，以保证尽可能大的输出动态范围和避免非线性失真。

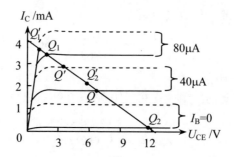

图 2-13 温度对静态工作点的影响

2.3.2 静态工作点稳定的放大电路

图 2-14（a）所示就是能稳定静态工作点的共发射极放大电路，这是由 R_{B1} 和 R_{B2} 组成的分压式偏置电路，故称为分压式偏置放大电路。这种电路可以根据温度的变化自动调节基极电流 I_B，以削弱温度对集电极电流 I_C 的影响，使静态工作点基本稳定。

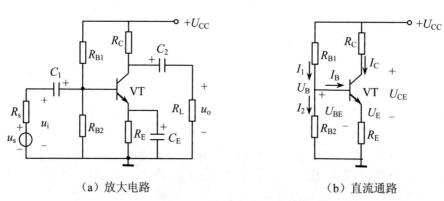

（a）放大电路   （b）直流通路

图 2-14 分压式偏置放大电路

适当选择 R_{B1} 和 R_{B2}，满足 $I_2 \gg I_B$，$I_1 = I_2 + I_B \approx I_2$，图 2-14（a）所示电路的直流通路，如图 2-14（b）所示。则三极管基极电位的静态值为：

$$U_B = \frac{R_{B2}}{R_{B1} + R_{B2}} U_{CC}$$

U_B 由 R_{B1}、R_{B2} 对 U_{CC} 分压决定，而与温度基本无关。

此时

$$U_{BE} = U_B - U_E = U_B - I_E R_E$$

若使

$$U_{\text{B}} \gg U_{\text{BE}}$$

则

$$I_{\text{C}} \approx I_{\text{E}} = \frac{U_{\text{B}} - U_{\text{BE}}}{R_{\text{E}}} \approx \frac{U_{\text{B}}}{R_{\text{E}}}$$

也可认为 I_{C} 不受温度影响，基本稳定。

　　因此，只要满足 $I_2 \gg I_{\text{B}}$ 和 $U_{\text{B}} \gg U_{\text{BE}}$ 两个条件，U_{B} 和 I_{E} 或 I_{C} 就与晶体管的参数几乎无关，不受温度变化的影响，从而静态工作点能得以基本稳定。

　　实际设计电路时，I_2 不能取得太大，否则，R_{B1} 和 R_{B2} 就要取得较小。这不但要增加功率损耗，而且会使放大电路的输入电阻减小，从信号源取用较大的电流，使信号源的内阻压降增加，加在放大电路输入端的电压 u_{i} 减小。一般 R_{B1} 和 R_{B2} 为几十千欧。基极电位 U_{B} 也不能太高，否则，由于发射极电位 U_{E}（$\approx U_{\text{B}}$）增高而使 U_{CE} 相对地减小（U_{CC} 一定），因而减小了放大电路输出电压的变化范围。根据经验，一般可按以下范围选取 I_2 和 U_{B}：

$$I_2 = (5 \sim 10)I_{\text{B}}$$
$$U_{\text{B}} = (5 \sim 10)U_{\text{BE}}$$

　　当温度发生变化，比如温度升高时，I_{C} 和 I_{E} 会增大，由于发射极电阻 R_{E} 的作用，发射极电位 U_{E} 随之升高，但因基极电位 U_{B} 基本恒定，故发射结正向压降 U_{BE} 必然随之减小，从而导致基极电流 I_{B} 减小，使 I_{C} 也减小。这就对集电极电流 I_{C} 随温度的升高而增大起了削弱作用，使 I_{C} 基本稳定。上述自动调节过程可表示为：

$$\text{温度 } t \uparrow \to I_{\text{C}} \uparrow \to I_{\text{E}} \uparrow \to U_{\text{E}}(= I_{\text{E}} R_{\text{E}}) \uparrow \to U_{\text{BE}}(= U_{\text{B}} - I_{\text{E}} R_{\text{E}}) \downarrow \to I_{\text{B}} \downarrow$$
$$I_{\text{C}} \downarrow \longleftarrow$$

　　调节过程显然与 R_{E} 有关，R_{E} 越大，调节效果越显著。但 R_{E} 的存在，同样会对变化的交流信号产生影响，使电压放大倍数大大下降。若用电容 C_{E} 与 R_{E} 并联，对直流（静态值）无影响，但对交流信号而言，R_{E} 被短路，发射极相当于接地，便可消除 R_{E} 对交流信号的影响。C_{E} 称为旁路电容。

　　1. 静态分析

　　用估算法计算静态工作点。当满足 $I_2 \gg I_{\text{B}}$ 时，$I_1 = I_2 + I_{\text{B}} \approx I_2$。由图 2-14（b）所示的直流通路，得三极管基极电位的静态值为：

$$U_{\text{B}} = \frac{R_{\text{B2}}}{R_{\text{B1}} + R_{\text{B2}}} U_{\text{CC}}$$

　　集电极电流的静态值为：

$$I_{\text{C}} \approx I_{\text{E}} = \frac{U_{\text{B}} - U_{\text{BE}}}{R_{\text{E}}}$$

基极电流的静态值为：

$$I_B = \frac{I_C}{\beta}$$

集电极与发射极之间电压的静态值为：

$$U_{CE} = U_{CC} - I_C(R_C + R_E)$$

2. 动态分析

图 2-15 和图 2-16 所示电路分别为图 2-14（a）所示分压式偏置放大电路的交流通路和微变等效电路。因为在交流通路中电阻 R_{B1} 与 R_{B2} 并联，可等效为电阻 R_B，所以固定偏置电路的动态分析结果对分压式偏置电路同样适用。

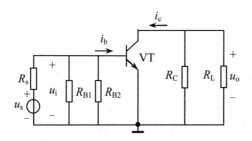

图 2-15　分压式偏置放大电路的交流通路

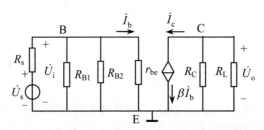

图 2-16　分压式偏置放大电路的微变等效电路

电压放大倍数：

$$\dot{A}_u = -\frac{\beta R_L'}{r_{be}}$$

输入电阻：

$$r_i = R_{B1} \mathbin{/\!/} R_{B2} \mathbin{/\!/} r_{be}$$

输出电阻：

$$r_o = R_C$$

例 2-3　在图 2-14 所示的分压式偏置放大电路中（接 C_E），$U_{CC} = 12\text{V}$，$R_{B1} = 20\,\text{k}\Omega$，$R_{B2} = 10\,\text{k}\Omega$，$R_C = 3\,\text{k}\Omega$，$R_E = 2\,\text{k}\Omega$，$R_L = 3\,\text{k}\Omega$，$\beta = 50$。试估算

静态工作点，并求电压放大倍数 $\dot{A}_u$、输入电阻 r_i 和输出电阻 r_o。

解　（1）用估算法计算静态工作点，即：

$$U_B = \frac{R_{B2}}{R_{B1}+R_{B2}} U_{CC} = \frac{10}{20+10} \times 12 = 4\,(\mathrm{V})$$

$$I_C \approx I_E = \frac{U_B - U_{BE}}{R_E} = \frac{4-0.7}{2} = 1.65\,(\mathrm{mA})$$

$$I_B = \frac{I_C}{\beta} = \frac{1.65}{50}\ (\mathrm{mA}) = 33\ (\mu\mathrm{A})$$

$$U_{CE} = U_{CC} - I_C(R_C + R_E) = 12 - 1.65 \times (3+2) = 3.75\,(\mathrm{V})$$

（2）求电压放大倍数。为：

$$r_{be} = 300 + (1+\beta)\frac{26}{I_{EQ}} = 300 + (1+50)\frac{26}{1.65} = 1100\ (\Omega) = 1.1\ (\mathrm{k}\Omega)$$

$$\dot{A}_u = \frac{\beta R_L'}{r_{be}} = -\frac{50 \times \dfrac{3\times3}{3+3}}{1.1} = -68$$

（3）求输入电阻和输出电阻。为：

$$r_i = R_{B1} /\!/ R_{B2} /\!/ r_{be} = 20 /\!/ 10 /\!/ 1.1 = 0.994\ (\mathrm{k}\Omega)$$

$$r_o = R_C = 3\ (\mathrm{k}\Omega)$$

2.4　射极输出器

射极输出器又叫射极跟随器，电路如图 2-17（a）所示。在电路结构上射极输出器与共发射极放大电路不同，输出电压 u_o 从发射极取出，而集电极直接接电源 U_{CC}。对交流信号而言，集电极相当于接地，因此这是一种共集电极放大电路。

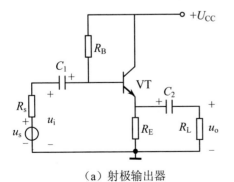

（a）射极输出器

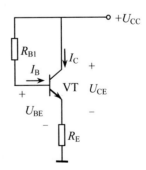

（b）射极输出器的直流通路

图 2-17　射极输出器

2.4.1 静态分析

射极跟随器的直流通路如图 2-17（b）所示。由图可得：

$$U_{CC} = I_B R_B + U_{BE} + I_E R_E = I_B R_B + U_{BE} + (1+\beta)I_B R_E$$

基极电流的静态值为：

$$I_B = \frac{U_{CC} - U_{BE}}{R_B + (1+\beta)R_E}$$

集电极电流的静态值为：

$$I_C = \beta I_B$$

集电极与发射极之间电压的静态值为：

$$U_{CE} = U_{CC} - I_E R_E \approx U_{CC} - I_C R_E$$

2.4.2 动态分析

1. 电压放大倍数

图 2-18 是图 2-17（a）所示射极输出器的交流通路和微变等效电路。

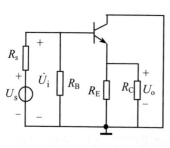

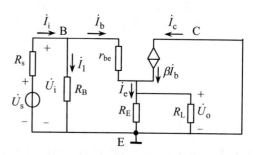

（a）交流通路　　　　　　　　　　　　（b）微变等效电路

图 2-18　射极输出器的交流通路和微变等效电路

由图 2-18（b）可得：

$$\dot{U}_o = \dot{I}_e R'_L = (1+\beta)\dot{I}_b R'_L$$

$$\dot{U}_i = \dot{I}_b r_{be} + \dot{U}_o = \dot{I}_b r_{be} + (1+\beta)\dot{I}_b R'_L$$

式中 $R'_L = R_E /\!/ R_L$。电压放大倍数为：

$$\dot{A}_u = \frac{\dot{U}_o}{\dot{U}_i} = \frac{(1+\beta)R'_L}{r_{be} + (1+\beta)R'_L}$$

一般 $r_{be} \ll (1+\beta)R'_L$，因此 $\dot{A}_u$ 近似等于 1，但总小于 1，也就是说输出电压 u_o 近似等于输入电压 u_i，射极跟随器由此而得名。

2. 输入电阻

由图 2-18（b）可得：

$$\dot{I}_i = \dot{I}_1 + \dot{I}_b = \frac{\dot{U}_i}{R_B} + \frac{\dot{U}_i}{r_{be} + (1+\beta)R'_L}$$

所以输入电阻为：

$$r_i = \frac{\dot{U}_i}{\dot{I}_i} = R_B \, /\!/ \, [r_{be} + (1+\beta)R'_L]$$

远远大于共发射极放大电路的输入电阻（r_{be}）。

3. 输出电阻

将图 2-18（b）电路中的信号源 $\dot{U}_s$ 短接，断开负载电阻 R_L，在输出端外加电压 $\dot{U}$，产生电流 $\dot{I}$，如图 2-19 所示。由图 2-19 可得：

$$\dot{I} = \dot{I}_b + \beta\dot{I}_b + \frac{\dot{U}}{R_E} = \frac{\dot{U}}{r_{be} + R'_s} + \beta\frac{\dot{U}}{r_{be} + R'_s} + \frac{\dot{U}}{R_E}$$

所以输出电阻为：

$$r_o = \frac{\dot{U}}{\dot{I}} = R_E \, /\!/ \, \frac{r_{be} + R'_s}{1+\beta}$$

式中 $R'_s = R_s \, /\!/ \, R_B$。通常 $R_E \gg \dfrac{r_{be} + R'_s}{1+\beta}$，所以：

$$r_o \approx \frac{r_{be} + R'_s}{1+\beta} \approx \frac{r_{be} + R'_s}{\beta}$$

远远小于共发射极放大电路的输出电阻（R_C）。

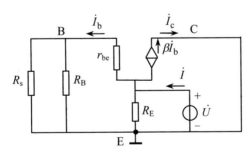

图 2-19　计算射极输出器输出电阻的等效电路

　　射极输出器具有较高的输入电阻和较低的输出电阻，这是射极输出器最突出的优点。射极输出器常用作多级放大电路的第一级或最末级，也可用于中间隔离级。用作输入级时，其高的输入电阻可以减轻信号源的负担，提高放大电路的输入电压。用作输出级时，其低的输出电阻可以减小负载变化对输出电压的影响，并易于与低阻负载相匹配，向负载传送尽可能大的功率。

例 2-4 在图 2-17（a）所示的射极输出器中，已知 $U_{CC} = 12V$，$R_B = 200\,k\Omega$，$R_E = 2\,k\Omega$，$R_L = 3\,k\Omega$，$\beta = 50$，$R_s = 100\,\Omega$。求静态工作点及电压放大倍数 $\dot{A}_u$、输入电阻 r_i 和输出电阻 r_o。

解 （1）求静态工作点为：

$$I_B = \frac{U_{CC} - U_{BE}}{R_B + (1+\beta)R_E} = \frac{12 - 0.7}{200 + (1+50) \times 2} = 0.0374\,(mA) = 37.4\,(\mu A)$$

$$I_C = \beta I_B = 50 \times 0.0374 = 1.87\,(mA)$$

$$U_{CE} \approx U_{CC} - I_C R_E = 12 - 1.87 \times 2 = 8.26\,(V)$$

（2）求电压放大倍数 $\dot{A}_u$、输入电阻 r_i 和输出电阻 r_o 为：

$$r_{be} = 300 + (1+\beta)\frac{26}{I_{EQ}} = 300 + (1+50)\frac{26}{1.87} = 1009\,(\Omega) \approx 1\,(k\Omega)$$

$$\dot{A}_u = \frac{\dot{U}_o}{\dot{U}_i} = \frac{(1+\beta)R_L'}{r_{be} + (1+\beta)R_L'} = \frac{(1+50) \times 1.2}{1 + (1+50) \times 1.2} = 0.98$$

式中 $R_L' = R_E \,//\, R_L = 2 \,//\, 3 = 1.2\,(k\Omega)$。

$$r_i = R_B \,//\, [r_{be} + (1+\beta)R_L'] = 200 \,//\, [1 + (1+50) \times 1.2] = 47.4\,(k\Omega)$$

$$r_o \approx \frac{r_{be} + R_s'}{\beta} = \frac{1000 + 100}{50} = 22\,(\Omega)$$

式中 $R_s' = R_B \,//\, R_s = 200 \times 10^3 \,//\, 100 \approx 100\,(\Omega)$。

2.5 场效应晶体管放大电路

由于场效应管具有很高的输入电阻，适用于对高内阻信号源的放大，通常用在多级放大电路的输入级。

与双极型晶体管相比，场效应管的源极、漏极和栅极分别相当于双极型晶体管的发射极、集电极和基极。两者的放大电路也相似。双极型晶体管放大电路是用 i_B 控制 i_C，当 U_{CC} 和 R_C 确定后，其静态工作点由 I_B 决定。场效应管放大电路是用 u_{GS} 控制 i_D，当 U_{DD} 和 R_D、R_S 确定后，其静态工作点由 U_{GS} 决定。

2.5.1 静态分析

场效应管放大电路有共源极放大电路、共漏极放大电路等。图 2-20 所示为分压式偏置共源极放大电路，与分压式偏置的共发射极放大电路十分相似，图中各元件的作用如下：

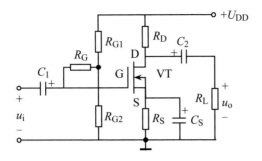

图 2-20　场效应管分压式偏置共源极放大电路

VT：场效应管，电压控制元件，用栅、源电压控制漏极电流。

R_D：漏极负载电阻，获得随 u_i 变化的电压。

R_S：源极电阻，稳定工作点。

R_{G1}、R_{G2}：分压电阻，与 R_S 配合获得合适的偏压 U_{GS}。

C_S：旁路电容，消除 R_S 对交流信号的影响。

C_1、C_2：耦合电容，起隔直和传递信号的作用。

U_{DD}：电源，提供能量。

由于栅极电流为零，所以栅极电位为：

$$U_G = \frac{R_{G2}}{R_{G1} + R_{G2}} U_{DD}$$

源极电位为：

$$U_S = R_S I_S = R_S I_D$$

栅、源电压为：

$$U_{GS} = U_G - U_S$$

对于 N 沟道耗尽型场效应晶体管，通常应用在 $U_{GS} < 0$ 的区域；对于 N 沟道增强型场效应晶体管，应使 $U_{GS} > 0$。

静态分析（求 I_D、U_{DS}）可采用估算法，即设 $U_{GS} = 0$，则 $U_G = U_S$，因此可得：

$$I_D = \frac{U_S}{R_S} = \frac{U_G}{R_S}$$

$$U_{DS} = U_{DD} - I_D(R_D + R_S)$$

N 沟道耗尽型场效应晶体管也可采用称为自给偏压的放大电路，如图 2-21 所示。

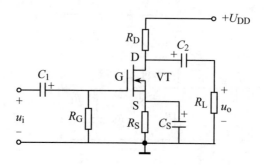

图 2-21　场效应管自给偏压共源极放大电路

在静态时 R_G 上无电流，则：

$$U_G = 0$$

$$U_{GS} = U_G - U_S = -I_S R_S = -I_D R_S$$

为耗尽型场效应晶体管提供一个正常工作所需要的负偏压。应该指出，由 N 沟道增强型绝缘栅场效应管组成的放大电路工作时 U_{GS} 为正，所以无法采用自给偏压偏置电路。

2.5.2　动态分析

图 2-22 所示为图 2-20 电路的微变等效电路。其中栅极 G 与源极 S 之间的动态电阻 r_{gs} 可认为无穷大，相当于开路。漏极电流 $\dot{I}_d$ 只受 $\dot{U}_{gs}$ 控制，而与 $\dot{U}_{ds}$ 无关，因而漏极 D 与源极 S 之间相当于一个受 $\dot{U}_{gs}$ 控制的电流源 $g_m \dot{U}_{gs}$。

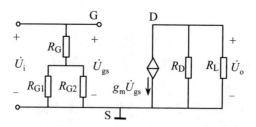

图 2-22　场效应管分压式偏置共源极放大电路的微变等效电路

1.　电压放大倍数

$$\dot{A}_u = \frac{\dot{U}_o}{\dot{U}_i} = \frac{-\dot{I}_d R_L'}{\dot{U}_{gs}} = \frac{-g_m \dot{U}_{gs} R_L'}{\dot{U}_{gs}} = -g_m R_L'$$

式中 $R_L' = R_D /\!/ R_L$ 称为交流负载电阻。可见电压放大倍数与跨导及交流负载电阻成正比，且输出电压 u_o 与输入电压 u_i 反相。

2. 输入电阻

$$r_i = R_G + R_{G1} /\!/ R_{G2}$$

R_G 一般取几兆欧。可见 R_G 的接入可使输入电阻大大提高。

3. 输出电阻

$$r_o = R_D$$

R_D 一般在几千欧到几十千欧，输出电阻较高。

例 2-5　在图 2-20 电路中，已知 $U_{DD} = 20V$，$R_D = 5\,kΩ$，$R_S = 5\,kΩ$，$R_L = 5\,kΩ$，$R_G = 1\,MΩ$，$R_{G1} = 300\,kΩ$，$R_{G2} = 100\,kΩ$，$g_m = 5mA/V$。求静态工作点及电压放大倍数 $\dot{A}_u$、输入电阻 r_i 和输出电阻 r_o。

解：（1）求静态工作点为：

$$U_G = \frac{R_{G2}}{R_{G1} + R_{G2}} U_{DD} = \frac{100}{300 + 100} \times 20 = 5（V）$$

$$I_D = \frac{U_S}{R_S} = \frac{U_G}{R_S} = \frac{5}{5} = 1（mA）$$

$$U_{DS} = U_{DD} - I_D(R_D + R_S) = 20 - 1 \times (5 + 5) = 10（V）$$

（2）求电压放大倍数 $\dot{A}_u$、输入电阻 r_i 和输出电阻 r_o 为：

$$R_L' = R_D /\!/ R_L = 5 /\!/ 5 = 2.5 （kΩ）$$

$$\dot{A}_u = -g_m R_L' = -5 \times 2.5 = -12.5$$

$$r_i = R_G + R_{G1} /\!/ R_{G2} = 1000 + 300 /\!/ 100 = 1075 （kΩ）$$

$$r_o = R_D = 5 （kΩ）$$

本章小结

（1）用双极型晶体管和场效应晶体管都可以构成放大电路，放大的实质是用小信号和小能量控制大信号和大能量。

（2）放大电路的分析包括静态分析和动态分析两个方面。静态分析通常采用估算法和图解法，用来确定放大电路的静态工作点。动态分析通常采用微变等效电路法和图解法。微变等效电路法是在小信号条件下，把非线性器件晶体管用线性电路等效代换，从而把非线性的放大电路线性化，借助于线性电路的分析方法来分析。微变等效电路法用来分析计算放大电路的电压放大倍数、输入电阻、输出电阻等技术指标。图解法可用来分析放大电路的工作状态，研究放大电路的非线性失真，确定放大电路的动态范围和最佳工作点。

（3）射极跟随器是一种共集电极放大电路，具有较高的输入电阻和较低的输出电阻，电压放大倍数略小于 1，无电压放大能力，但具有电流放大能力。而共发射级放大电路则既有电压放大能力，又有电流放大能力。

（4）场效应管放大电路的构成及其分析方法与双极型三极管放大电路相似。场效应管放大电路的主要特点是具有很高的输入电阻，适用于对高内阻信号源的放大，通常用在多级放大电路的输入级。

（5）放大电路存在非线性失真，包括饱和失真和截止失真。这些失真可以通过选择放大电路元件参数、合适的工作点、采取稳定工作点、减小输入信号等方法得到削弱或消除。

2-1　分析图 2-23 所示各电路能否正常放大交流信号？为什么？若不能，应如何改正？

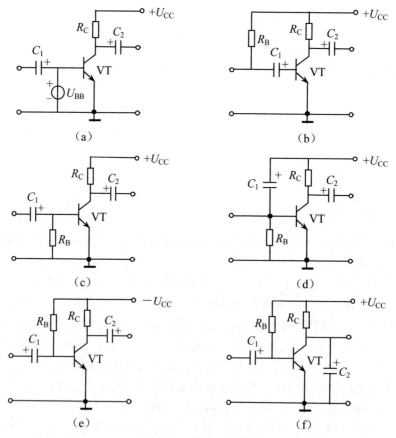

图 2-23　习题 2-1 的图

2-2　在图 2-24（a）所示电路中，已知 $U_{CC} = 12\,V$，$R_B = 240\,k\Omega$，$R_C = 3\,k\Omega$，三极管的 $\beta = 40$。

（1）试用直流通路估算各静态值 I_B、I_C、U_{CE}；

（2）三极管的输出特性曲线如图 2-24（b）所示，用图解法确定电路的静态工作点。

（3）在静态时 C_1 和 C_2 上的电压各为多少？并标出极性。

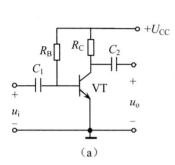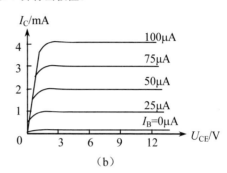

图 2-24　习题 2-2 的图

2-3　在上题中，若改变 R_B，使 $U_{CE} = 3\,V$，则 R_B 应为多大？若改变 R_B，使 $I_C = 1.5\,mA$，则 R_B 又为多大？并分别求出两种情况下电路的静态工作点。

2-4　在图 2-24（a）所示电路中，若三极管的 $\beta = 100$，其他参数与 2-2 题相同，重新计算电路的静态值，并与 2-2 题的结果进行比较，说明三极管值 β 的变化对该电路静态工作点的影响。

2-5　在图 2-24（a）所示电路中，已知 $U_{CC} = 10\,V$，三极管的 $\beta = 40$。若要使 $U_{CE} = 5\,V$，$I_C = 2\,mA$，试确定 R_C、R_B 的值。

2-6　在图 2-24（a）所示电路中，若输出电压 u_o 波形的正半周出现了平顶畸变，试用图解法说明产生失真的原因，并指出是截止失真还是饱和失真。

2-7　画出图 2-25 所示各电路的直流通路、交流通路及微变等效电路，图中各电路的容抗均可忽略不计。若已知 $U_{CC} = 12\,V$，$R_B = R_{B1} = R_{B2} = 120\,k\Omega$，$R_C = 3\,k\Omega$，三极管的 $\beta = 40$，求出各电路的静态工作点。

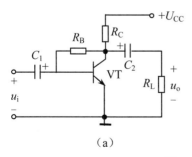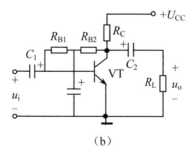

图 2-25　习题 2-7 的图

2-8　在图 2-26 所示的电路中，三极管是 PNP 型锗管。请回答下列问题：

（1）U_{CC} 和 C_1、C_2 的极性如何考虑？请在图上标出；

（2）设 $U_{CC} = -12\,\mathrm{V}$，$R_C = 3\,\mathrm{k\Omega}$，$\beta = 75$，如果要将静态值 I_C 调到 1.5mA，问 R_B 应调到多大？

（3）在调整静态工作点时，如不慎将 R_B 调到零，对晶体管有无影响？为什么？通常采取何种措施来防止发生这种情况？

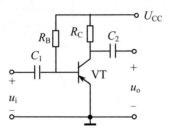

图 2-26　习题 2-8 的图

2-9　在图 2-24（a）所示电路中，已知 $U_{CC} = 12\,\mathrm{V}$，$R_B = 240\,\mathrm{k\Omega}$，$R_C = 3\,\mathrm{k\Omega}$，三极管的 $\beta = 50$。试分别计算空载及接上负载（$R_L = 3\,\mathrm{k\Omega}$）两种情况下电路的电压放大倍数。

2-10　在图 2-27 所示电路中，$U_{CC} = 12\,\mathrm{V}$，$R_{B1} = 60\,\mathrm{k\Omega}$，$R_{B2} = 20\,\mathrm{k\Omega}$，$R_C = 3\,\mathrm{k\Omega}$，$R_E = 3\,\mathrm{k\Omega}$，$R_S = 1\,\mathrm{k\Omega}$，$R_L = 3\,\mathrm{k\Omega}$，三极管的 $\beta = 50$，$U_{BE} = 0.6\,\mathrm{V}$。

（1）求静态值 I_B、I_C、U_{CE}；

（2）画出微变等效电路；

（3）求输入电阻 r_i 和输出电阻 r_o；

（4）求电压放大倍数 $\dot{A}_u$ 和源电压放大倍数 $\dot{A}_{us}$。

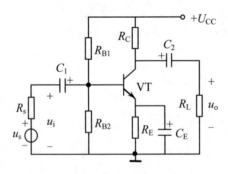

图 2-27　习题 2-10 的图

2-11　在图 2-28 所示电路中，$U_{CC} = 12\,\mathrm{V}$，$R_{B1} = 120\,\mathrm{k\Omega}$，$R_{B2} = 40\,\mathrm{k\Omega}$，$R_C = 3\,\mathrm{k\Omega}$，$R_{E1} = 200\,\Omega$，$R_{E2} = 1.8\,\mathrm{k\Omega}$，$R_S = 100\,\Omega$，$R_L = 3\,\mathrm{k\Omega}$，三极管的 $\beta = 100$，$U_{BE} = 0.6\,\mathrm{V}$。

（1）求静态值 I_B、I_C、U_{CE}；

（2）画出微变等效电路；

（3）求输入电阻 r_i 和输出电阻 r_o；

（4）求电压放大倍数 $\dot{A}_u$ 和源电压放大倍数 $\dot{A}_{us}$。

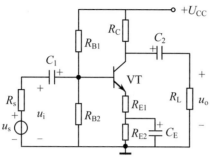

图 2-28 习题 2-11 的图

2-12 在图 2-29 所示电路中，$U_{CC}=12\,V$，$R_B=360\,k\Omega$，$R_C=3\,k\Omega$，$R_E=2\,k\Omega$，$R_L=3\,k\Omega$，三极管的 $\beta=60$。

（1）求静态值 I_B、I_C、U_{CE}；

（2）画出微变等效电路；

（3）求输入电阻 r_i 和输出电阻 r_o；

（4）求电压放大倍数 A_u。

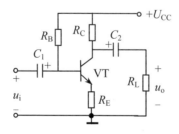

图 2-29 习题 2-12 的图

2-13 在图 2-30 所示电路中，$U_{CC}=12\,V$，$R_B=280\,k\Omega$，$R_E=2\,k\Omega$，$R_L=3\,k\Omega$，三极管的 $\beta=100$。

（1）求静态值 I_B、I_C、U_{CE}；

（2）画出微变等效电路；

（3）求输入电阻 r_i 和输出电阻 r_o；

（4）求电压放大倍数 A_u。

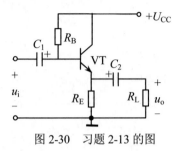

图 2-30　习题 2-13 的图

2-14　已知某放大电路的输出电阻为 $R_o = 3\,\text{k}\Omega$，输出端的开路电压有效值 $U_o = 1.8\,\text{V}$，试问该放大电路接有负载电阻 $R_L = 6\,\text{k}\Omega$ 时，输出电压有效值将下降到多少？

2-15　比较共源极场效应管放大电路和共发射极晶体管放大电路，在电路结构上有何相似之处。为什么前者的输入电阻较高？

2-16　在图 2-20 所示共漏极放大电路中，已知 $U_{DD} = 12\text{V}$，$R_D = 10\,\text{k}\Omega$，$R_S = 10\,\text{k}\Omega$，$R_L = 10\,\text{k}\Omega$，$R_G = 1\,\text{M}\Omega$，$R_{G1} = 300\,\text{k}\Omega$，$R_{G2} = 100\,\text{k}\Omega$，$g_m = 5\text{mA/V}$。

（1）求静态值 I_D、U_{DS}；

（2）画出微变等效电路；

（3）求输入电阻 r_i 和输出电阻 r_o；

（4）求电压放大倍数 A_u。

2-17　在图 2-31 所示电路中，$U_{DD} = 12\,\text{V}$，$R_{G1} = 2\,\text{M}\Omega$，$R_{G2} = 1\,\text{M}\Omega$，$R_S = 5\,\text{k}\Omega$，$R_D = R_L = 5\,\text{k}\Omega$，场效应管的 $g_m = 5\,\text{mA/V}$。

（1）求静态值 I_D、U_{DS}；

（2）画出微变等效电路；

（3）求输入电阻 r_i 和输出电阻 r_o；

（4）求电压放大倍数 A_u。

2-18　图 2-32 所示电路为源极输出器，已知 $U_{DD} = 12\,\text{V}$，$R_G = 1\,\text{M}\Omega$，$R_S = 12\,\text{k}\Omega$，$R_L = 12\,\text{k}\Omega$，场效应管的 $g_m = 5\,\text{mA/V}$。求输入电阻 r_i、输出电阻 r_o 和电压放大倍数 A_u。

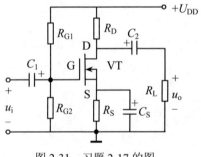

图 2-31　习题 2-17 的图

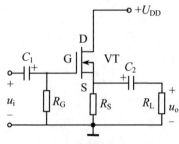

图 2-32　习题 2-18 的图

第3章 多级放大电路

本章学习要求

● 掌握多级放大电路电压放大倍数的计算；互补对称功率放大电路的工作原理；差动放大电路的工作原理及输入输出方式。
● 掌握集成运算放大器的性能特点。
● 掌握反馈极性和类型的判别方法。
● 理解差模放大倍数和共模抑制比的概念。
● 了解多级放大电路的耦合方式和频率特性；功率放大电路的特点和交越失真；负反馈对放大电路性能的影响。

几乎在所有情况下，放大电路的输入信号都很微弱，一般为毫伏或微伏级，输入功率常在 1mW 以下。从单级放大电路的放大倍数来看，仅几十倍到一百多倍，输出的电压和功率都不大。为推动负载工作，必须由多级放大电路对微弱信号进行连续放大，方可在输出端获得必要的电压幅值或足够的功率。一般多级放大电路的组成如图 3-1 所示。

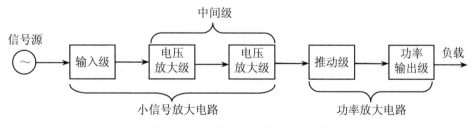

图 3-1　多级放大电路的组成方框图

根据信号源和负载性质的不同，对各级电路有不同要求。各级放大电路的第一级称为输入级（或前置级），一般要求有尽可能高的输入电阻和低的静态工作电流，后者以减小输入级的噪声；中间级主要提高电压放大倍数，但级数过多易产生自激振荡；推动级（或称激励级）输出一定信号幅度推动功率放大电路工作；功率放大电路则以一定功率驱动负载工作。

本章介绍多级放大电路的耦合方式和分析方法；差动放大电路及功率放大电路的组成和工作原理；集成运算放大器的基本结构和主要参数；负反馈的概念、反馈极性及类型的判别以及负反馈对放大电路性能的影响。

3.1　多级放大电路的耦合方式

在多级放大电路中，每两个单级放大电路之间的连接方式称为耦合。耦合方式有阻容耦合、变压器耦合和直接耦合三种。阻容耦合和变压器耦合只能放大交流信号。直接耦合既能放大交流信号，又能放大直流信号。由于变压器耦合在放大电路中的应用已经逐渐减少，所以本节只讨论阻容耦合和直接耦合两种耦合方式。

3.1.1　阻容耦合放大电路

1. 阻容耦合放大电路的特点

阻容耦合放大电路的各级之间通过耦合电容及下级输入电阻连接。图 3-2 所示为两级阻容耦合放大电路，两级之间通过耦合电容 C_2 及下级输入电阻连接。耦合电容对交流信号的容抗必须很小，其交流分压作用可以忽略不计，以使前级输出信号电压差不多无损失地传送到后级输入端。信号频率愈低，电容值应愈大。耦合电容通常取几微法到几十微法。图 3-2 所示电路中，C_1 为信号源与第一级放大电路之间的耦合电容，C_3 是第二级放大电路与负载（或下一级放大电路）之间的耦合电容。信号源或前级放大电路的输出信号在耦合电阻上产生压降，作为后级放大电路的输入信号。

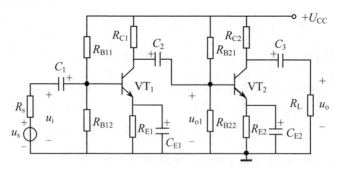

图 3-2　阻容耦合放大电路

阻容耦合放大电路在一般多级分立元件交流放大电路中得到广泛应用。阻容耦合方式的优点是各级放大电路的静态工作点互不影响，可以单独调整到合适位置，且不存在直接耦合放大电路的零点漂移问题。其缺点是不能用来放大变化很缓慢的信号和直流分量变化的信号，且在集成电路中，由于难于制造容量较大的电容器，因此不能在集成电路中采用阻容耦合方式。

2. 阻容耦合放大电路的分析

由于阻容耦合放大电路级与级之间由电容隔开，静态工作点互不影响，故其静态工作点的分析计算方法与单级放大电路完全一样，各级分别计算即可。

多级放大电路的动态分析一般采用微变等效电路法。至于两级放大电路的电压放大倍数，从图 3-2 可以看出，第一级的输出电压 $\dot{U}_{o1}$ 即为第二级的输入电压 $\dot{U}_{i2}$，所以两级放大电路的电压放大倍数为：

$$\dot{A}_u = \frac{\dot{U}_o}{\dot{U}_i} = \frac{\dot{U}_{o1}}{\dot{U}_i} \frac{\dot{U}_o}{\dot{U}_{o1}} = \dot{A}_{u1} \dot{A}_{u2}$$

式中 $\dot{A}_{u1} = \dfrac{\dot{U}_{o1}}{\dot{U}_i}$ 为第一级的电压放大倍数，$\dot{A}_{u2} = \dfrac{\dot{U}_o}{\dot{U}_{o1}} = \dfrac{\dot{U}_o}{\dot{U}_{i2}}$ 为第二级的电压放大倍数。

一般地，多级放大电路的电压放大倍数等于各级电压放大倍数的乘积。

计算多级放大电路的电压放大倍数时应注意，计算前级的电压放大倍数时必须把后级的输入电阻考虑到前级的负载电阻之中。如计算第一级的电压放大倍数 $\dot{A}_{u1}$ 时，其负载电阻就是第二级的输入电阻，即 $R_{L1} = r_{i2}$。

多级放大电路的输入电阻就是第一级的输入电阻，输出电阻就是最后一级的输出电阻。

例 3-1　在图 3-2 所示的两级阻容耦合放大电路中，已知 $U_{CC} = 12\,V$，$R_{B11} = 30\,k\Omega$，$R_{B21} = 15\,k\Omega$，$R_{C1} = 3\,k\Omega$，$R_{E1} = 3\,k\Omega$，$R_{B12} = 20\,k\Omega$，$R_{B22} = 10\,k\Omega$，$R_{C2} = 2.5\,k\Omega$，$R_{E2} = 2\,k\Omega$，$R_L = 5\,k\Omega$，$\beta_1 = \beta_2 = 50$，$U_{BE1} = U_{BE2} = 0.7\,V$。求：

（1）各级电路的静态值；

（2）各级电路的电压放大倍数 $\dot{A}_{u1}$、$\dot{A}_{u2}$ 和总电压放大倍数 $\dot{A}_u$；

（3）各级电路的输入电阻和输出电阻。

解　（1）静态值的估算。

第一级：

$$U_{B1} = \frac{R_{B12}}{R_{B11} + R_{B12}} U_{CC} = \frac{15}{30+15} \times 12 = 4\ (V)$$

$$I_{C1} \approx I_{E1} = \frac{U_{B1} - U_{BE1}}{R_{E1}} = \frac{4-0.7}{3} = 1.1\ (mA)$$

$$I_{B1} = \frac{I_{C1}}{\beta_1} = \frac{1.1}{50}\ (mA) = 22\ (\mu A)$$

$$U_{CE1} = U_{CC} - I_{C1}(R_{C1} + R_{E1}) = 12 - 1.1 \times (3+3) = 5.4(\text{V})$$

第二级：

$$U_{B2} = \frac{R_{B22}}{R_{B21} + R_{B22}} U_{CC} = \frac{10}{20+10} \times 12 = 4(\text{V})$$

$$I_{C2} \approx I_{E2} = \frac{U_{B2} - U_{BE2}}{R_{E2}} = \frac{4 - 0.7}{2} = 1.65(\text{mA})$$

$$I_{B2} = \frac{I_{C2}}{\beta_2} = \frac{1.65}{50}(\text{mA}) = 33(\mu\text{A})$$

$$U_{CE2} = U_{CC} - I_{C2}(R_{C2} + R_{E2}) = 12 - 1.65 \times (2.5+2) = 4.62(\text{V})$$

（2）求各级电路的电压放大倍数 $\dot{A}_{u1}$、$\dot{A}_{u2}$ 和总电压放大倍数 $\dot{A}_u$。首先画出图 3-2 电路的微变等效电路，如图 3-3 所示。

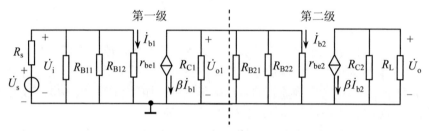

图 3-3　图 3-2 电路的微变等效电路

三极管 VT_1 的动态输入电阻为：

$$r_{be1} = 300 + (1+\beta_1)\frac{26}{I_{E1}} = 300 + (1+50) \times \frac{26}{1.1} = 1500 \ (\Omega) = 1.5 \ (\text{k}\Omega)$$

三极管 VT_2 的动态输入电阻为：

$$r_{be2} = 300 + (1+\beta_2)\frac{26}{I_{E2}} = 300 + (1+50) \times \frac{26}{1.65} = 1100 \ (\Omega) = 1.1 \ (\text{k}\Omega)$$

第二级输入电阻为：

$$r_{i2} = R_{B21} // R_{B22} // r_{be2} = 20 // 10 // 1.1 = 0.94 \ (\text{k}\Omega)$$

第一级等效负载电阻为：

$$R'_{L1} = R_{C1} // r_{i2} = 3 // 0.94 = 0.72 \ (\text{k}\Omega)$$

第二级等效负载电阻为：

$$R'_{L2} = R_{C2} // R_L = 2.5 // 5 = 1.67 \ (\text{k}\Omega)$$

第一级电压放大倍数为：

$$\dot{A}_{u1} = -\frac{\beta_1 R'_{L1}}{r_{be1}} = -\frac{50 \times 0.72}{1.5} = -24$$

第二级电压放大倍数为：

$$\dot{A}_{u2} = -\frac{\beta_2 R'_{L2}}{r_{be2}} = -\frac{50 \times 1.67}{1.1} = -76$$

两级总电压放大倍数为：

$$\dot{A}_u = \dot{A}_{u1}\dot{A}_{u2} = (-24) \times (-76) = 1824$$

（3）求各级电路的输入电阻和输出电阻。

第一级输入电阻为：

$$r_{i1} = R_{B11} /\!/ R_{B12} /\!/ r_{be1} = 30 /\!/ 15 /\!/ 1.5 = 1.3 \quad (\text{k}\Omega)$$

第二级输入电阻已在上面求出，为 $r_{i2} = 0.94 \text{ k}\Omega$。

第一级输出电阻为：

$$r_{o1} = R_{C1} = 3 \quad (\text{k}\Omega)$$

第二级输出电阻为：

$$r_{o2} = R_{C2} = 2.5 \quad (\text{k}\Omega)$$

第二级的输出电阻就是两级放大电路的输出电阻。

3．阻容耦合放大电路的频率特性和频率失真

前面对放大电路的讨论仅限于中频范围，即信号频率不太高也不太低的情况。在所讨论的频段内，放大电路中所有电容的影响都可以忽略。因此，放大电路的各项指标均与信号频率无关，如电压放大倍数为一常数，输出信号对输入信号的相位偏移恒定（为π的整倍数）等。但随着信号频率的降低，耦合电容和发射极旁路电容的容抗增大，以致不可视为短路，因而造成电压放大倍数减小；而随着信号频率的增高，晶体管的结电容以及电路中的分布电容等的容抗减小，以致不可视为开路，也会使电压放大倍数降低。此外，在低频和高频段，输出信号对输入信号的相位移也要随信号频率而改变。所以，在整个频率范围内，电压放大倍数和相位移都将是频率的函数。电压放大倍数与频率的函数关系称为幅频特性，相位移与频率的函数关系称为相频特性，二者统称为频率特性或频率响应。阻容耦合单级放大电路的幅频特性曲线如图 3-4 所示，可见放大电路呈现带通特性。图中 f_H 和 f_L 为电压放大倍数下降到中频段电压放大倍数的 0.707 倍时所对应的两个频率，分别称为上限频率和下限频率。上限频率和下限频率的差称为通频带，用 BW 表示，即：

$$\text{BW} = f_H - f_L$$

一般情况下，放大电路的输入信号都是非正弦信号，其中包含有许多不同频率的谐波成分。由于放大电路对不同频率的正弦信号放大倍数不同，相位移也不一样，所以当输入信号为包含多种谐波分量的非正弦信号时，若谐波频率超出通频带，输出电压 u_o 的波形将产生失真。这种失真与放大电路的频率特性有关，故称为频率失真。

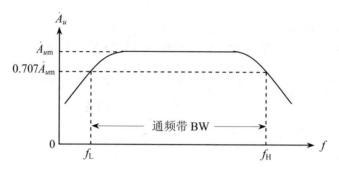

图 3-4　阻容耦合单级放大电路的幅频特性

为了尽可能减小输出信号的频率失真，这就要求放大电路的幅频特性在相当宽的频率范围内近似保持一致，即放大电路的通频带要尽可能宽。根据分析表明，旁路电容 C_E 对低频特性的影响远大于耦合电容。所以，要改善低频特性，特别要增大 C_E。但受到成本体积等因素的限制，C_E 不可能选得太大，因此一般放大电路的下限频率 f_L 主要由 C_E 决定。放大电路的高频特性主要受晶体管结电容及分布电容的影响，上限频率 f_H 主要由这些电容的大小决定。

3.1.2　直接耦合放大电路

直接耦合放大电路的前后级之间没有耦合电容。图 3-5 所示为两级直接耦合放大电路，两级之间直接用导线连接。在放大变化很缓慢的信号和直流分量变化的信号时，必须采用直接耦合方式。在集成电路中，为了避免制造大容量电容的困难，也采用直接耦合方式。

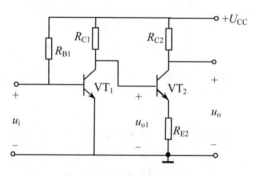

图 3-5　直接耦合放大电路

　　直接耦合放大电路的放大原理及其分析方法与阻容耦合放大电路完全一样。因为没有耦合电容，所以直接耦合放大电路在低频段电压的放大倍数不会因信号频率的下降而降低。在高频段，晶体管的结电容以及电路中的分布电容等对信号电流的分流作用与阻容耦合放大电路一样不能忽略，所以随着信号频率的增高，电压放大倍数也会降低。直接耦合放大电路的幅频特性曲线如图 3-6 所示。

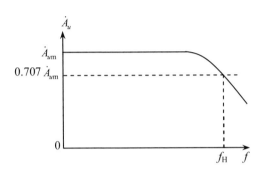

图 3-6　直接耦合放大电路的幅频特性

　　直接耦合似乎很简单，其实它所带来的问题远比阻容耦合严重。其中主要有两个问题需要解决：一个是前、后级的静态工作点互相影响的问题；另一个是所谓零点漂移的问题。

　　1. 前级与后级静态工作点的相互影响

　　由图 3-5 可见，前级的集电极电位恒等于后级的基极电位，而且前级的集电极电阻 R_{C1} 同时又是后级的偏流电阻，前、后级的静态工作点就互相影响，互相牵制。因此，在直接耦合放大电路中必须采取一定的措施，以保证既能有效地传递信号，又能使每一级有合适的静态工作点。常用的办法之一是提高后级的发射极电位。在图 3-5 中是利用 VT_2 的发射极电阻 R_{E2} 上的压降来提高发射极的电位。这一方面能提高 VT_1 的集电极电位，增大其输出电压的幅度，另一方面又能使 VT_2 获得合适的工作点。在工程实践中，还有其他方法可以实现前、后级静态工作点的配合。

　　2. 零点漂移

　　一个理想的直接耦合放大电路，当输入信号为零时，其输出电压应保持不变（不一定是零）。但实际上，把一个多级直接耦合放大电路的输入端短接（$u_i = 0$），测其输出端电压时，却如图 3-7 中记录仪所显示的那样，它并不保持恒值，而在缓慢地、无规则地变化着。这种现象就称为零点漂移，简称零漂。所谓漂移就是指输出电压偏离原来的起始值作上下漂动，看上去似乎像个输出信号，其实它是个假信号。当放大电路输入信号后，这种漂移就伴随着信号共存于放大电路中，两者都在缓慢地变动着，一真一假，互相纠缠在一起，难于分辨。当漂移量大到足以和信号量相比时，放大电路就更难工作了。因此，必须查明产生漂移的原因，并采取相应的抑制漂移的措施。

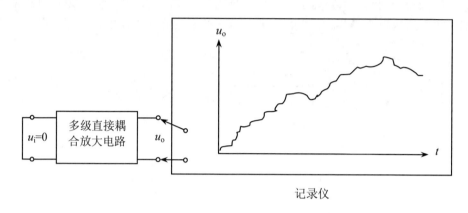

图 3-7　直接耦合放大电路的零点漂移现象

引起零点漂移的原因很多，如三极管参数（I_{CBO}、U_{BE}、β）随温度的变化，电源电压的波动，电路元件参数的变化等，其中温度的影响是最严重的。在多级放大电路各级的漂移当中，第一级的漂移影响最为严重。因为直接耦合，第一级的漂移被逐级放大，以致影响到整个放大电路的工作。所以，抑制漂移要着重于第一级。

作为评价放大电路零点漂移的指标，只看其输出端漂移电压的大小是不充分的，必须同时考虑到放大倍数的不同。就是说，只有把输出端的漂移电压折合到输入端才能真正说明问题，即：

$$u_{id} = \frac{u_{od}}{|\dot{A}_u|}$$

式中，u_{id} 为输入端等效漂移电压；$|\dot{A}_u|$ 为电压放大倍数；u_{od} 为输出端漂移电压。

既然温度漂移是放大电路中的主要漂移成分，因此通常把对应于温度每变化 1℃ 在输出端的漂移电压折合到输入端作为一项衡量指标，用来确定放大电路的灵敏界限。较差的直接耦合放大电路的温度漂移约为几毫伏每度，较好的约为几微伏每度。显然，只有输入端等效漂移电压比输入信号小许多时，放大后的有用信号才能被很好地区分出来。因此，抑制零点漂移就成为制作高质量直接耦合放大电路的一个重要问题。

3.2　差动放大电路

抑制零漂的方法有多种，如采用温度补偿电路、稳压电源以及精选电路元件等方法。最有效且广泛采用的方法是输入级采用差动放大电路。

3.2.1　差动放大电路的工作原理

基本差动放大电路的结构如图 3-8 所示，它由完全相同的两个共发射极单管放大电路组成。要求两个晶体管特性一致，两侧电路参数对称。电路有两个输入端和两个输出端，输入信号 u_i 加在两个输入端之间，输出信号 u_o 由两个输出端之间取出，它们分别是两个单管放大电路输入电压和输出电压的差值，即：

$$u_i = u_{i1} - u_{i2}$$
$$u_o = u_{o1} - u_{o2}$$

1. 抑制零点漂移的原理

在静态时，$u_{i1} = u_{i2} = 0$，即在图 3-8 中将两个输入端短路，此时由负电源 U_{EE} 通过电阻 R_E 和两管发射极提供两管的基极电流。由于电路的对称性，两管的集电极电流相等，集电极电位也相等，即：

$$I_{C1} = I_{C2}$$
$$U_{C1} = U_{C2}$$

故输出电压

$$u_o = U_{C1} - U_{C2} = 0$$

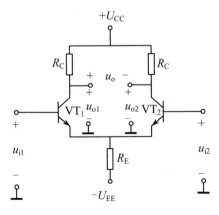

图 3-8　基本差动放大电路

当温度发生变化时，例如当温度升高时，两管的集电极电流都会增大，集电极电位都会下降。由于电路是对称的，所以两管的变化量相等。即：

$$\Delta I_{C1} = \Delta I_{C2}$$

$$\Delta U_{C1} = \Delta U_{C2}$$

虽然每个管都产生了零点漂移，但是，由于两管集电极电位的变化是互相抵消的，所以输出电压依然为零，即：

$$u_o = (U_{C1} + \Delta U_{C1}) - (U_{C2} + \Delta U_{C2}) = \Delta U_{C1} - \Delta U_{C2} = 0$$

可见零点漂移完全被抑制了。对称差动放大电路对两管所产生的同向漂移（不管是什么原因引起的）都具有抑制作用，这是它的突出优点。

2. 信号输入

当有信号输入时，对称差动放大电路（图 3-8）的工作情况可以分为下列几种输入方式来分析。

（1）共模输入。若两个输入信号电压 u_{i1} 和 u_{i2} 的大小相等、极性相同，即 $u_{i1} = u_{i2} = u_{ic}$，这样的输入称为共模输入。

在共模输入信号作用下，对于完全对称的差动放大电路来说，显然两管的集电极电位变化相同，即 $u_{o1} = u_{o2}$，因而输出电压为：

$$u_o = u_{o1} - u_{o2} = 0$$

可见，差动放大电路对共模信号没有放大能力，共模电压放大倍数为：

$$A_c = \frac{u_o}{u_{ic}} = 0$$

实际上，差动放大电路对零点漂移的抑制就是该电路抑制共模信号的一个特例。因为折合到两个输入端的等效漂移电压如果相同，就相当于给放大电路加了一对共模信号。所以，差动放大电路抑制共模信号能力的大小，也反映出它对零点漂移的抑制水平。

（2）差模输入。若两个输入信号电压 u_{i1} 和 u_{i2} 的大小相等、极性相反，即 $u_{i1} = -u_{i2} = \frac{1}{2}u_{id}$，这样的输入称为差模输入。

设 $u_{i1} > 0$，$u_{i2} < 0$，则 VT_1 管集电极电流的增加量等于 VT_2 管集电极电流的减小量。这样，两个集电极电位一增一减，呈现异向变化，因而 VT_1 管集电极输出电压 u_{o2} 与 VT_2 管集电极输出电压 u_{o2} 大小相等、极性相反，即 $u_{o1} = -u_{o2}$，输出电压为：

$$u_o = u_{o1} - u_{o2} = 2u_{o1} \neq 0$$

可见在差模输入信号的作用下，差动放大电路的输出电压为两管各自输出电压变化量的两倍，即差动放大电路对差模信号有放大能力。差模电压放大倍数为：

$$A_{\mathrm{d}} = \frac{u_{\mathrm{o}}}{u_{\mathrm{id}}} = \frac{2u_{\mathrm{o1}}}{2u_{\mathrm{i1}}} = A_{\mathrm{d1}}$$

与共发射极单管放大电路的电压放大倍数相同。

（3）比较输入。两个输入信号电压的大小和相对极性是任意的，既非共模，又非差模，这种输入称为比较输入。比较输入在自动控制系统中是常见的。

比较输入可以分解为一对共模信号和一对差模信号的组合，即：

$$u_{\mathrm{i1}} = u_{\mathrm{ic}} + u_{\mathrm{id}}$$

$$u_{\mathrm{i2}} = u_{\mathrm{ic}} - u_{\mathrm{id}}$$

式中　　u_{ic}——共模信号；

$\qquad u_{\mathrm{id}}$——差模信号。

由以上两式可解得：

$$u_{\mathrm{ic}} = \frac{1}{2}(u_{\mathrm{i1}} + u_{\mathrm{i2}})$$

$$u_{\mathrm{id}} = \frac{1}{2}(u_{\mathrm{i1}} - u_{\mathrm{i2}})$$

例如，比较输入信号为 $u_{\mathrm{i1}} = 10\,\mathrm{mV}$，$u_{\mathrm{i2}} = -4\,\mathrm{mV}$，则共模信号为 $u_{\mathrm{ic}} = 3\,\mathrm{mV}$，差模信号为 $u_{\mathrm{id}} = 7\,\mathrm{mV}$。

对于线性差动放大电路，可用叠加定理求得输出电压：

$$u_{\mathrm{o1}} = A_{\mathrm{c}} u_{\mathrm{ic}} + A_{\mathrm{d}} u_{\mathrm{id}}$$

$$u_{\mathrm{o2}} = A_{\mathrm{c}} u_{\mathrm{ic}} - A_{\mathrm{d}} u_{\mathrm{id}}$$

$$u_{\mathrm{o}} = u_{\mathrm{o1}} - u_{\mathrm{o2}} = 2A_{\mathrm{d}} u_{\mathrm{id}} = A_{\mathrm{d}}(u_{\mathrm{i1}} - u_{\mathrm{i2}})$$

上式表明，输出电压的大小仅与输入电压的差值有关，而与信号本身的大小无关，这就是差动放大电路的差值特性。

对于差动放大电路来说，差模信号是有用信号，要求对差模信号有较大的放大倍数；而共模信号是干扰信号，因此对共模信号的放大倍数越小越好。对共模信号的放大倍数越小，就意味着零点漂移越小，抗共模干扰的能力越强，当用作差动放大时，就越能准确、灵敏地反映出信号的偏差值。

上面讨论的是理想情况，在一般情况下，电路不可能绝对对称，$A_{\mathrm{c}} \neq 0$。为了全面衡量差动放大电路放大差模信号和抑制共模信号的能力，引入共模抑制比，以 K_{CMR} 表示。共模抑制比定义为 A_{d} 与 A_{c} 之比的绝对值，即：

$$K_{\mathrm{CMR}} = \left| \frac{A_{\mathrm{d}}}{A_{\mathrm{c}}} \right|$$

或用对数形式表示：

$$K_{CMR} = 20 \lg \left| \frac{A_d}{A_c} \right| \quad (dB)$$

用对数形式表示的共模抑制比的单位为分贝（dB）。

显然，共模抑制比越大，表示电路放大差模信号和抑制共模信号的能力越强。

发射极电阻 R_E 的作用是为了提高整个电路以及单管放大电路对共模信号的抑制能力。例如，当温度升高时，两个晶体管发射极电流同时增大，流过发射极电阻 R_E 的电流增加，发射极电位升高，使两管发射结压降同时减小，基极电流也都减小，从而阻止了两管集电极电流随温度升高而增大。这就稳定了两个单管放大电路的静态工作点，使它们的输出电压漂移减小，即减小了差动放大电路的零点漂移。而在差模信号输入时，由于两个单管放大电路的输入信号大小相等而极性相反，若输入信号使一个晶体管发射极电流增加多少，则必然会使另一个晶体管发射极电流减少多少。因此，流过发射极电阻的电流保持不变，发射极电位恒定，故 R_E 对差模信号而言相当于短路，不影响差模放大倍数。由于零点漂移等效于共模输入，所以发射极电阻 R_E 对于共模信号必然也有很强的抑制能力。

显然，发射极电阻 R_E 越大，对于零点漂移和共模信号的抑制作用越显著。但 R_E 越大，产生的直流压降就越大。为了补偿 R_E 上的直流压降，使发射极基本保持零电位，故增加负电源 U_{EE}。

当 R_E 选得较大时，维持正常工作电流所需的负电源将很高，这显然是不可取的。为了解决这个矛盾，常常采用晶体管恒流源电路代替电阻 R_E，如图 3-9（a）所示。

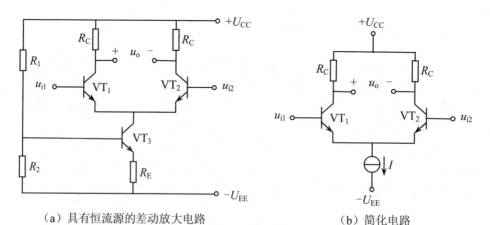

（a）具有恒流源的差动放大电路　　　　　　（b）简化电路

图 3-9　具有恒流源的差动放大电路

恒流源的静态电阻很小，U_{EE} 不需要太高就可以得到合适的工作电流。但恒流源的动态电阻极大，当共模输入或温度变化引起发射极电流改变时，将呈现极大的动态电阻，对零点漂移和共模信号将产生极强的抑制作用。为了简便起见，通常将恒流源电路用电流源符号表示，如图 3-9（b）所示。

3.2.2　差动放大电路的输入输出方式

差动放大电路有两个输入端和两个输出端，除了前面讨论的双端输入双端输出式电路以外，还经常采用单端输入方式和单端输出方式。共有 4 种输入输出方式的差动放大电路，其中图 3-10（a）为双端输入双端输出方式，图 3-10（b）为双端输入单端输出方式，图 3-10（c）为单端输入双端输出方式，图 3-10（d）为单端输入单端输出方式。

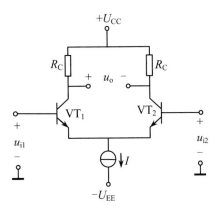

（a）双端输入双端输出

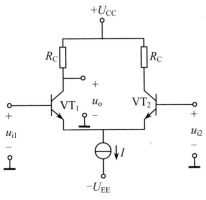

（b）双端输入单端输出

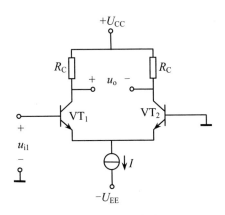

（c）单端输入双端输出

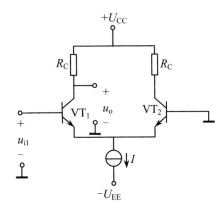

（d）单端输入单端输出

图 3-10　差动放大电路的输入输出方式

图 3-10（b）所示的双端输入单端输出式电路，输出信号 u_o 与输入信号 u_{i1} 极性（或相位）相反，而与 u_{i2} 极性（或相位）相同。所以 u_{i1} 输入端称为反相输入端，而 u_{i2} 输入端称为同相输入端。双端输入单端输出方式是集成运算放大器的基本输入输出方式。

图 3-10（c）、（d）所示的单端输入式差动放大电路，输入信号只加到放大电路的一个输入端，另一个输入端接地。由于两个晶体管发射极电流之和恒定，所以当输入信号使一个晶体管发射极电流改变时，另一个晶体管发射极电流必然随之作相反的变化，情况和双端输入时相同。此时由于恒流源等效电阻或发射极电阻 R_E 的耦合作用，两个单管放大电路都得到了输入信号的一半，但极性相反，即为差模信号。所以，单端输入属于差模输入。

图 3-10（b）、（d）所示的单端输出式差动电路，输出减小了一半，所以差模放大倍数亦减小为双端输出时的二分之一。此外，由于两个单管放大电路的输出漂移不能互相抵消，所以，零漂比双端输出时大一些。由于恒流源或射极电阻 R_E 对零点漂移有极强的抑制作用，零漂仍然比单管放大电路小得多。所以，单端输出时仍常采用差动放大电路，而不采用单管放大电路。

3.3　互补对称功率放大电路

多级放大电路的最后一级总要带动一定的负载，如扬声器、电动机、继电器等。负载通常都要求一定的激励功率才能正常工作，所以多级放大电路的末级一般为功率放大电路，即功率放大电路也是构成多级放大电路的基本单元电路。

3.3.1　功率放大电路的特点及类型

1. 功率放大电路的特点

功率放大电路的任务是向负载提供足够大的功率，这就要求功率放大电路不仅要有较高的输出电压，还要有较大的输出电流。因此功率放大电路中的晶体管通常工作在高电压大电流状态，晶体管的功耗也比较大。对晶体管的各项指标必须认真选择，且尽可能使其得到充分利用。因为功率放大电路中的晶体管处在大信号极限运用状态，非线性失真也要比小信号的电压放大电路严重得多。此外，功率放大电路从电源取用的功率较大，为提高电源的利用率，必须尽可能提高功率放大电路的效率。放大电路的效率是指负载得到的交流信号功率与直流电源供出功率的比值。

2. 功率放大电路的类型

根据工作状态的不同，功率放大电路可分为甲类、乙类和甲乙类 3 种不同的类型，如图 3-11 所示。

甲类功率放大电路的静态工作点设置在交流负载线的中点，如图 3-11（a）所示。在工作过程中，晶体管始终处于导通状态。由于静态工作点较高，晶体管的功率损耗较大，放大电路的效率较低，最高只能达到 50%。

乙类功率放大电路的静态工作点设置在交流负载线的截止点，如图 3-11（b）所示。晶体管仅在输入信号的半个周期导通。由于静态工作点设置在截止点，功率损耗减到最少，使效率大大提高。

甲乙类功率放大电路的静态工作点介于甲类和乙类之间，如图 3-11（c）所示。晶体管有不大的静态偏流。其失真情况和效率介于甲类和乙类之间。

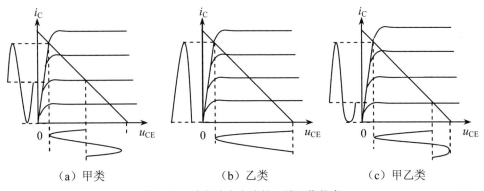

（a）甲类　　　　　　　　　（b）乙类　　　　　　　　　（c）甲乙类

图 3-11　功率放大电路的 3 种工作状态

3.3.2　互补对称功率放大电路

为了使功率放大电路既有尽可能高的效率，又有尽可能小的失真，常采用工作于甲乙类或乙类状态的互补对称功率放大电路。

1. OCL 功率放大电路

由双电源供电的互补对称功率放大电路又称无输出电容的功率放大电路，简称 OCL 电路，其原理电路如图 3-12（a）所示。图中 VT_1 为 NPN 管，VT_2 为 PNP 管，两管特性基本上相近。两管的发射极相连接到负载上，基极相连作为输入端。

静态（$u_i = 0$）时，$U_B = 0$，由于 VT_1、VT_2 两管对称，因此 $U_E = 0$，故偏置电压为零，VT_1、VT_2 均处于截止状态，负载中没有电流，电路工作在乙类状态。

动态（$u_i \neq 0$）时，在 u_i 的正半周 VT_1 导通而 VT_2 截止，VT_1 以射极输出器的形式将正半周信号输出给负载；在 u_i 的负半周 VT_2 导通而 VT_1 截止，VT_2 以射极输出器的形式将负半周信号输出给负载。可见在输入信号 u_i 的整个周期内，VT_1、VT_2 两管轮流交替地工作，互相补充，使负载获得完整的信号波形，故称为互补对称电路。由于 VT$_1$、VT$_2$ 都工作在共集电极接法，输出电阻极小，可与低阻负载 R_L 直接匹配。电路的工作波形如图 3-12（b）所示。

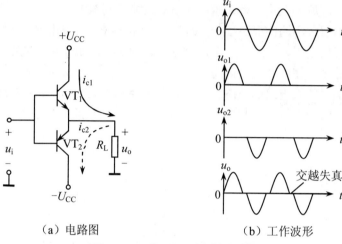

（a）电路图　　　　　　　　（b）工作波形

图 3-12　乙类 OCL 功率放大电路

从图 3-12（b）的工作波形可以看到，在波形过零的一个小区域内输出波形产生了失真，这种失真称为交越失真。产生交越失真的原因，是由于 VT$_1$、VT$_2$ 发射结静态偏压为零，放大电路工作在乙类状态。当输入信号 u_i 小于晶体管的发射结死区电压时，两个晶体管都截止，在这一区域内输出电压为零，使波形失真。

为减小交越失真，可给 VT$_1$、VT$_2$ 发射结加适当的正向偏压，以便产生一个不大的静态偏流，使 VT$_1$、VT$_2$ 导通时间稍微超过半个周期，即工作在甲乙类状态，如图 3-13 所示。图中二极管 VD$_1$、VD$_2$ 用来提供偏置电压。静态时三极管 VT$_1$、VT$_2$ 虽然都已基本导通，但因它们对称，U_E 仍为零，负载中仍无电流流过。

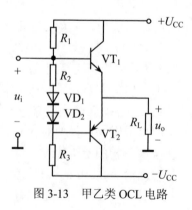

图 3-13　甲乙类 OCL 电路

2. OTL 功率放大电路

OCL 功率放大电路需要正、负两个电源。但实际电路多采用单电源供电，如收音机、扩音机等。为此，可用一个大容量的电容器代替 OCL 电路中的负电源，组成所谓无输出变压器的功率放大电路，简称 OTL 电路。图 3-14 所示为工作在甲乙类状态的 OTL 功率放大电路。

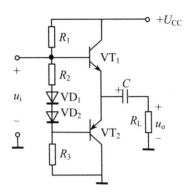

图 3-14　甲乙类 OTL 电路

因电路对称，静态时两个晶体管发射极连接点电位为电源电压的一半，负载中没有电流。动态时，在 u_i 的正半周 VT_1 导通而 VT_2 截止，VT_1 以射极输出器的形式将正半周信号输出给负载，同时对电容 C 充电；在 u_i 的负半周 VT_2 导通而 VT_1 截止，电容 C 通过 VT_2、R_L 放电，VT_2 以射极输出器的形式将负半周信号输出给负载，电容 C 在这时起到负电源的作用。为了使输出波形对称，必须保持电容 C 上的电压基本维持在 $U_{CC}/2$ 不变，因此 C 的容量必须足够大。

把互补对称功率放大电路和前置放大电路一起制作在同一硅片上，就成为集成功率放大器。集成功率放大器的种类很多，用途及使用方法各异，使用时可查阅有关手册。

在功率放大电路中，大功率晶体管的功耗较大，如不采取有效措施，会使功率管因结温过高而烧坏。给功率管安装表面积足够大的散热器，改善其散热条件，可有效地降低结温，保证安全，从而在相同条件下大大提高功率管的最大允许功耗，提高其效率。通常采用由纯铝轧制而成的散热器型材。在安装时，应使晶体管与散热器良好接触，以提高散热效果。

3.4　集成运算放大器

传统的放大电路由分立元件构成，就是由各种单个元件连接起来的电子电路，这种由分立元件构成的电路称为分立电路。集成电路是相对于分立电路而言的，就是把整个电路的各个元件以及相互之间的连接同时制造在一块半导体芯片上，组成一个不可分割的整体。

近年来，集成电路正在逐渐取代分立电路，它打破了分立元件和分立电路的设计方法，实现了材料、元件和电路及系统的统一。它与由晶体管等分立元件连成的电路比较，体积更小，重量更轻，功耗更低。又由于减少了电路的焊接点而提高了工作的可靠性，并且价格也较便宜。同时也使电路设计人员摆脱了从电路设计、元件选配到组装调试等一系列的繁琐过程，大大缩短了电子设备的制造周期。所以集成电路的问世，是电子技术的一个新的飞跃，进入了微电子学时代，从而促进了各个科学技术领域先进技术的发展。

就集成度而言，集成电路有小规模、中规模、大规模和超大规模集成电路之分。目前的超大规模集成电路，每块芯片上制有上亿个元件，而芯片面积只有几十平方毫米。就导电类型而言，有双极型、单极型（场效应管）和两者兼容的集成电路。就功能而言，集成电路有数字集成电路和模拟集成电路，而后者又有集成运算放大器、集成功率放大器、集成稳压电源和集成数模和模数转换器等许多种。本章所讲的主要是集成运算放大器。至于其他集成器件，将在后面各章中分别介绍。

集成运算放大器简称集成运放，是应用最广泛的集成放大器，最早用于模拟计算机，对输入信号进行模拟运算，并由此而得名。集成运算放大器作为基本运算单元，可以完成加减、积分和微分、乘除等数学运算。

集成运放具有可靠性高、使用方便、放大性能好（如极高的放大倍数、较宽的通频带、很低的零漂等）等特点。随着技术指标的不断提高和价格日益降低，作为一种通用的高性能放大器，目前已广泛应用于自动控制、精密测量、通信、信号运算、信号处理、波形产生及电源等电子技术应用的各个领域。

3.4.1　集成运算放大器的特点

集成运算放大器的一些特点与其制造工艺是紧密相关的，主要有以下几点：

（1）在集成电路工艺中难于制造电感元件。制造容量大于 200pF 的电容也比较困难，而且性能很不稳定，所以集成电路中要尽量避免使用电容器。而运算放大器各级之间都采用直接耦合，基本上不采用电容元件，因此适合于集成化的要求。必须使用电容器的场合，也大多采用外接的办法。

（2）运算放大器的输入级都采用差动放大电路，它要求两管的性能应该相同。而集成电路中的各个晶体管是通过同一工艺过程制作在同一硅片上的。容易获得特性相近的差动对管。又由于管子在同一硅片上，温度性能基本保持一致，因此，容易制成温度漂移很小的运算放大器。

（3）在集成电路中，比较合适的阻值大致为 $10\Omega\sim30\mathrm{k}\Omega$。制作高阻值的电阻成本高，占用面积大，且阻值偏差大（10%～20%）。因此，在集成运算放大器中往往用晶体管恒流源代替电阻。必须用直流高阻值电阻时，也常采用外接方式。

（4）集成电路中的二极管都采用晶体管构成，把发射极、基极、集电极三者适当组配使用。

3.4.2　集成运算放大器的组成

集成运放是一种高电压放大倍数（通常大于 10^4）的多级直接耦合放大器，内部电路通常由输入级、中间级、输出级和偏置电路 4 个部分组成，如图 3-15（a）所示。

集成运放的电路符号如图 3-15（b）所示。它有两个输入端，标"+"的输入端称为同相输入端，输入信号由此端输入时，输出信号与输入信号相位相同；标"－"的输入端称为反相输入端，输入信号由此端输入时，输出信号与输入信号相位相反。

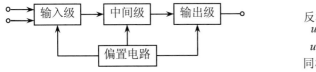

（a）集成运算放大器的组成框图　　（b）集成运算放大器的电路符号

图 3-15　集成运算放大器的组成框图和电路符号

输入级是提高集成运放质量的关键部分，通常由具有恒流源的双端输入、单端输出的差动放大电路构成，其目的是为了减小放大电路的零点漂移、提高输入阻抗。

中间级主要用于电压放大。为获得较高的电压放大倍数，中间级通常由带有源负载（即以恒流源代替集电极负载电阻）的共发射极放大电路构成。

输出级通常采用互补对称射极输出电路，其目的是为了减小输出电阻，提高电路的带负载能力，此外输出级还附有保护电路，以防意外短路或过载时造成损坏。

偏置电路的作用是为上述各级电路提供稳定、合适的偏置电流，决定各级的静态工作点，一般由各种恒流源电路构成。

3.4.3　集成运放的主要参数及种类

1. 集成运放的主要参数

集成运放的性能可以用各种参数反映，主要参数如下：

（1）差模开环电压放大倍数 A_{do}。指集成运放本身（无外加反馈回路）的差模电压放大倍数，即 $A_{\text{do}} = \dfrac{u_{\text{o}}}{u_+ - u_-}$。它体现了集成运放的电压放大能力，一般在 $10^4 \sim 10^7$ 之间。A_{do} 越大，电路越稳定，运算精度也越高。

（2）共模开环电压放大倍数 A_{co}。指集成运放本身的共模电压放大倍数，它反映集成运放抗温漂、抗共模干扰的能力，优质的集成运放 A_{co} 应接近于零。

（3）共模抑制比 K_{CMR}。用来综合衡量集成运放的放大能力和抗温漂、抗共模干扰的能力，一般应大于 80dB。

（4）差模输入电阻 r_{id}。指差模信号作用下集成运放的输入电阻。

（5）输入失调电压 U_{io}。指为使输出电压为零，在输入级所加的补偿电压值。它反映差动放大部分参数的不对称程度，显然越小越好，一般为毫伏级。

（6）失调电压温度系数 $\Delta U_{\text{io}}/\Delta T$。是指温度变化 ΔT 时所产生的失调电压变化 ΔU_{io} 的大小，它直接影响集成运放的精确度，一般为几十微伏每度。

（7）转换速率 S_{R}。衡量集成运放对高速变化信号的适应能力，一般为几伏每微秒，若输入信号变化速率大于此值，输出波形会严重失真。

其他还有输入偏置电流、输出电阻、输入失调电流、失调电流温度系数、输入差模电压范围、输入共模电压范围、最大输出电压、静态功耗等。

2. 集成运放的种类

目前国产集成运放种类很多，根据用途不同可分为：

（1）通用型。性能指标适合一般性使用，其特点是电源电压适应范围广，允许有较大的输入电压等，如 CF741 等。

（2）低功耗型。静态功耗小于或等于 2mW，如 XF253 等。

（3）高精度型。失调电压温度系数在 $1\mu V/℃$ 左右，能保证组成的电路对微弱信号检测的准确性，如 CF75、CF7650 等。

（4）高阻型。输入电阻可达 $10^{12}\Omega$，如 F55 系列等。

还有宽带型、高压型等。使用时须查阅集成运放手册，详细了解它们的各种参数，作为使用和选择的依据。

3.4.4　集成运放的理想模型

在分析计算集成运放的应用电路时，为了使问题分析简化，通常可将运放看作一个理想运算放大器，即将运放的各项参数都理想化。集成运放的理想参数主要有：

（1）开环电压放大倍数 $A_{\text{do}} = \infty$。

（2）输入电阻 $r_{\text{i}} = \infty$。

（3）输出电阻 $r_{\text{o}} = 0$。

（4）共模抑制比 $K_{CMR} = \infty$。

由于集成运放的实际参数与理想运放十分接近，在分析计算时用理想运放代替实际运放所引起的误差并不严重，在工程上是允许的，但这样的处理使分析计算过程大为简化。

理想运放的电路符号如图 3-16（a）所示，图中的 ∞ 表示开环电压放大倍数为无穷大的理想化条件。图 3-16（b）所示为集成运放的电压传输特性，它描述了输出电压与输入电压之间的关系。该传输特性分为线性区和非线性区（饱和区）。当运放工作在线性区时，输出电压 u_o 和输入电压 u_i（$= u_+ - u_-$）是一种线性关系，即：

$$u_o = A_{do} u_i = A_{do}(u_+ - u_-)$$

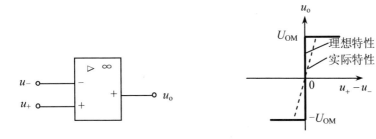

（a）理想运放的电路符号 （b）运放的电压传输特性

图 3-16 理想运放的电路符号和电压传输特性

这时集成运放是一个线性放大元件。但由于集成运放的开环电压放大倍数极高，只有输入电压 $u_i = u_+ - u_-$ 极小（近似为零）时，输出电压 u_o 与输入电压 u_i 之间才具有线性关系。当 u_i 稍大一点时，运放便进入非线性区。运放工作在非线性区时，输出电压为正或负饱和电压（$\pm U_{OM}$），与输入电压 $u_i = u_+ - u_-$ 的大小无关。即可近似认为：

当 $u_i > 0$，即 $u_+ > u_-$ 时，$u_o = +U_{OM}$；

当 $u_i < 0$，即 $u_+ < u_-$ 时，$u_o = -U_{OM}$。

为了使运放能在线性区稳定工作，通常把外部元器件如电阻、电容等跨接在运放的输出端与反相输入端之间构成闭环工作状态，即引入深度电压负反馈，以限制其电压放大倍数。工作在线性区的理想运放，利用上述理想参数可以得出以下两条重要结论：

（1）因 $R_{id} = \infty$，故有 $i_+ = i_- = 0$，即理想运放两个输入端的输入电流为零。由于两个输入端并非开路而电流为零，故称为"虚断"。

（2）因 $A_{\text{do}} = 0$，故有 $u_+ = u_-$，即理想运放两个输入端的电位相等。由于两个输入端电位相等，但又不是短路，故称为"虚短"。如果信号从反相输入端输入，而同相输入端接地，即 $u_+ = 0$，这时必有 $u_- = 0$，即反相输入端的电位为"地"电位，通常称为"虚地"。

上述两条重要结论是分析理想运放线性运用时的基本依据。

3.5　放大电路中的负反馈

反馈在科学技术中的应用非常广泛，通常的自动调节和自动控制系统都是基于反馈原理构成的。利用反馈原理还可以实现稳压、稳流等。在放大电路中引入适当的反馈，可以改善放大电路的性能，实现有源滤波及模拟运算，也可以构成各种振荡电路等。

3.5.1　反馈的基本概念

将放大电路输出信号（电压或电流）的一部分或全部，通过某种电路（反馈电路）送回到输入回路，从而影响输入信号的过程称为反馈。反馈到输入回路的信号称为反馈信号。

根据反馈信号对输入信号作用的不同，反馈可分为正反馈和负反馈两大类型。反馈信号增强输入信号的叫做正反馈；反馈信号削弱输入信号的叫做负反馈。

图 3-17 所示为负反馈放大电路的原理框图，它由基本放大电路、反馈网络和比较环节 3 部分组成。基本放大电路由单级或多级组成，完成信号从输入端到输出端的正向传输。反馈网络一般由电阻元件组成，完成信号从输出端到输入端的的反向传输，即通过它来实现反馈。图中箭头表示信号的传输方向，x_i、x_o、x_f 和 x_d 分别表示外部输入信号、输出信号、反馈信号和基本放大电路的净输入信号，它们既可以是电压，也可以是电流。比较环节实现外部输入信号与反馈信号的叠加，以得到净输入信号 x_d。

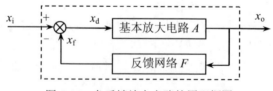

图 3-17　负反馈放大电路的原理框图

设基本放大电路的放大倍数为 A，反馈网络的反馈系数为 F，则由图 3-17 可得：

$$x_d = x_i - x_f$$

$$x_o = A x_d$$

$$x_f = F x_o$$

若 x_i、x_f 和 x_d 三者同相，则 $x_d < x_i$，即反馈信号起了削弱净输入信号的作用，引入的是负反馈。

反馈放大电路的放大倍数为：

$$A_f = \frac{x_o}{x_i} = \frac{x_o}{x_d + x_f} = \frac{A}{1 + AF}$$

通常称 A_f 为反馈放大电路的闭环放大倍数，A 为开环放大倍数，$|1 + AF|$ 为反馈深度。从上式可知，若 $|1 + AF| > 1$，则 $A_f < A$，说明引入反馈后，由于净输入信号的减小，使放大倍数降低了，引入的是负反馈，且反馈深度的值越大（即反馈深度越深），负反馈的作用越强，A_f 也越小。若 $|1 + AF| < 1$，则 $A_f > A$，说明引入反馈后，由于净输入信号的增强，使放大倍数增大了，引入的是正反馈。

反馈的正、负极性通常采用瞬时极性法判别。晶体管、场效应管及集成运算放大器的瞬时极性如图 3-18 所示。晶体管的基极（或栅极）和发射极（或源极）瞬时极性相同，而与集电极（或漏极）瞬时极性相反。集成运算放大器的同相输入端与输出端瞬时极性相同，而反相输入端与输出端瞬时极性相反。

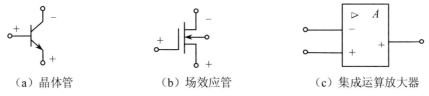

（a）晶体管　　　　　　（b）场效应管　　　　　　（c）集成运算放大器

图 3-18　晶体管、场效应管及集成运算放大器的瞬时极性

在应用瞬时极性法判别反馈的类型时，可先任意设定输入信号的瞬时极性为正或为负（以⊕或⊖标记），然后沿反馈环路逐步确定反馈信号的瞬时极性，再根据它对输入信号的作用（增强或削弱），即可确定反馈极性。

例 3-2　判断图 3-19 所示各电路的反馈极性。

解　对图 3-19（a）电路，设基极输入信号 u_i 的瞬时极性为正，则发射极反馈信号 u_f 的瞬时极性亦为正，发射结上实际得到的信号（净输入信号）$u_{be} = u_i - u_f$ 与没有反馈时相比减小了，即反馈信号削弱了输入信号的作用，故可确定为负反馈。

对图 3-19（b）电路，设输入信号 u_i 瞬时极性为正，则输出信号 u_o 的瞬时极性为负，经 R_f 返送回同相输入端，反馈信号 u_f 的瞬时极性为负，净输入信号 $u_d = u_i - u_f$ 与没有反馈时相比增大了，即反馈信号增强了输入信号的作用，故可确定为正反馈。

同理可判断图 3-19（c）电路引入的为负反馈。

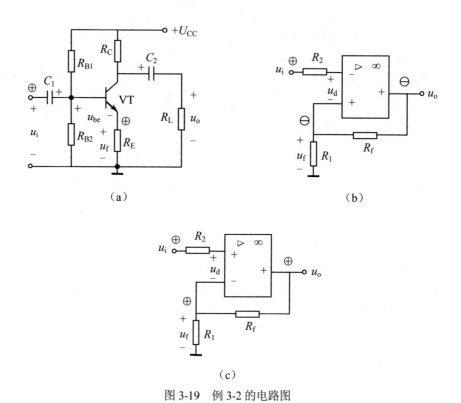

图 3-19　例 3-2 的电路图

3.5.2　负反馈的类型及其判别

在放大电路中广泛引入负反馈来改善放大电路的性能，但不同类型的负反馈对放大电路性能的影响各不相同。

根据反馈信号是取自输出电压还是取自输出电流，可将反馈分为电压反馈和电流反馈。电压反馈的反馈信号 x_f 取自输出电压 u_o，x_f 与 u_o 成正比。电流反馈的反馈信号 x_f 取自输出电流 i_o，x_f 与 i_o 成正比。

根据反馈网络与基本放大电路在输入端的连接方式，可将反馈分为串联反馈和并联反馈。串联反馈的反馈信号和输入信号以电压串联方式叠加，即 $u_d = u_i - u_f$，以得到基本放大电路的净输入电压 u_d。并联反馈的反馈信号和输入信号以电流并联方式叠加，即 $i_d = i_i - i_f$，以得到基本放大电路的净输入电流 i_d。

综合以上两种情况，可构成电压串联、电压并联、电流串联和电流并联 4 种不同类型的负反馈放大电路。图 3-20 所示为由集成运放构成的 4 种不同类型的负反馈放大电路。

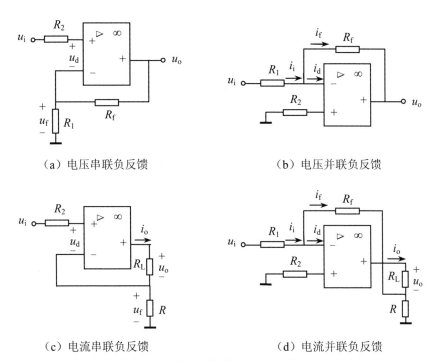

（a）电压串联负反馈　　　　　　　（b）电压并联负反馈

（c）电流串联负反馈　　　　　　　（d）电流并联负反馈

图 3-20　4 种不同类型的负反馈放大电路

根据瞬时极性法可判定图 3-20 所示的 4 个电路引入的均为负反馈。

电压反馈和电流反馈的判别，通常是将放大电路的输出端交流短路（即令 $u_o = 0$），若反馈信号消失，则为电压反馈，否则为电流反馈。

在图 3-20（a）所示的电路中，当输出端交流短路时，R_f 直接接地，反馈电压 $u_f = 0$，即反馈信号消失，故为电压反馈。在图 3-20（c）所示的电路中，当将其输出端交流短路时，尽管 $u_o = 0$，但输出电流 i_o 仍随输入信号而改变，在 R 上仍有反馈电压 u_f 产生，故可判定为电流反馈。

同理，可判定图 3-20（b）所示电路引入的是电压反馈，而图 3-20（d）所示电路引入的是电流反馈。

串联反馈和并联反馈可以根据电路结构判别。当反馈信号和输入信号接在放大电路的同一点（另一点往往是接地点）时，一般可判定为并联反馈；而接在放大电路的不同点时，一般可判定为串联反馈。

在图 3-20（a）、（c）所示的电路中，输入信号 u_i 加在集成运算放大器的同相输入端和地之间，而反馈信号 u_f 却加在集成运算放大器的反相输入端和地之间，不在同一点，故为串联反馈。而对于图 3-20（b）、（d）所示的电路，输入信号 u_i 加在集成运算放大器的反相输入端和地之间，而输出信号经 R_f 也反馈到集成运算放大器的反相输入端和地之间，在同一点，故为并联反馈。

3.5.3　负反馈对放大电路性能的影响

负反馈放大电路中，反馈信号削弱了输入信号，使净输入信号减小，放大倍数下降。但是，其他指标却可以因此而得到改善。

1. 稳定放大倍数

为讨论方便，设放大电路在中频段工作，反馈网络由电阻组成，则 A、F 和 A_f 均为实数。即：

$$A_f = \frac{A}{1 + AF}$$

上式对 A 求导数

$$\frac{\mathrm{d}A_f}{\mathrm{d}A} = \frac{1 + AF - AF}{(1 + AF)^2} = \frac{1}{(1 + AF)^2} = \frac{1}{1 + AF}\frac{A_f}{A}$$

整理，得：

$$\frac{\mathrm{d}A_f}{A_f} = \frac{1}{1 + AF}\frac{\mathrm{d}A}{A}$$

式中　$\dfrac{\mathrm{d}A_f}{A_f}$——闭环放大倍数的相对变化率；

$\dfrac{\mathrm{d}A}{A}$——开环放大倍数的相对变化率。

对负反馈放大电路，由于 $1 + AF > 1$，所以 $\dfrac{\mathrm{d}A_f}{A_f} < \dfrac{\mathrm{d}A}{A}$。上述结果表明，由于外界因素的影响，使开环放大倍数 A 有一个较大的相对变化率时，由于引入负反馈，闭环放大倍数的相对变化率为开环放大倍数相对变化率的 $\dfrac{1}{1 + AF}$，所以闭环放大倍数的稳定性优于开环放大倍数。

例如，某放大电路的开环放大倍数 $A = 1000$，由于外界因素（如温度、电源波动、更换元件等）使其相对变化了 $\dfrac{\mathrm{d}A}{A} = 10\%$，若反馈系数 $F = 0.009$，则闭环放大倍数的相对变化为 $\dfrac{\mathrm{d}A_f}{A_f} = 1\%$。可见放大倍数的稳定性大大提高了。但此时的闭环放大倍数为 $A_f = 100$，比开环放大倍数显著降低，即用降低放大倍数的代价换取提高放大倍数的稳定性。

负反馈越深，放大倍数越稳定。在深度负反馈条件下，即 $1+AF>>1$ 时，有：

$$A_f = \frac{A}{1+AF} \approx \frac{1}{F}$$

上式表明深度负反馈时的闭环放大倍数仅取决于反馈系数 F，而与开环放大倍数 A 无关。通常反馈网络仅由电阻构成，反馈系数 F 十分稳定。所以，闭环放大倍数必然是相当稳定的，诸如温度变化、参数改变、电源电压波动等明显影响开环放大倍数的因素，都不会对闭环放大倍数产生多大影响。

2. 减小非线性失真

一个无负反馈的放大电路，即使设置了合适的静态工作点，由于存在三极管等非线性元件，也会产生非线性失真。当输入信号为正弦波时，输出信号不是正弦波，比如产生了正半周大负半周小的非线性失真，如图 3-21（a）所示。

引入负反馈可以使非线性失真减小。因为引入负反馈后，这种失真了的信号经反馈网络又送回到输入端，与输入信号反相叠加，得到的净输入信号为正半周小而负半周大。这样正好弥补了放大电路的缺陷，使输出信号比较接近于正弦波，如图 3-21（b）所示。

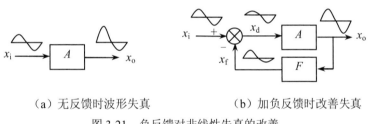

（a）无反馈时波形失真　　　　　（b）加负反馈时改善失真

图 3-21　负反馈对非线性失真的改善

3. 展宽通频带

前已述及，放大电路对不同频率信号的放大倍数不同，只有在通频带范围内的信号，放大倍数才可视为基本一致，可以得到正常的放大。因此，对于频率范围较宽的信号，通常要求放大电路具有较宽的通频带。

引入负反馈可以展宽放大电路的通频带。这是因为放大电路在中频段的开环放大倍数 A 较高，反馈信号也较大，因而净输入信号降低得较多，闭环放大倍数 A_f 也随之降低较多；而在低频段和高频段，A 较低，反馈信号较小，因而净输入信号降低得较小，闭环放大倍数 A_f 也降低较小。这样使放大倍数在比较宽的频段上趋于稳定，即展宽了通频带，如图 3-22 所示。

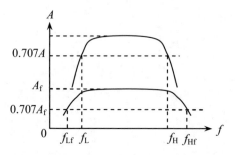

图 3-22　负反馈展宽放大电路的通频带

4. 改变输入电阻和输出电阻

负反馈对输入电阻和输出电阻的影响，因反馈方式而异。

对输入电阻的影响仅与输入端反馈的连接方式有关。对于串联负反馈，由于反馈网络和输入回路串联，总输入电阻为基本放大电路本身的输入电阻与反馈网络的等效电阻两部分串联相加，故可使放大电路的输入电阻增大。对于并联负反馈，由于反馈网络和输入回路并联，总输入电阻为基本放大电路本身的输入电阻与反馈网络的等效电阻两部分并联，故可使放大电路的输入电阻减小。

对输出电阻的影响仅与输出端反馈的连接方式有关。对于电压负反馈，由于反馈信号正比于输出电压，反馈的作用是使输出电压趋于稳定，使其受负载变动的影响减小，也就是使放大电路的输出特性接近理想电压源特性，故而使输出电阻减小。对于电流负反馈，由于反馈信号正比于输出电流，反馈的作用是使输出电流趋于稳定，使其受负载变动的影响减小，也就是使放大电路的输出特性接近理想电流源特性，故而使输出电阻增大。

在电路设计中，可根据对输入电阻和输出电阻的具体要求，引入适当的负反馈。例如，若希望减小放大器的输出电阻，可引入电压负反馈；若希望提高输入电阻，可引入串联负反馈等。

引入负反馈可以稳定放大倍数，减小非线性失真，展宽通频带，按需要改变输入电阻和输出电阻等。一般来说，反馈越深，效果越显著。但是，也并非反馈越深越好，因为性能的改善是以牺牲放大倍数为代价的，反馈越深，放大倍数下降越多。

本章小结

（1）多级放大电路由单级放大电路连接而成，级间可采用阻容耦合或直接耦合方式。第一级一般要求有较高的输入电阻，以减小信号源电流，通常采用场效

应管放大电路或射极跟随器。而末级通常采用射极跟随器，以便得到较低的输出电阻，与低阻的负载相匹配；或者采用功率放大器，以便供给负载足够的功率。

（2）在直接耦合放大电路中零点漂移变得异常突出，差动放大电路可有效地抑制零点漂移。差动放大电路是利用两个相同的单管放大电路相互补偿，依靠电路的对称性来抑制零点漂移。零点漂移可以等效为共模输入信号，所以差动放大电路具有很强的共模抑制能力。典型的差动放大电路为双端输入双端输出方式。为了和一端接地的信号源连接，亦可采用单端输入。而为了和一端接地的负载连接，亦可采用单端输出。其中双端输入单端输出方式通常用作集成运算放大器的输入级。

（3）功率放大电路具有较大的输出功率，晶体管工作在大信号极限运用状态，为减小晶体管的损耗和提高电源的利用率，通常晶体管工作在乙类或甲乙类状态。

（4）集成运算放大器是一种输入电阻高、输出电阻低、电压放大倍数高的直接耦合放大电路，其内部主要由差动式输入级、中间级、互补对称式输出级及偏置电路组成。实际运放的特性与理想运放十分接近，在分析运放应用电路时，一般将实际运放视作理想运放。运放引入负反馈后工作在线性区，虚断和虚短是分析运放线性应用时的重要概念和基本依据。若运放工作在开环状态（非线性区），其作用如同一个开关，输出电压只有正、负饱和电压两种状态。

（5）负反馈对放大电路的性能有着广泛的影响。引入负反馈可稳定放大倍数（同时减小放大倍数）、展宽通频带、减小非线性失真、增大或减小输入电阻和输出电阻。负反馈有电压串联、电压并联、电流串联和电流并联 4 种不同的类型，实际应用中可根据不同的要求引入不同的反馈方式。

习题三

3-1　图 3-23 所示为两级阻容耦合放大电路，已知 $U_{CC} = 12\ V$，$R_{B11} = R_{B21} = 20\ k\Omega$，$R_{B12} = R_{B22} = 10\ k\Omega$，$R_{C1} = R_{C2} = 2\ k\Omega$，$R_{E1} = R_{E2} = 2\ k\Omega$，$R_L = 2\ k\Omega$，$\beta_1 = \beta_2 = 50$，$U_{BE1} = U_{BE2} = 0.6\ V$。

（1）求前、后级放大电路的静态值；

（2）画出微变等效电路；

（3）求各级电压放大倍数 $\dot{A}_{u1}$、$\dot{A}_{u2}$ 和总电压放大倍数 $\dot{A}_u$。

3-2　在图 3-24 所示的两级阻容耦合放大电路中，已知 $U_{CC} = 12\ V$，$R_{B11} = 30\ k\Omega$，$R_{B12} = 20\ k\Omega$，$R_{C1} = R_{E1} = 4\ k\Omega$，$R_{B2} = 130\ k\Omega$，$R_{E2} = 3\ k\Omega$，$R_L = 1.5\ k\Omega$，$\beta_1 = \beta_2 = 50$，$U_{BE1} = U_{BE2} = 0.8\ V$。

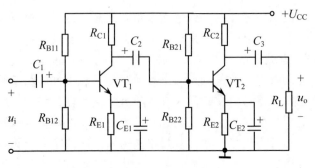

图 3-23　习题 3-1 的图

（1）求前、后级放大电路的静态值；

（2）画出微变等效电路；

（3）求各级电压放大倍数 $\dot{A}_{u1}$、$\dot{A}_{u2}$ 和总电压放大倍数 $\dot{A}_u$；

（4）后级采用射极输出器有何好处？

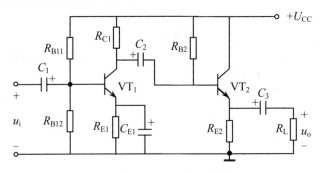

图 3-24　习题 3-2 的图

3-3　在图 3-25 所示的两级阻容耦合放大电路中，已知 $U_{CC}=24\text{ V}$，$R_{B1}=1\text{ M}\Omega$，$R_{E1}=27\text{ k}\Omega$，$R_{B21}=82\text{ k}\Omega$，$R_{B22}=43\text{ k}\Omega$，$R_{C2}=10\text{ k}\Omega$，$R_{E2}=8.2\text{ k}\Omega$，$R_L=10\text{ k}\Omega$，$\beta_1=\beta_2=50$。

（1）求前、后级放大电路的静态值；

（2）画出微变等效电路；

（3）求各级电压放大倍数 $\dot{A}_{u1}$、$\dot{A}_{u2}$ 和总电压放大倍数 $\dot{A}_u$；

（4）前级采用射极输出器有何好处？

3-4　在图 3-26 所示的双端输入双端输出差动放大电路中，$U_{CC}=12\text{ V}$，$U_{EE}=-12\text{V}$，$R_C=12\text{ k}\Omega$，$R_E=12\text{ k}\Omega$，$\beta=50$，$U_{BE}=0\text{ V}$，输入电压 $u_{i1}=9\text{ mV}$，$u_{i2}=3\text{ mV}$。

（1）计算放大电路的静态值 I_B、I_C 及 U_C；

（2）把输入电压 u_{i1}、u_{i2} 分解为共模分量 u_{ic} 和差模分量 u_{id}；

（3）求单端共模输出 u_{oc1} 和 u_{oc2}（共模电压放大倍数为 $A_c\approx-\dfrac{R_C}{2R_E}$）；

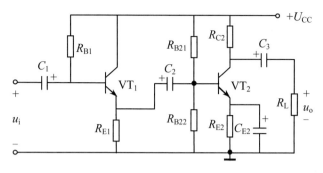

图 3-25 习题 3-3 的图

（4）求单端差模输出 u_{od1} 和 u_{od2}（差模电压放大倍数为 $A_{d1} = -\dfrac{\beta R_C}{r_{be}}$ ， $A_{d2} = \dfrac{\beta R_C}{r_{be}}$ ）；

（5）求单端总输出 u_{o1} 和 u_{o2}；

（6）求双端共模输出 u_{oc}、双端差模输出 u_{od} 和双端总输出 u_o。

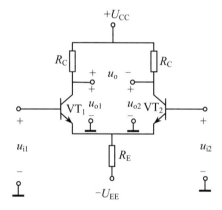

图 3-26 习题 3-4 的图

3-5 图 3-27 所示的是单端输入单端输出差动放大电路，$U_{CC} = 15\text{ V}$ ， $U_{EE} = -15\text{ V}$ ， $R_C = 10\text{ k}\Omega$ ， $R_E = 14.3\text{ k}\Omega$ ， $\beta = 50$ ， $U_{BE} = 0.7\text{ V}$ ，试计算静态值 I_C、U_C 和电压放大倍数 $A_d = \dfrac{u_o}{u_i}$ 。

3-6 OCL 电路如图 3-28 所示，若 $U_{CES} = 2\text{ V}$ ，求电路可能的最大输出功率。

3-7 一负反馈放大电路的开环放大倍数 A 的相对误差为 ±25% 时，闭环放大倍数 A_f 为 100±1%，试计算开环放大倍数 A 及反馈系数 F。

3-8 一负反馈放大电路的开环放大倍数 $A = 10^4$ ，反馈系数 $F = 0.0099$ ，若 A 减小了 10%，求闭环放大倍数 A_f 及其相对变化率。

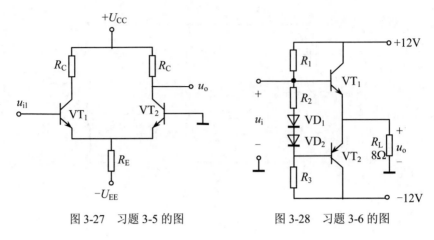

图 3-27　习题 3-5 的图　　　　　　图 3-28　习题 3-6 的图

3-9　指出图 3-29 所示各放电路中的反馈环节，判别其反馈极性和类型。

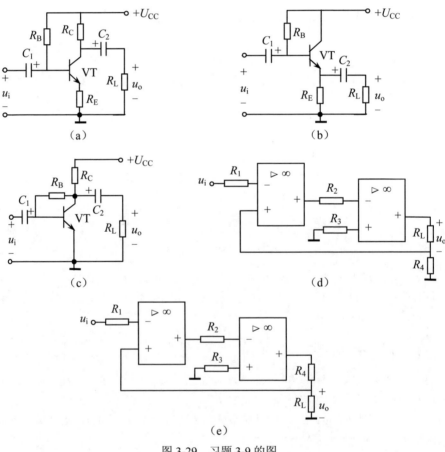

图 3-29　习题 3-9 的图

3-10　指出图 3-30 所示各放大器中的反馈环节，判别其反馈极性和类型。

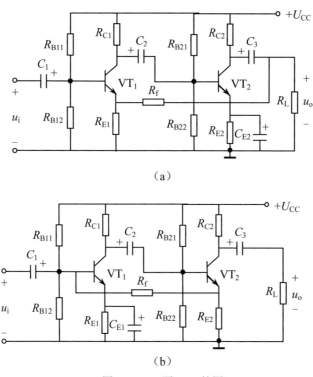

（a）

（b）

图 3-30　习题 3-10 的图

3-11　为了增加运算放大器的输出功率，通常在其后面加接互补对称电路来作输出级，如图 3-31（a）、（b）所示。分析图中各电路负反馈的类型，并指出能稳定输出电压还是输出电流？输入电阻、输出电阻如何变化？

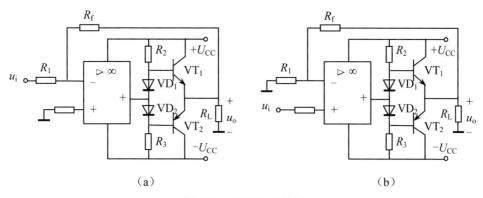

（a）　　　　　　　　　　　　　　（b）

图 3-31　习题 3-11 的图

3-12 在图 3-32 所示的两级放大电路中，试回答：

（1）哪些是直流反馈？

（2）哪些是交流反馈？并说明其反馈极性及类型；

（3）如果 R_f 不接在 VT_2 的集电极，而是接在 C_2 与 R_L 之间，两者有何不同？

（4）如果 R_f 的另一端不是接在 VT_1 的发射极，而是接在 VT_1 的基极，有何不同？是否会变成正反馈？

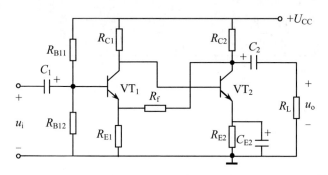

图 3-32 习题 3-12 的图

3-13 试说明对于图 3-33 所示放大电路欲达到下述目的，应分别引入何种方式的负反馈，并分别画出接线图。

（1）增大输入电阻；

（2）稳定输出电压；

（3）稳定电压放大倍数 $\dot{A}_u$；

（4）减小输出电阻但不影响输入电阻。

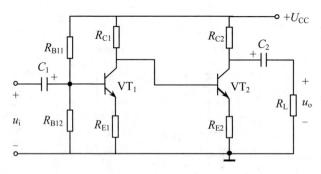

图 3-33 习题 3-13 的图

第 4 章　集成运算放大器的应用

- 掌握集成运算放大器在线性和非线性应用时的分析方法。
- 掌握同相放大器、反相放大器等典型电路。
- 理解集成运算放大器典型线性应用电路的组成、工作原理和电路功能。
- 理解集成运算放大器典型非线性应用电路的组成、工作原理和电路功能。
- 了解集成运算放大器的使用常识。

集成运算放大器具有可靠性高、使用方便、放大性能好（如极高的放大倍数、较宽的通频带、很低的零漂等）等特点，是应用最广泛的集成电路，目前已广泛应用于自动控制、精密测量、通信、信号运算、信号处理及电源等电子技术应用的各个领域。

本章介绍集成运算放大器在信号运算（如比例、加、减、积分、微分等）、信号处理（如滤波、比较、采样保持等）、信号放大（如测量放大器等）、波形产生（如正弦波等）等方面的应用，最后简单介绍了集成运算放大器在使用时应注意的问题。

4.1　模拟运算电路

集成运算放大器外接深度负反馈电路，可以进行信号的模拟运算。正是由于模拟运算电路具有深度负反馈，如果反馈网络是由线性元件组成的，输出信号与输入信号之间就具有线性函数关系，即实现特定的模拟运算，如比例、加法、减法、积分、微分等。所以在分析模拟运算电路时，只要把集成运算放大器看作是理想的，抓住虚短和虚断这两个特点，就很容易求得输出与输入的函数关系。

4.1.1　比例运算电路

1. 反相输入比例运算电路

反相输入比例运算电路如图 4-1 所示，输入信号 u_i 经输入电阻 R_1 从反相输入端输入，同相输入端经电阻 R_2 接地，反馈电阻 R_f 跨接在反相输入端与输出端之间。根据第 3 章负反馈放大电路的分析可知，这种连接方式是电压并联负反馈。

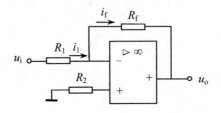

图 4-1　反相输入比例运算电路

根据运放工作在线性区的两条分析依据，即 $u_- = u_+$，$i_- = i_+ = 0$ 可知，因 $i_+ = 0$，故电阻 R_2 上无电压降，于是得：

$$i_1 = i_f$$
$$u_- = u_+ = 0$$

由图 4-1 得：

$$i_1 = \frac{u_i - u_-}{R_1} = \frac{u_i}{R_1}$$

$$i_f = \frac{u_- - u_o}{R_f} = -\frac{u_o}{R_f}$$

由此可得：

$$u_o = -\frac{R_f}{R_1} u_i$$

闭环电压放大倍数为：

$$A_{uf} = \frac{u_o}{u_i} = -\frac{R_f}{R_1}$$

上式表明输出电压与输入电压是一种比例运算关系，或者说是比例放大的关系，比例系数只取决于 R_f 与 R_1 的比值，而与集成运放本身的参数无关。选用不同的电阻比值，就可得到数值不同的闭环电压放大倍数。由于电阻的精度和稳定性可以做得很高，所以闭环电压放大倍数的精度和稳定性也是很高的，这是运算放大器在深度负反馈条件下工作的一个重要特点。式中的负号表示输出电压与输入电压的相位相反，因此这种运算电路称为反相输入比例放大电路。

图中同相输入端的外接电阻 R_2 称为平衡电阻，其作用是消除静态基极电流对输出电压的影响，以保证运算放大器差动输入级输入端静态电路的平衡。运算放大器工作时，两个输入端静态基极偏置电流会在各电阻上产生电压，从而影响差动输入级输入端的电位，使得运算放大器的输出端产生附加的偏移电压。亦即当外加输入电压 $u_i = 0$ 时，输出电压 u_o 将不为零。平衡电阻 R_2 的作用就是当输入电压 $u_i = 0$ 时，使输出电压 u_o 也为零。因为当输入电压 $u_i = 0$ 时，输出电压 $u_o = 0$，所以电阻 R_1 和 R_f 相当于并联，反相输入端与地之间的等效电阻为 $R_1 /\!/ R_f$，因而平衡电阻 R_2 应为：

$$R_2 = R_1 /\!/ R_f$$

在图 4-1 所示的电路中，当 $R_f = R_1$ 时，则有：

$$u_o = -u_i$$

$$A_{uf} = \frac{u_o}{u_i} - 1$$

即输出电压 u_o 与输入电压 u_i 的绝对值相等，而两者的相位相反，这时电路相当于作了一次变号运算。这种运算放大电路称为反相器。

根据第 3 章负反馈放大电路的分析可知，由于反相输入比例放大电路是电压串联负反馈放大电路，所以其输入电阻和输出电阻都较低。输入电阻为：

$$r_i = \frac{u_i}{i_1} = \frac{R_1 i_1}{i_1} = R_1$$

由此可见，在图 4-1 的反相比例运算电路中，想要提高输入电阻 r_i，必须增大 R_1。再从闭环电压放大倍数的表达式来看，为了不降低闭环电压放大倍数，必须同时加大 R_f。过大的 R_f 将对电路的运算精度和稳定性产生不良影响。为解决这一矛盾，可以在反馈回路中引入 T 型电阻网络来代替反馈电阻 R_f，如图 4-2 所示。这个方案的指导思想是利用 R_{f3} 接地，从中取得电流 i_{f3}，i_{f3} 与 i_{f1} 汇合流向 R_{f2}，将产生比只有 i_{f1} 流过 R_{f2} 大许多倍的电压降，因此即使 R_{f1} 和 R_{f2} 的阻值小一些，也能满足一定放大倍数的要求。

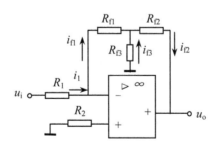

图 4-2　T 型反馈网络反相输入比例运算电路

根据运放工作在线性区的虚短和虚断两条分析依据，可以推出图 4-2 所示电路的闭环电压放大倍数为：

$$A_{uf} = \frac{u_o}{u_i} = -\frac{1}{R_1}\left(R_{f1} + R_{f2} + \frac{R_{f1}R_{f2}}{R_{f3}}\right)$$

例 4-1　在图 4-2 所示的反相输入比例运算电路中，已知 $R_1 = 100\,\text{k}\Omega$，$R_{f1} = 200\,\text{k}\Omega$，$R_{f2} = 50\,\text{k}\Omega$，$R_{f3} = 1\,\text{k}\Omega$。

（1）求：闭环电压放大倍数 A_{uf}、输入电阻 r_i 及平衡电阻 R_2；

（2）如果改用图 4-1 的电路，要想保持闭环电压放大倍数和输入电阻不变，反馈电阻 R_f 应该多大？

解　（1）闭环电压放大倍数为：

$$A_{uf} = -\frac{1}{R_1}\left(R_{f1} + R_{f2} + \frac{R_{f1}R_{f2}}{R_{f3}}\right) = -\frac{1}{100}\left(200 + 50 + \frac{200 \times 50}{1}\right) = -102.5$$

输入电阻为：

$$r_i = \frac{u_i}{i_1} = \frac{R_1 i_1}{i_1} = R_1 = 100\,(\text{k}\Omega)$$

平衡电阻为：

$$R_2 = R_1 /\!/ \left(R_{f1} + R_{f2} /\!/ R_{f3}\right) = 100 /\!/ \left(200 + 50 /\!/ 1\right) = 66.8\,(\text{k}\Omega)$$

（2）如果改用图 4-1 的电路，由 $A_{uf} = -102.5$，$R_1 = r_i = 100\,\text{k}\Omega$ 及闭环电压放大倍数的公式 $A_{uf} = -\dfrac{R_f}{R_1}$，可求得反馈电阻 R_f 为：

$$R_f = -A_{uf}R_1 = -(-102.5) \times 100 = 10250\,\text{k}\Omega \approx 10\,\text{M}\Omega$$

此值过大，不切实际。

2. 同相输入比例运算电路

同相输入比例运算电路如图 4-3 所示，输入信号 u_i 经电阻 R_2 从同相输入端输入，反相输入端经电阻 R_1 接地，反馈电阻 R_f 跨接在反相输入端与输出端之间。根据第 3 章负反馈放大电路的分析可知，这种连接方式是电压串联负反馈。

根据运放工作在线性区的两条分析依据，即 $u_- = u_+$，$i_- = i_+ = 0$ 可知，因 $i_+ = 0$，故电阻 R_2 上无电压降，于是得：

$$i_1 = i_f$$

$$u_- = u_+ = u_i$$

由图 4-3 可得：

$$i_1 = \frac{0 - u_-}{R_1} = -\frac{u_i}{R_1}$$

$$i_f = \frac{u_- - u_o}{R_f} = \frac{u_i - u_o}{R_f}$$

由此可得：

$$u_{\mathrm{o}} = \left(1 + \frac{R_{\mathrm{f}}}{R_1}\right)u_{\mathrm{i}}$$

闭环电压放大倍数为：

$$A_{u\mathrm{f}} = \frac{u_{\mathrm{o}}}{u_{\mathrm{i}}} = 1 + \frac{R_{\mathrm{f}}}{R_1}$$

上式表明输出电压与输入电压也是一种比例运算关系，或者说是比例放大的关系。与反相输入比例放大电路一样，当运算放大器在理想化的条件下工作时，同相输入比例放大电路的闭环电压放大倍数也仅与外部电阻 R_1 和 R_{f} 的比值有关，而与运算放大器本身的参数无关。选用不同的电阻比值，就能得到不同大小的电压放大倍数，因此电压放大倍数的精度和稳定性都很高。电压放大倍数为正值，表明输出电压与输入电压相位相同，因此这种运算电路称为同相输入比例放大电路。同时，同相输入比例放大电路的闭环电压放大倍数总是大于或等于 1，不会小于 1。

根据第 3 章负反馈放大电路的分析可知，由于同相输入比例放大电路是电压串联负反馈放大电路，所以它具有较高的输入电阻，约在 10MΩ 以上，甚至可达 100MΩ 左右。而其输出电阻与反相输入比例放大电路基本相同。所以同相输入比例放大电路的主要优点是输入电阻高，输出电阻低。

同反相输入比例运算电路一样，为了提高差动电路的对称性，平衡电阻 $R_2 = R_1 \parallel R_{\mathrm{f}}$。

在图 4-3 所示的同相输入比例运算电路中，如果将反相端的外接电阻 R_1 去掉（即 $R_1 = \infty$），或者再将反馈电阻 R_{f} 短接（即 $R_{\mathrm{f}} = 0$），如图 4-4 所示，则有：

$$u_{\mathrm{o}} = u_{\mathrm{i}}$$

$$A_{u\mathrm{f}} = \frac{u_{\mathrm{o}}}{u_1} = 1$$

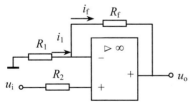

图 4-3　同相输入比例运算电路

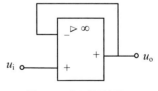

图 4-4　电压跟随器

输出电压与输入电压大小相等，相位相同，所以这种电路称为电压跟随器。它与第 2 章讨论的射极输出器的性能相似，是同相比例放大器的一个特例，通常用作缓冲器。

例 4-2 在图 4-5 所示的电路中，已知 $R_1 = 100\,\text{k}\Omega$，$R_f = 200\,\text{k}\Omega$，$u_i = 1\,\text{V}$，求输出电压 u_o，并说明输入级的作用。

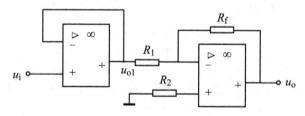

图 4-5 例 4-2 的电路

解 输入级为电压跟随器，由于是电压串联负反馈，因而具有极高的输入电阻，起到减轻信号源负担的作用。且 $u_{o1} = u_i = 1\,\text{V}$，作为第二级的输入。

第二级为反相输入比例运算电路，因而其输出电压为：

$$u_o = -\frac{R_f}{R_1}u_{o1} = -\frac{200}{100} \times 1 = -2\,(\text{V})$$

例 4-3 在图 4-6 所示的电路中，已知 $R_1 = 100\,\text{k}\Omega$，$R_f = 200\,\text{k}\Omega$，$R_2 = 100\,\text{k}\Omega$，$R_3 = 200\,\text{k}\Omega$，$u_i = 1\,\text{V}$，求输出电压 u_o。

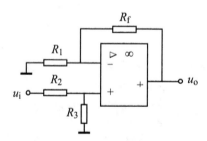

图 4-6 例 4-3 的电路

解 根据虚断，由图 4-6 可得：

$$u_- = \frac{R_1}{R_1 + R_f}u_o$$

$$u_+ = \frac{R_3}{R_2 + R_3}u_i$$

又根据虚短，有：

$$u_- = u_+$$

所以：

$$\frac{R_1}{R_1 + R_f} u_o = \frac{R_3}{R_2 + R_3} u_i$$

$$u_o = \left(1 + \frac{R_f}{R_1}\right) \frac{R_3}{R_2 + R_3} u_i$$

可见图 4-6 所示电路也是一种同相输入比例运算电路。代入数据得：

$$u_o = \left(1 + \frac{200}{100}\right) \times \frac{200}{100 + 200} \times 1 = 2 \text{（V）}$$

4.1.2　加法和减法运算电路

1. 加法运算电路

图 4-7 所示是实现两个信号相加的反相加法运算电路，它是在图 4-1 所示的反相比例运算电路的基础上增加了一个输入回路，以便对两个输入电压实现代数相加。

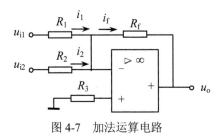

图 4-7　加法运算电路

在图 4-7 的电路中，先将输入电压转换成电流，然后在反相输入端相加。由于反相端为虚地，所以：

$$i_1 = \frac{u_{i1}}{R_1}$$

$$i_2 = \frac{u_{i2}}{R_2}$$

$$i_f = -\frac{u_o}{R_f}$$

因为：

$$i_f = i_1 + i_2$$

由此可得：

$$u_o = -\left(\frac{R_f}{R_1} u_{i1} + \frac{R_f}{R_2} u_{i2}\right)$$

若 $R_1 = R_2$ ，则：

$$u_o = -\frac{R_f}{R_1}\left(u_{i1} + u_{i2}\right)$$

若 $R_1 = R_2 = R_f$ ，则：

$$u_o = -\left(u_{i1} + u_{i2}\right)$$

可见输出电压与两个输入电压之间是一种反相输入加法运算关系。这一运算关系可推广到有更多个信号输入的情况。平衡电阻 $R_3 = R_1 \mathbin{/\mkern-4mu/} R_2 \mathbin{/\mkern-4mu/} R_f$ 。

2. 减法运算电路

减法运算电路如图 4-8 所示，由叠加定理可以得到输出与输入关系。

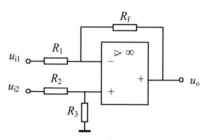

图 4-8　减法运算电路

u_{i1} 单独作用时成为图 4-1 所示的反相输入比例运算电路，其输出电压为：

$$u_o' = -\frac{R_f}{R_1} u_{i1}$$

u_{i2} 单独作用时成为图 4-6 所示的同相输入比例运算电路，其输出电压为：

$$u_o'' = \left(1 + \frac{R_f}{R_1}\right)\frac{R_3}{R_2 + R_3} u_{i2}$$

根据叠加定理，u_{i1} 和 u_{i2} 共同作用时，输出电压为：

$$u_o = u_o' + u_o'' = -\frac{R_f}{R_1} u_{i1} + \left(1 + \frac{R_f}{R_1}\right)\frac{R_3}{R_2 + R_3} u_{i2}$$

若 $R_3 = \infty$ （断开），则：

$$u_o = -\frac{R_f}{R_1} u_{i1} + \left(1 + \frac{R_f}{R_1}\right) u_{i2}$$

若 $R_1 = R_2$ ，且 $R_3 = R_f$ ，则：

$$u_o = \frac{R_f}{R_1}\left(u_{i2} - u_{i1}\right)$$

若 $R_1 = R_2 = R_3 = R_f$ ，则：

$$u_o = u_{i2} - u_{i1}$$

由此可见，输出电压与两个输入电压之差成正比，实现了减法运算。该电路又称为差动输入运算电路或差动放大电路。

例 4-4　减法运算电路也可由反相器和加法运算电路级联而成，如图 4-9 所示，试推导输出电压 u_o 与输入电压 u_{i1}、u_{i2} 的关系。

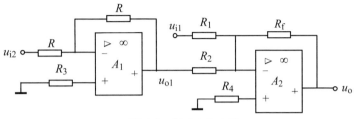

图 4-9　例 4-4 的电路

解　由于理想运放的输出电阻为零，故其应用电路输出电压的大小与负载电阻的大小无关。由图 4-9 可知，第一级运放 A_1 构成反相器，故：

$$u_{o1} = -u_{i2}$$

第二级运放 A_2 构成加法运算电路，故：

$$u_o = -\left(\frac{R_f}{R_1} u_{i1} + \frac{R_f}{R_2} u_{o1} \right) = \frac{R_f}{R_2} u_{i2} - \frac{R_f}{R_1} u_{i1}$$

例 4-5　写出图 4-10 所示运算电路的输出电压 u_o 与输入电压 u_{i1}、u_{i2} 的关系。

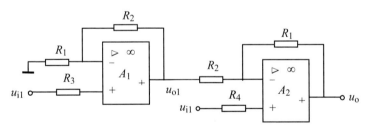

图 4-10　例 4-5 的电路

解　图 4-10 中，第一级运放 A_1 构成同相比例运算电路，故：

$$u_{o1} = \left(1 + \frac{R_2}{R_1} \right) u_{i1}$$

第二级运放 A_2 构成减法运算电路，故：

$$u_o = -\frac{R_1}{R_2} u_{o1} + \left(1 + \frac{R_1}{R_2} \right) u_{i2} = -\frac{R_1}{R_2} \left(1 + \frac{R_2}{R_1} \right) u_{i1} + \left(1 + \frac{R_1}{R_2} \right) u_{i2} = \left(1 + \frac{R_1}{R_2} \right) (u_{i2} - u_{i1})$$

例4-6　试用两级运算放大器设计一个加减运算电路，实现以下运算关系：
$$u_{\text{o}} = 10u_{\text{i1}} + 20u_{\text{i2}} - 8u_{\text{i3}}$$

解　由题中给出的运算关系可知 u_{i3} 与 u_{o} 反相，而 u_{i1} 和 u_{i2} 与 u_{o} 同相，故可用反相加法运算电路将 u_{i1} 和 u_{i2} 相加后，其和再与 u_{i3} 反相相加，从而可使 u_{i3} 反相一次，而 u_{i1} 和 u_{i2} 反相两次。根据以上分析，可画出实现加减运算的电路图，如图4-11所示。由图可得：

$$u_{\text{o1}} = -\left(\frac{R_{\text{f1}}}{R_1} u_{\text{i1}} + \frac{R_{\text{f2}}}{R_2} u_{\text{i2}} \right)$$

$$u_{\text{o}} = -\left(\frac{R_{\text{f2}}}{R_4} u_{\text{i3}} + \frac{R_{\text{f2}}}{R_5} u_{\text{o1}} \right) = \frac{R_{\text{f2}}}{R_5} \left(\frac{R_{\text{f1}}}{R_1} u_{\text{i1}} + \frac{R_{\text{f1}}}{R_2} u_{\text{i2}} \right) - \frac{R_{\text{f2}}}{R_4} u_{\text{i3}}$$

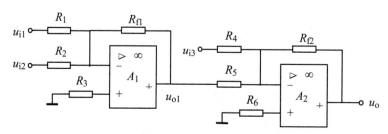

图 4-11　例 4-6 的电路

根据题中的运算要求设置各电阻阻值间的比例关系：
$$\frac{R_{\text{f2}}}{R_5} = 1, \quad \frac{R_{\text{f1}}}{R_1} = 10, \quad \frac{R_{\text{f1}}}{R_2} = 20, \quad \frac{R_{\text{f2}}}{R_4} = 8$$

若选取 $R_{\text{f1}} = R_{\text{f2}} = 100\,\text{k}\Omega$，则可求得其余各电阻的阻值分别为：
$$R_1 = 10\,\text{k}\Omega, \quad R_2 = 5\,\text{k}\Omega, \quad R_4 = 12.5\,\text{k}\Omega, \quad R_5 = 100\,\text{k}\Omega$$

平衡电阻 R_3、R_6 的值分别为：
$$R_3 = R_1 /\!/ R_2 /\!/ R_{\text{f1}} = 10 /\!/ 5 /\!/ 100 = 3.2\,(\text{k}\Omega)$$
$$R_6 = R_4 /\!/ R_5 /\!/ R_{\text{f2}} = 12.5 /\!/ 100 /\!/ 100 = 10\,(\text{k}\Omega)$$

例 4-7　在自动控制和非电测量等系统中广泛使用的测量放大器（也称数据放大器）的原理电路如图 4-12 所示，试推导输出电压 u_{o} 与输入电压 u_{i1}、u_{i2} 的关系。

解　电路由两级放大电路组成。第一级由运放 A_1、A_2 组成，它们都是同相输入，输入电阻很高，并且由于电路结构对称，可抑制零点漂移。根据运放工作在线性区的两条分析依据可知：

$$u_{1-} = u_{1+} = u_{\text{i1}}$$

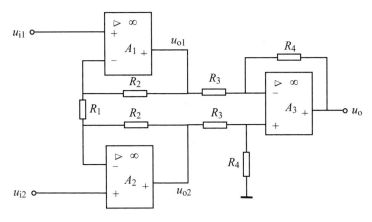

图 4-12　例 4-7 的电路

$$u_{2-} = u_{2+} = u_{i2}$$

$$u_{i1} - u_{i2} = u_{1-} - u_{2-} = \frac{R_1}{R_1 + 2R_2}\left(u_{o1} - u_{o2}\right)$$

所以：

$$u_{o1} - u_{o2} = \left(1 + \frac{2R_2}{R_1}\right)(u_{i1} - u_{i2})$$

第二级是由运放 A_3 构成的差动放大电路，其输出电压为：

$$u_o = \frac{R_4}{R_3}(u_{o2} - u_{o1}) = \frac{R_4}{R_3}\left(1 + \frac{2R_2}{R_1}\right)(u_{i2} - u_{i1})$$

电压放大倍数为：

$$A_{uf} = \frac{u_o}{u_{i2} - u_{i1}} = \frac{R_4}{R_3}\left(1 + \frac{2R_2}{R_1}\right)$$

为了提高测量精度，测量放大器必须具有很高的共模抑制比，这就要求电阻元件的精度很高，输入端的进线还要用绞合线，以抑制干扰的窜入。

4.1.3　积分和微分运算电路

1. 积分运算电路

将反相输入比例运算电路的反馈电阻 R_f 用电容 C 替换，则成为积分运算电路，如图 4-13 所示。

由于反相输入端虚地，且 $i_+ = i_- = 0$，由图可得：

$$i_R = i_C$$

$$i_R = \frac{u_i}{R}$$

$$i_C = C\frac{du_C}{dt} = -C\frac{du_o}{dt}$$

由此可得：

$$u_o = -\frac{1}{RC}\int u_i dt$$

输出电压与输入电压对时间的积分成正比。

若 u_i 为恒定电压 U，则输出电压 u_o 为：

$$u_o = -\frac{U}{RC}t$$

输出电压与时间 t 成正比，设 $t = 0$ 时的输出电压为零，则波形如图 4-14 所示。最大输出电压可达 $\pm U_{OM}$。

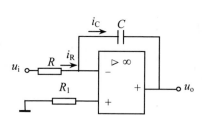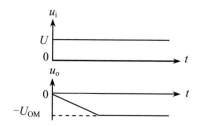

图 4-13　积分运算电路　　　　图 4-14　u_i 为恒定电压 U 时积分电路 u_o 的波形

积分电路应用很广，除了积分运算外，还可用于方波－三角波转换、示波器显示和扫描、模数转换和波形发生等。图 4-15 是将积分电路用于方波－三角波转换时的输入电压 u_i（方波）和输出电压 u_o（三角波）的波形。

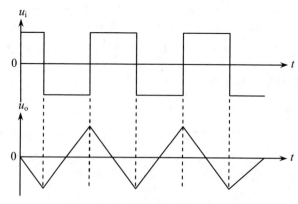

图 4-15　积分电路输入输出波形

2. 微分运算电路

将积分运算电路的 R、C 位置对调即为微分运算电路，如图 4-16 所示。由于反相输入端虚地，且 $i_+ = i_- = 0$，由图可得：

$$i_R = i_C$$

$$i_R = -\frac{u_o}{R}$$

$$i_C = C\frac{du_C}{dt} = C\frac{du_i}{dt}$$

由此可得：

$$u_o = -RC\frac{du_i}{dt}$$

输出电压与输入电压对时间的微分成正比。

若 u_i 为恒定电压 U，则在 u_i 作用于电路的瞬间，微分电路输出一个尖脉冲电压，波形如图 4-17 所示。

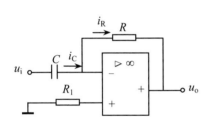

图 4-16　微分运算电路

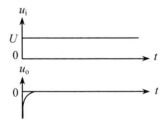

图 4-17　u_i 为恒定电压 U 时微分电路 u_o 的波形

例 4-8　在图 4-18 所示的电路中，

（1）写出输出电压 u_o 与输入电压 u_i 的运算关系。

（2）若输入电压 $u_i = 1\,\text{V}$，电容器两端的初始电压 $u_C = 0\,\text{V}$，求输出电压 u_o 变为 0V 所需要的时间。

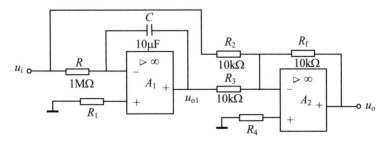

图 4-18　例 4-8 的电路

解　（1）由图 4-18 可知，运放 A_1 构成积分电路，A_2 构成加法电路，输入电压 u_i 经积分电路积分后再与 u_i 通过加法电路进行加法运算。由图可得：

$$u_{o1} = -\frac{1}{RC} \int u_i \mathrm{d}t$$

$$u_o = -\frac{R_f}{R_2} u_{o1} - \frac{R_f}{R_3} u_i$$

将 $R_2 = R_3 = R_f = 10\,\mathrm{k\Omega}$ 代入以上两式，得：

$$u_o = -u_{o1} - u_i = \frac{1}{RC} \int u_i \mathrm{d}t - u_i$$

（2）因 $u_C(0) = 0\,\mathrm{V}$，$u_i = 1\,\mathrm{V}$，当 u_o 变为 $0\,\mathrm{V}$ 时，有：

$$u_o = \frac{u_i}{RC} t - u_i = 0$$

解得：

$$t = RC = 1 \times 10^6 \times 10 \times 10^{-6} = 10\,(\mathrm{s})$$

故需经过 $t = 10\,\mathrm{s}$，输出电压 u_o 变为 $0\,\mathrm{V}$。

4.2　信号处理电路

4.2.1　有源滤波器

滤波器是一种选频电路，它对于所需要的频率范围内的信号衰减较小，能使其顺利通过，而对于频率超出此范围的信号则衰减较大，使其不易通过。

不同的滤波器具有不同的频率特性，大致可分为低通滤波器、高通滤波器、带通滤波器和带阻滤波器 4 种。各种滤波器的理想幅频特性如图 4-19 所示。

能够通过的信号频率范围称为通带，阻止通过或衰减的信号频率范围称为阻带，通带与阻带分界点的频率 f_c 称为截止频率或转折频率。图 4-19 中的 A_u 为通带的电压放大倍数，f_o 为中心频率，f_{cL} 和 f_{cH} 分别为下限截止频率和上限截止频率。

仅由无源元件构成的滤波器称为无源滤波器。无源滤波器的带负载能力较差，这是因为无源滤波器与负载间没有隔离，当在输出端接上负载时，负载也将成为滤波器的一部分，这必然导致滤波器频率特性的改变。此外，由于无源滤波器仅由无源元件构成，无放大能力，所以对输入信号总是衰减的。

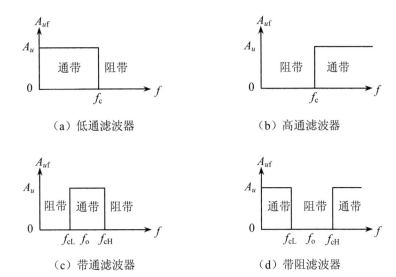

（a）低通滤波器 （b）高通滤波器

（c）带通滤波器 （d）带阻滤波器

图 4-19 各种滤波器的理想幅频特性

由无源滤波器和放大电路构成的滤波器称为有源滤波器。放大电路广泛采用带有深度负反馈的集成运算放大器。由于集成运算放大器具有高输入阻抗、低输出阻抗的特性，使滤波器的输出和输入间有良好的隔离，便于级联，以构成滤波特性好或频率特性有特殊要求的滤波器。

1. 低通滤波器

图 4-20（a）所示为同相输入一阶低通有源滤波器，由无源一阶低通滤波器和同相输入比例运算电路组成。设输入 u_i 为正弦信号，由图可得：

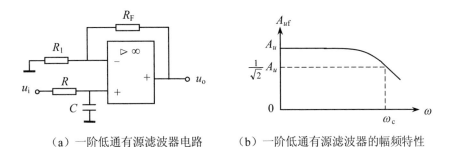

（a）一阶低通有源滤波器电路 （b）一阶低通有源滤波器的幅频特性

图 4-20 一阶低通有源滤波器及其幅频特性

$$\dot{U}_+ = \dot{U}_C = \frac{\dfrac{1}{\mathrm{j}\omega C}}{R + \dfrac{1}{\mathrm{j}\omega C}}\dot{U}_i = \frac{\dot{U}_i}{1 + \mathrm{j}\omega RC}$$

根据同相输入比例运算电路的结论可得：

$$\dot{U}_o = \left(1 + \frac{R_F}{R_1}\right)\dot{U}_+ = \left(1 + \frac{R_F}{R_1}\right)\frac{\dot{U}_i}{1 + j\omega RC}$$

所以，电路的电压放大倍数为：

$$\dot{A}_{uf} = \frac{\dot{U}_o}{\dot{U}_i} = \left(1 + \frac{R_F}{R_1}\right)\frac{1}{1 + j\omega RC} = \frac{A_u}{1 + j\frac{\omega}{\omega_c}}$$

式中 $A_u = 1 + \frac{R_F}{R_1}$ 为通带电压放大倍数，$\omega_c = \frac{1}{RC}$ 为截止角频率。电压放大倍数的幅频特性为：

$$A_{uf} = \frac{A_u}{\sqrt{1 + \left(\frac{\omega}{\omega_c}\right)^2}}$$

幅频特性曲线如图 4-20（b）所示。可见图 4-20（a）所示电路具有低通滤波特性，即 $\omega < \omega_c$ 的信号可以通过，而 $\omega > \omega_c$ 的信号被阻止，所以图 4-20（a）所示电路是一个低通滤波电路。

一阶有源低通滤波器的幅频特性与理想特性相差较大，滤波效果不够理想，采用二阶或高阶有源滤波器可明显改善滤波效果。图 4-21 所示为用二级 RC 低通滤波电路串联后接入集成运算放大器构成的二阶低通有源滤波器及其幅频特性。

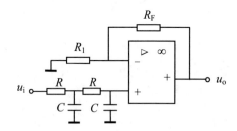

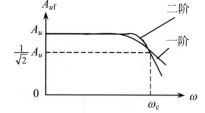

（a）二阶低通有源滤波器电路　　　　　（b）二阶低通有源滤波器的幅频特性

图 4-21　二阶低通有源滤波器及其幅频特性

2. 高通滤波器

高通滤波器和低通滤波器一样，有一阶和高阶滤波器。将低通滤波器中的电阻 R 和电容 C 对调即成为高通滤波器。如图 4-22（a）所示为一阶有源高通滤波器，由图可得：

$$\dot{A}_{uf} = \frac{\dot{U}_o}{\dot{U}_i} = \left(1 + \frac{R_F}{R_1}\right)\frac{1}{1 + \dfrac{1}{j\omega RC}} = \frac{A_u}{1 - j\dfrac{\omega_c}{\omega}}$$

式中 $A_u = 1 + \dfrac{R_F}{R_1}$ 为通带电压放大倍数，$\omega_c = \dfrac{1}{RC}$ 为截止角频率。电压放大倍数的幅频特性为：

$$A_{uf} = \frac{A_u}{\sqrt{1 + \left(\dfrac{\omega_c}{\omega}\right)^2}}$$

幅频特性曲线如图 4-22（b）所示。可见图 4-22（a）所示电路具有高通滤波特性，即 $\omega < \omega_c$ 的信号被阻止，而 $\omega > \omega_c$ 的信号可以通过，所以图 4-22（a）所示电路是一个高通滤波电路。

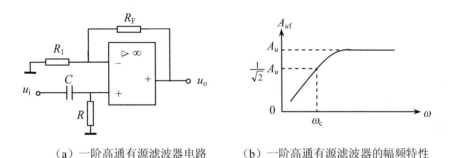

　　（a）一阶高通有源滤波器电路　　　（b）一阶高通有源滤波器的幅频特性

图 4-22　一阶高通有源滤波器及其幅频特性

4.2.2　采样保持电路

在计算机实时控制和非电量的测量系统中，通常要将模拟量转换为数字量。但因转换不能瞬间完成，需要一定的时间，所以不可能将随时间连续变化的模拟量的每一个瞬间值都转换为数字量，而只能将某些选定时刻的量值进行转换。这就需要对连续变化的模拟量进行跟踪采样，并将采集到的量值保持一定的时间，以便在此时间内完成模拟量到数字量的转换，能完成这一功能的电路称为采样保持电路。

采样保持电路如图 4-23（a）所示，图中的场效应晶体管用作电子开关，C 为保持电容。电压跟随器具有很高的输入电阻和很小的输出电阻。输入端的跟随器用于减小信号源供出的电流，同时也降低保持电容的充电电阻，改善了采样电路的电压跟随特性。输出端的跟随器用于减小保持电容的放电电流，增强了保持电路的带负载能力，使输出电压 u_o 基本上不受负载的影响。

采样保持电路的工作过程可分为采样和保持两个阶段。

在采样阶段，当控制信号 u_G 出现时，使电子开关接通，输入模拟信号 u_i 经电子开关使保持电容 C 迅速充电，电容电压即输出电压 u_o 跟随输入模拟信号电压 u_i 的变化而变化。

在保持阶段，$u_G = 0$，使电子开关断开，保持电容 C 上的电压因为没有放电回路而得以保持。一直到下一次控制信号的到来，开始新的采样保持周期。

采样保持电路的工作波形如图 4-23（b）所示。

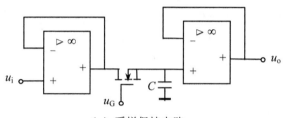

（a）采样保持电路

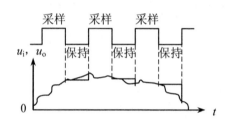

（b）采样保持电路的输入输出信号波形

图 4-23　采样保持电路及其输入输出信号波形

4.2.3　电压比较器

电压比较器的基本功能是对输入端的两个电压进行比较，判断出哪一个电压大，在输出端输出比较结果。输入端的两个电压，一个为参考电压或基准电压 U_R，另一个为被比较的输入信号电压 u_i。作为比较结果的输出电压 u_o，则是两种不同的电平，高电平或低电平，即数字信号 1 或 0。

图 4-24（a）所示为一简单的电压比较器，参考电压 U_R 加在同相输入端，输入电压 u_i 加在反相输入端。图中的运算放大器工作于开环状态，由于开环电压放大倍数极高，因而输入端之间只要有微小电压，运算放大器便进入非线性工作区域，使输出电压饱和。即当 $u_i < U_R$ 时，$u_o = U_{OM}$；当 $u_i > U_R$ 时，$u_o = -U_{OM}$。

图 4-24（b）所示是电压比较器的电压传输特性。根据输出电压 u_o 的状态，便可判断输入电压 u_i 相对于参考电压 U_R 的大小。

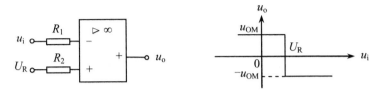

（a）电压比较器电路　　　　　（b）电压比较器电压传输特性

图 4-24　电压比较器及其电压传输特性

当基准电压 $U_R = 0$ 时，称为过零比较器，输入电压 u_i 与零电位比较，电路图和电压传输特性如图 4-25 所示。

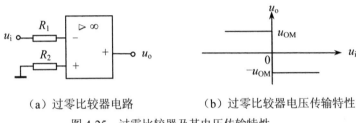

（a）过零比较器电路　　　　　（b）过零比较器电压传输特性

图 4-25　过零比较器及其电压传输特性

为了限制输出电压 u_o 的大小，以便和输出端连接的负载电平相配合，可在输出端用稳压管进行限幅，如图 4-26（a）所示。图中稳压管的稳定电压为 U_Z，忽略正向导通电压，当 $u_i < U_R$ 时，稳压管正向导通，$u_o = 0$；当 $u_i > U_R$ 时，稳压管反向击穿，$u_o = U_Z$，电压传输特性如图 4-26（b）所示。

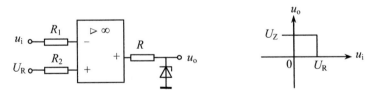

（a）单向限幅比较器电路　　　　　（b）单向限幅比较器电压传输特性

图 4-26　单向限幅比较器及其电压传输特性

图 4-27 所示为双向限幅比较器，其电压传输特性请读者自行分析。

集成电压比较器是把运算放大器和限幅电路集成在一起的组件，与数字电路（如 TTL）器件可直接连接，广泛应用在模数转换器、电平检测及波形变换等领域。图 4-28 所示为由图 4-25（a）所示的过零比较器把正弦波变换为矩形波的例子。

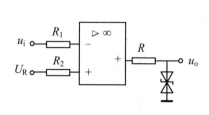

图 4-27　双向限幅比较器

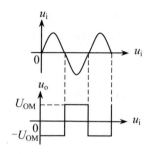

图 4-28　波形变换

4.3　正弦波振荡器

在测量、自动控制、无线电等技术领域中，常常需要各种类型的信号源。用于产生信号的电子电路称为信号发生器。由于信号发生器是依靠电路本身的自激振荡来产生输出信号的，因此又称为振荡器。

按产生的波形不同，振荡器可分为正弦波振荡器和非正弦波（如方波、三角波等）振荡器。本书仅介绍 RC 正弦波振荡器。

4.3.1　自激振荡条件

一个放大电路的输入端不外接输入信号，在输出端仍有一定频率和幅值的信号输出的现象称为自激振荡。放大电路必须引入正反馈并满足一定的条件才能产生自激振荡。

放大电路产生自激振荡的条件，可以用图 4-29 所示反馈放大电路的方框图说明。在无输入信号（$x_i = 0$）时，电路中的噪扰电压（如元件的热噪声、电路参数波动引起的电压及电流的变化、电源接通时引起的瞬变过程等）使放大电路产生瞬间输出 x_o'，经反馈网络反馈到输入端，得到瞬间输入 x_d，再经基本放大电路放大，又在输出端产生新的输出信号 x_o'，如此反复。在无反馈或负反馈情况下，输出 x_o' 会逐渐减小，直到消失。但在正反馈（如图极性所示）情况下，x_o' 会很快增大，最后由于饱和等原因输出稳定在 x_o，并靠反馈永久保持下去。

图 4-29　振荡器的原理框图

可见产生自激振荡必须满足 $\dot{X}_{\mathrm{f}} = \dot{X}_{\mathrm{d}}$。由于 $\dot{X}_{\mathrm{f}} = \dot{F}\dot{X}_{\mathrm{o}}$，$\dot{X}_{\mathrm{o}} = \dot{A}\dot{X}_{\mathrm{d}}$，由此可得产生自激振荡的条件为：

$$\dot{A}\dot{F} = 1$$

由于 $\dot{A} = A\underline{/\varphi_{\mathrm{A}}}$，$\dot{F} = F\underline{/\varphi_{\mathrm{F}}}$，所以：

$$\dot{A}\dot{F} = A\underline{/\varphi_{\mathrm{A}}}\ F\underline{/\varphi_{\mathrm{F}}} = AF\underline{/(\varphi_{\mathrm{A}} + \varphi_{\mathrm{F}})} = 1$$

于是自激振荡条件又可分为：

幅值条件：$AF = 1$，表示反馈信号与输入信号的大小相等。

相位条件：$\varphi_{\mathrm{A}} + \varphi_{\mathrm{F}} = \pm 2n\pi$，表示反馈信号与输入信号的相位相同，即必须是正反馈。

幅值条件表明反馈放大电路要产生自激振荡，还必须有足够的反馈量。事实上，由于电路中的噪扰信号通常都很微弱，只有使 $AF > 1$，才能经过反复的反馈放大，使幅值迅速增大而建立起稳定的振荡。随着振幅的逐渐增大，放大电路进入非线性区，使放大电路的放大倍数 A 逐渐减小，最后满足 $AF = 1$，振幅趋于稳定。

4.3.2　RC 正弦波振荡器

在上述振荡器中，作为激励信号的噪扰电压是非正弦信号，包含有极丰富的谐波成分，所以振荡器的输出也是非正弦的。为了使振荡器输出单一频率的正弦波，必须对这些信号加以选择，即仅使某个特定频率的谐波成分能满足自激振荡的条件，在反复的反馈中，使振幅逐渐增大；而其他成分都不满足自激振荡的条件而受到抑制，振幅逐渐减小直至为零。这就要求基本放大电路或反馈网络必须具有选频作用，由此而构成正弦波振荡器。

在正弦波振荡器中，选频网络可以由 R、C 元件构成，称为 RC 正弦波振荡器。也可以由 L、C 元件构成，称为 LC 正弦波振荡器。

图 4-30 所示电路为 RC 正弦波振荡器，又称为文氏电桥振荡器。电路由两部分组成，其一为带有电压串联负反馈的放大电路，其电压放大倍数为：

$$\dot{A} = 1 + \frac{R_{\mathrm{f}}}{R_1}$$

其二为具有选频作用的 RC 反馈网络，其反馈系数为：

$$\dot{F} = \frac{Z_2}{Z_1 + Z_2} = \frac{1}{3 + \mathrm{j}\left(\omega RC - \dfrac{1}{\omega RC}\right)}$$

因此：

$$\dot{A}\dot{F} = \left(1 + \frac{R_f}{R_1}\right)\frac{1}{3 + j\left(\omega RC - \frac{1}{\omega RC}\right)}$$

为满足振荡的相位条件 $\varphi_A + \varphi_F = \pm 2n\pi$，上式的虚部必须为零，即：

$$\omega_o = \frac{1}{RC}$$

可见该电路只有在这一特定的频率下才能形成正反馈。同时，为满足振荡的幅值条件 $AF = 1$，因当 $\omega = \omega_o$ 时 $F = \frac{1}{3}$，故还必须使：

$$A = 1 + \frac{R_f}{R_1} = 3$$

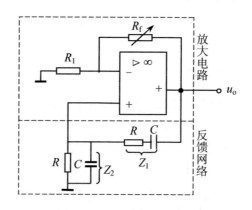

图 4-30　文氏电桥振荡器

为了顺利起振，应使 $AF > 1$，即 $A > 3$。在图 4-30 中接入一个具有负温度系数的热敏电阻 R_f，且 $R_f > 2R_1$，以便顺利起振。当振荡器的输出幅值增大时，流过 R_f 的电流增加，产生较多的热量，使其阻值减小，负反馈作用增强，放大电路的放大倍数 A 减小，从而限制了振幅的增长。直至 $AF = 1$，振荡器的输出幅值趋于稳定。这种振荡电路，由于放大电路始终工作在线性区，输出波形的非线性失真较小。

利用双联同轴可变电容器，同时调节选频网络的两个电容，或者用双联同轴电位器，同时调节选频网络的两个电阻，都可方便地调节振荡频率。

文氏电桥振荡器频率调节方便，波形失真小，是应用最广泛的 RC 正弦波振荡器。

4.4 使用运算放大器应注意的几个问题

4.4.1 选用元件

集成运算放大器按其技术指标可分为通用型、高速型、高阻型、低功耗型、大功率型、高精度型等；按其内部电路可分为双极型（由晶体管组成）和单极型（由场效应管组成）；按每一集成片中运算放大器的数目可分为单运放、双运放和四运放。

通常是根据实际要求来选用运算放大器。如测量放大器的输入信号微弱，它的第一级应选用高输入电阻、高共模抑制比、高开环电压放大倍数、低失调电压及低温度漂移的运算放大器。选好后，根据管脚图和符号图连接外部电路，包括电源、外接偏置电阻、消振电路及调零电路等。

4.4.2 消振

由于运算放大器内部晶体管的极间电容和其他寄生参数的影响，很容易产生自激振荡，破坏正常工作。为此，在使用时要注意消振。通常是外接 RC 消振电路或消振电容，用它来破坏产生自激振荡的条件。是否已消振，可将输入端接地，用示波器观察输出端有无自激振荡。目前由于集成工艺水平的提高，运算放大器内部已有消振元件，毋须外部消振。

4.4.3 调零

由于运算放大器的内部参数不可能完全对称，以致当输入信号为零时，仍有输出信号。为此，在使用时要外接调零电路。调零时应将电路接成闭环。调零分两种，一种是在无输入时调零，即将两个输入端接地，调节调零电位器，使输出电压为零。另一种是在有输入时调零，即按已知输入信号电压计算输出电压，而后将实际值调整到计算值。

4.4.4 保护

1. 输入端保护

当输入端所加的差模或共模电压过高时会损坏输入级的晶体管。为此，在输入端接入反向并联的二极管，如图 4-31 所示，将输入电压限制在二极管的正向压降以下。

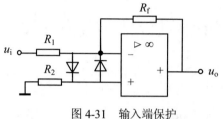

图 4-31　输入端保护

2. 输出端保护

为了防止输出电压过大，可利用稳压管来保护，如图 4-32 所示，将两个稳压管反向串联，使输出电压限制在（$U_Z + U_D$）的范围内。U_Z 是稳压管的稳定电压，U_D 是稳压管的正向压降。

3. 电源保护

为了防止正、负电源接反，可用二极管来保护，如图 4-33 所示。

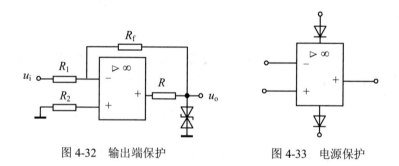

图 4-32　输出端保护　　　　　　　　　　图 4-33　电源保护

4.4.5　扩大输出电流

由于运算放大器的输出电流一般不大，如果负载需要的电流较大时，可在输出端加接一级互补对称电路来扩大输出电流，如图 4-34 所示。

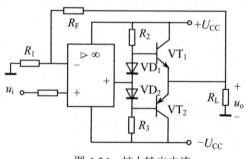

图 4-34　扩大输出电流

本章小结

（1）模拟运算电路的输出电压与输入电压之间有一定的函数关系，如比例运算、加减运算、积分、微分运算以及它们的组合运算等。

（2）信号处理电路包括有源滤波器、电压比较器和采样保持电路等。有源滤波器由无源滤波网络和带有深度负反馈的放大电路组成，具有高输入阻抗，低输出阻抗和良好的滤波特性等特点。电压比较器是一种差动输入的开环运算放大器，对两个输入电压进行比较，输出规定的高、低电平。

（3）正弦波振荡器是一种带有正反馈的放大电路，由反馈网络、选频网络和放大电路组成。当某一频率满足自激振荡条件（幅值条件为 $AF=1$，相位条件为 $\varphi_A + \varphi_F = \pm 2n\pi$）时，便可输出该频率的正弦波。

（4）使用运算放大器时要根据实际要求来选用，必要时还要注意对运算放大器采取消振、调零、保护（包括输入端保护、输出端保护、电源保护）等措施，如果负载需要的电流较大，可在运算放大器的输出端加接一级互补对称电路来扩大输出电流。

习题四

4-1　在图 4-35 所示电路中，稳压管稳定电压 $U_Z=6\,\text{V}$，电阻 $R_1=10\,\text{k}\Omega$，电位器 $R_f=10\,\text{k}\Omega$，试求调节 R_f 时输出电压 u_o 的变化范围，并说明改变电阻 R_L 对 u_o 有无影响。

4-2　在图 4-36 所示电路中，稳压管稳定电压 $U_Z=6\,\text{V}$，电阻 $R_1=10\,\text{k}\Omega$，电位器 $R_f=10\,\text{k}\Omega$，试求调节 R_f 时输出电压 u_o 的变化范围，并说明改变电阻 R_L 对 u_o 有无影响。

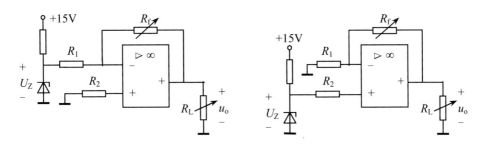

图 4-35　习题 4-1 的图　　　　　图 4-36　习题 4-2 的图

4-3　图 4-37 是由集成运算放大器构成的低内阻微安表电路，试说明其工作原理，并确定它的量程。

4-4　图 4-38 是由集成运算放大器和普通电压表构成的线性刻度欧姆表电路，被测电阻 R_x 作反馈电阻，电压表满量程为 2V。

（1）试证明 R_x 与 u_o 成正比；

（2）计算当 R_x 的测量范围为 $0\sim10\text{k}\Omega$ 时电阻 R 的阻值。

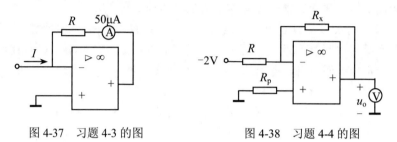

图 4-37　习题 4-3 的图　　　　　　图 4-38　习题 4-4 的图

4-5　图 4-39 所示为一电压－电流变换电路，试求输出电流 i_o 与输入电压 u_i 的关系，并说明改变负载电阻 R_L 对 i_o 有无影响。

4-6　图 4-40 所示也是一种电压－电流变换电路，试求输出电流 i_o 与输入电压 u_i 的关系。

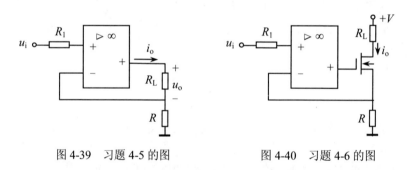

图 4-39　习题 4-5 的图　　　　　　图 4-40　习题 4-6 的图

4-7　图 4-41 所示为一恒流电路，试求输出电流 i_o 与输入电压 U 的关系。

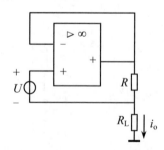

图 4-41　习题 4-7 的图

4-8　求图 4-42 所示电路中 u_o 与 u_i 的关系。

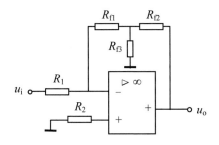

图 4-42 习题 4-8 的图

4-9 电路及 u_{i1}、u_{i2} 的波形如图 4-43 所示，试对应画出 u_o 的波形。

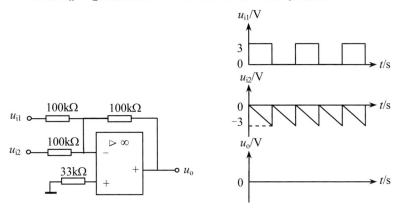

图 4-43 习题 4-9 的图

4-10 电路及 u_{i1}、u_{i2} 的波形如图 4-44 所示，试对应画出 u_o 的波形。

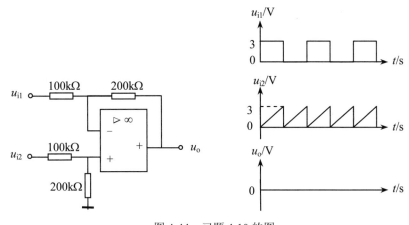

图 4-44 习题 4-10 的图

4-11　求图 4-45 所示电路中 u_o 与 u_i 的关系。

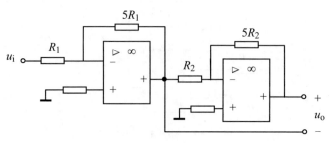

图 4-45　习题 4-11 的图

4-12　求图 4-46 所示电路中 u_o 与 u_i 的关系。

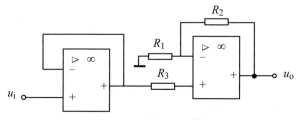

图 4-46　习题 4-12 的图

4-13　按下列运算关系设计运算电路，并计算各电阻的阻值。

（1）$u_o = -2u_i$ （已知 $R_f = 100\ \text{k}\Omega$）；

（2）$u_o = 2u_i$ （已知 $R_f = 100\ \text{k}\Omega$）；

（3）$u_o = -2u_i - 5u_{i2} - u_{i3}$ （已知 $R_f = 100\ \text{k}\Omega$）；

（4）$u_o = 2u_{i1} - 5u_{i2}$ （已知 $R_f = 100\ \text{k}\Omega$）；

（5）$u_o = -2\int u_{i1}\mathrm{d}t - 5\int u_{i2}\mathrm{d}t$ （已知 $C = 1\ \mu\text{F}$）。

4-14　求图 4-47 所示电路中 u_o 与 u_{i1}、u_{i2} 的关系。

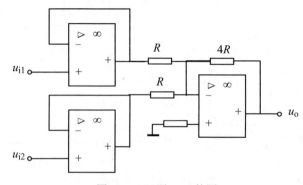

图 4-47　习题 4-14 的图

4-15　求图 4-48 所示电路中 u_o 与 u_{i1}、u_{i2} 的关系。

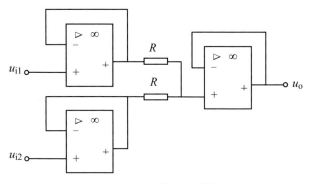

图 4-48　习题 4-15 的图

4-16　求图 4-49 所示电路中 u_o 与 u_{i1}、u_{i2} 的关系。

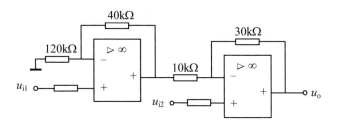

图 4-49　习题 4-16 的图

4-17　求图 4-50 所示电路中 u_o 与 u_{i1}、u_{i2}、u_{i3} 的关系。

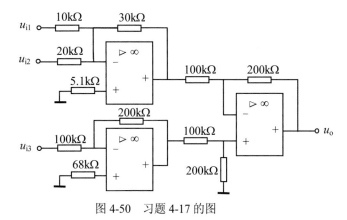

图 4-50　习题 4-17 的图

4-18　电路如图 4-51 所示,运算放大器最大输出电压 $U_{OM} = \pm12\ \text{V}$,$u_i = 3\ \text{V}$,分别求 $t = 1\text{s}$、2s、3s 时电路的输出电压 u_o。

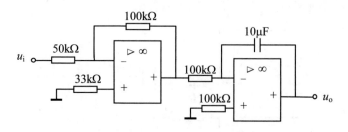

图 4-51　习题 4-18 的图

4-19　在自动控制系统中需要有调节器（或称校正电路），以保证系统的稳定性和控制的精度。图 4-52 所示的电路为比例－积分调节器（简称 PI 调节器），试求 PI 调节器的 u_o 与 u_i 的关系式。

4-20　图 4-53 所示的电路为比例－微分调节器（简称 PD 调节器），也用于控制系统中，使调节过程起加速作用。试求 PD 调节器的 u_o 与 u_i 的关系式。

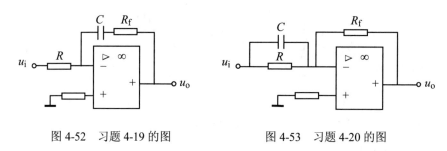

图 4-52　习题 4-19 的图　　　　　图 4-53　习题 4-20 的图

4-21　求图 4-54（a）、（b）所示有源滤波电路的频率特性，说明两个滤波电路各属于何种类型，并画出幅频特性曲线。

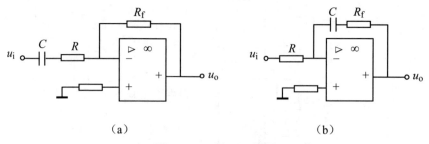

（a）　　　　　　　　　　　　　（b）

图 4-54　习题 4-21 的图

4-22　图 4-55 所示各电路中，运算放大器的 $U_{OM} = \pm 12 \text{ V}$，稳压管的稳定电压 U_Z 为 6V，正向导通电压 U_D 为 0.7V，试画出各电路的电压传输特性曲线。

（a）　　　　　　　　　　　（b）

图 4-55　习题 4-22 的图

4-23　图 4-56（a）所示的电路中，运算放大器的 $U_{OM} = \pm 12\ V$，双向稳压管的稳定电压 U_Z 为 6V，参考电压 U_R 为 2V，已知输入电压 u_i 的波形如图 4-56（b）所示，试对应画出输出电压 u_o 的波形及电路的电压传输特性曲线。

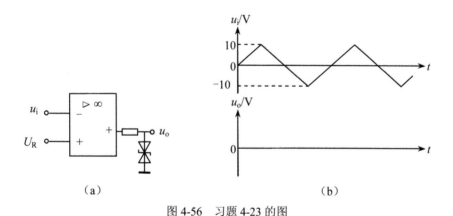

（a）　　　　　　　　　　　（b）

图 4-56　习题 4-23 的图

4-24　图 4-57 所示是监控报警装置，如需对某一参数（如温度、压力等）进行监控时，可由传感器取得监控信号 u_i，U_R 是参考电压。当 u_i 超过正常值时，报警灯亮，试说明电路的工作原理及二极管 VD 和电阻 R_3 的作用。

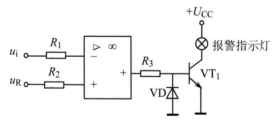

图 4-57　习题 4-24 的图

4-25　电路如图 4-58 所示，在正弦波振荡器的输出端接一个电压比较器。问 a、b、c、d 四点应如何连接，正弦波振荡器才能产生正弦波振荡？并画出正弦波振荡器输出 u_{o1} 和电压比

较器输出 u_{o2} 的波形。若已知 $C = 0.1\,\mu\text{F}$，$R = 100\,\Omega$，$R_1 = 20\,\text{k}\Omega$，求正弦波振荡频率并确定反馈电阻 R_f 的值。

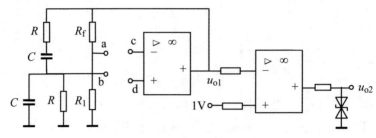

图 4-58　习题 4-25 的图

第 5 章　直流稳压电源

- 掌握桥式整流电路及电容滤波电路的输出电压与变压器副边电压的关系。
- 掌握 3 端集成稳压器的使用方法。
- 理解桥式整流电路、电容滤波电路及串联型稳压电路的组成和工作原理。
- 了解并联型稳压电路的组成和工作原理。

在工农业生产和科学实验中，主要采用交流电，但是在某些场合，例如电解、电镀、蓄电池的充电、直流电动机等，都需要用直流电源供电。此外，在电子线路和自动控制装置中，还需要用电压非常稳定的直流电源。为了得到直流电，除了采用直流发电机、干电池等直流电源外，目前广泛采用各种半导体直流电源。

图 5-1 所示是半导体直流稳压电源的原理方框图，它表示把交流电变换为直流电的过程。图中各环节的功能如下：

（1）整流变压器：将交流电源电压变换为符合整流需要的电压。

（2）整流电路：将交流电压变换为单向脉动电压。

（3）滤波电路：减小整流电压的脉动程度，以适合负载的需要。

（4）稳压环节：在交流电源电压波动或负载变动时，使直流输出电压稳定。在对直流电压的稳定程度要求较低的电路中，稳压环节也可以不要。

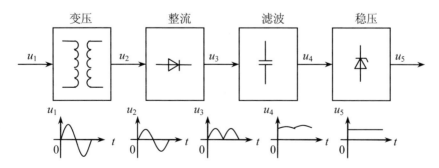

图 5-1　半导体直流稳压电源的原理框图

本章介绍从交流电变换成直流电所需要的各种电路的基本组成和工作原理，包括整流电路、滤波电路和稳压电路，并从实用的角度介绍了目前常用的 3 端集成稳压器。

5.1　整流电路

整流电路的任务是将交流电变换为直流电。完成这一任务主要是靠二极管的单向导电作用，因此二极管是构成整流电路的核心元件。

整流电路按输入电源相数可分为单相整流电路和三相整流电路，按输出波形又可分为半波整流电路、全波整流电路和桥式整流电路等。目前广泛使用的是桥式整流电路。

为了简单起见，分析计算整流电路时把二极管当作理想元件来处理，即认为二极管的正向导通电阻为零，而反向电阻为无穷大。

5.1.1　单相半波整流电路

1. 工作原理

单相半波整流电路如图 5-2（a）所示。它是最简单的整流电路，由整流变压器、整流二极管 VD 及负载电阻 R_L 组成。其中 u_1、u_2 分别为整流变压器的原边和副边交流电压。电路的工作情况如下：

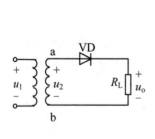
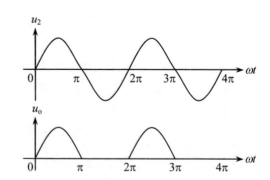

（a）单相半波整流电路　　　　　（b）单相半波整流电路的输入、输出电压波形

图 5-2　单相半波整流电路及其输出电压波形

设整流变压器副边电压为：

$$u_2 = \sqrt{2}U_2 \sin(\omega t)$$

当 u_2 为正半周时，其极性为上正下负，即 a 点电位高于 b 点电位，二极管

VD 因承受正向电压而导通，此时有电流流过负载，并且和二极管上的电流相等，即 $i_o = i_D$。忽略二极管的电压降，则负载两端的输出电压等于变压器副边电压，即 $u_o = u_2$，输出电压 u_o 的波形与变压器副边电压 u_2 相同。

当 u_2 为负半周时，其极性为上负下正，即 a 点电位低于 b 点电位，二极管 VD 因承受反向电压而截止。此时负载上无电流流过，输出电压 $u_o = 0$，变压器副边电压 u_2 全部加在二极管 VD 上。

综上所述，在负载电阻 R_L 得到的是如图 5-2（b）所示的单向脉动电压。

2. 参数计算

（1）负载上电压平均值和电流平均值。负载 R_L 上得到的整流电压虽然是单方向的（极性一定），但其大小是变化的。常用一个周期的平均值来衡量这种单向脉动电压的大小。单相半波整流电压的平均值为：

$$U_o = \frac{1}{2\pi} \int_0^\pi \sqrt{2} U_2 \sin(\omega t) \mathrm{d}(\omega t) = \frac{\sqrt{2}}{\pi} U_2 = 0.45 U_2$$

流过负载电阻 R_L 的电流平均值为：

$$I_o = \frac{U_o}{R_L} = 0.45 \frac{U_2}{R_L}$$

（2）整流二极管的电流平均值和承受的最高反向电压。流经二极管的电流平均值就是流经负载电阻 R_L 的电流平均值，即：

$$I_D = I_o = 0.45 \frac{U_2}{R_L}$$

二极管截止时承受的最高反向电压就是整流变压器副边交流电压 u_2 的最大值，即：

$$U_{DRM} = U_{2M} = \sqrt{2} U_2$$

根据 I_D 和 U_{DRM} 就可以选择合适的整流二极管。

例 5-1　有一单相半波整流电路，如图 5-2（a）所示。已知负载电阻 $R_L = 750\ \Omega$，变压器副边电压 $U_2 = 20\ \mathrm{V}$，试求 U_o、I_o，并选用二极管。

解

$$U_o = 0.45 U_2 = 0.45 \times 20 = 9\ （V）$$

$$I_o = \frac{U_o}{R_L} = \frac{9}{750} = 0.012\ （A）= 12\ （mA）$$

$$I_D = I_o = 12\ （mA）$$

$$U_{DRM} = \sqrt{2} U_2 = \sqrt{2} \times 20 = 28.2\ （V）$$

查半导体手册，二极管可选用 2AP4，其最大整流电流为 16mA，最高反向工作电压为 50V。为了使用安全，二极管的反向工作峰值电压要选得比 U_{DRM} 大一倍左右。

5.1.2　单相桥式整流电路

单相半波整流的缺点是只利用了电源电压的半个周期，同时整流电压的脉动较大。为了克服这些缺点，常采用全波整流电路，其中最常用的是单相桥式整流电路。

1．工作原理

单相桥式整流电路是由 4 个整流二极管接成电桥的形式构成的，如图 5-3（a）所示。图 5-3（b）所示为单相桥式整流电路的一种简便画法。

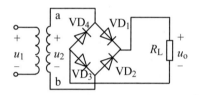

（a）单相桥式整流电路　　　　　（b）单相桥式整流电路的简化画法

图 5-3　单相桥式整流电路

单相桥式整流电路的工作情况如下：

设整流变压器副边电压为：

$$u_2 = \sqrt{2}U_2 \sin(\omega t)$$

当 u_2 为正半周时，其极性为上正下负，即 a 点电位高于 b 点电位，二极管 VD_1、VD_3 因承受正向电压而导通，VD_2、VD_4 因承受反向电压而截止。此时电流的路径为：a→VD_1→R_L→VD_3→b，如图 5-4（a）所示。

当 u_2 为负半周时，其极性为上负下正，即 a 点电位低于 b 点电位，二极管 VD_2、VD_4 因承受正向电压而导通，VD_1、VD_3 因承受反向电压而截止。此时电流的路径为：b→VD_2→R_L→VD_4→a，如图 5-4（b）所示。

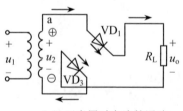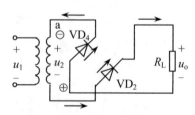

（a）正半周时电流的通路　　　　　（b）负半周时电流的通路

图 5-4　单相桥式整流电路

可见无论电压 u_2 是在正半周还是在负半周，负载电阻 R_L 上都有相同方向的电流流过。因此在负载电阻 R_L 得到的是单向脉动电压和电流，忽略二极管导通时的正向压降，则单相桥式整流电路的波形如图 5-5 所示。

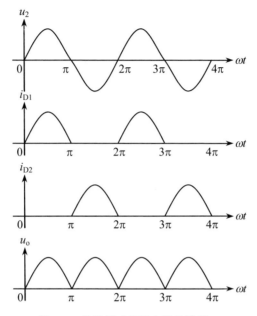

图 5-5　单相桥式整流电路的波形

2. 参数计算

（1）负载上电压平均值和电流平均值。其中：

单相全波整流电压的平均值为：

$$U_o = \frac{1}{\pi} \int_0^\pi \sqrt{2} U_2 \sin(\omega t) \mathrm{d}(\omega t) = \frac{2\sqrt{2}}{\pi} U_2 = 0.9 U_2$$

流过负载电阻 R_L 的电流平均值为：

$$I_o = \frac{U_o}{R_L} = 0.9 \frac{U_2}{R_L}$$

（2）整流二极管的电流平均值和承受的最高反向电压。因为桥式整流电路中，每两个二极管串联导通半个周期，所以流经每个二极管的电流平均值为负载电流的一半，即：

$$I_D = \frac{1}{2} I_o = 0.45 \frac{U_2}{R_L}$$

每个二极管在截止时承受的最高反向电压为 u_2 的最大值，即：

$$U_{\mathrm{DRM}} = U_{\mathrm{2M}} = \sqrt{2}U_2$$

（3）整流变压器副边电压有效值和电流有效值。其中：

整流变压器副边电压有效值为：

$$U_2 = \frac{U_o}{0.9} = 1.11U_o$$

整流变压器副边电流有效值为：

$$I_2 = \frac{U_2}{R_{\mathrm{L}}} = 1.11\frac{U_2}{R_{\mathrm{L}}} = 1.11I_o$$

由以上计算，可以选择整流二极管和整流变压器。

除了用分立元件组成桥式整流电路外，现在半导体器件厂已将整流二极管封装在一起，制造成单相整流桥和三相整流桥模块，这些模块只有输入交流和输出直流引脚，减少了接线，提高了电路工作的可靠性，使用起来非常方便。单相整流桥模块的实物接线图如图 5-6 所示。

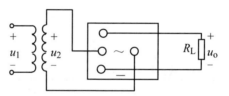

图 5-6　单相整流桥模块实物接线图

常见的几种整流电路如表 5-1 所示。由表 5-1 可见，半波整流电路的输出电压相对较低，且脉动大。两管全波整流电路则需要变压器的副边绕组具有中心抽头，且两个整流二极管承受的最高反向电压相对较大，所以这两种电路应用较少。桥式整流电路的优点是输出电压高，电压脉动较小，整流二极管所承受的最高反向电压较低，同时因整流变压器在正负半周内都有电流供给负载，整流变压器得到了充分的利用，效率较高。因此桥式整流电路在半导体整流电路中得到了广泛的应用。桥式整流电路的缺点是二极管用的较多。

表 5-1　各种整流电路性能比较表

类型	整流电路	整流电压波形	整流电压平均值	二极管电流平均值	二极管承受的最高反向电压
单相半波			$0.45U_2$	I_o	$\sqrt{2}U_2$

类型	整流电路	整流电压波形	整流电压平均值	二极管电流平均值	二极管承受的最高反向电压
单相全波			$0.9U_2$	$\dfrac{1}{2}I_\text{o}$	$2\sqrt{2}U_2$
单相桥式			$0.9U_2$	$\dfrac{1}{2}I_\text{o}$	$\sqrt{2}U_2$
三相半波			$1.17U_2$	$\dfrac{1}{3}I_\text{o}$	$\sqrt{3}\sqrt{2}U_2$
三相桥式			$2.34U_2$	$\dfrac{1}{3}I_\text{o}$	$\sqrt{3}\sqrt{2}U_2$

例 5-2 试设计一台输出电压为 24V，输出电流为 1A 的直流电源，电路形式可采用半波整流或全波整流，试确定两种电路形式的变压器副边绕组的电压有效值，并选定相应的整流二极管。

解 （1）当采用半波整流电路时，变压器副边绕组电压有效值为：

$$U_2 = \frac{U_\text{o}}{0.45} = \frac{24}{0.45} = 53.3 \ (\text{V})$$

整流二极管承受的最高反向电压为：

$$U_\text{DRM} = \sqrt{2}U_2 = 1.41 \times 53.3 = 75.2 \ (\text{V})$$

流过整流二极管的平均电流为：

$$I_\text{D} = I_\text{o} = 1 \ (\text{A})$$

因此可选用 2CZ12B 整流二极管，其最大整流电流为 3A，最高反向工作电压为 200V。

（2）当采用桥式整流电路时，变压器副边绕组电压有效值为：

$$U_2 = \frac{U_o}{0.9} = \frac{24}{0.9} = 26.7 \quad (\text{V})$$

整流二极管承受的最高反向电压为：

$$U_{\text{DRM}} = \sqrt{2}U_2 = 1.41 \times 26.7 = 37.6 \quad (\text{V})$$

流过整流二极管的平均电流为：

$$I_D = \frac{1}{2}I_o = 0.5 \quad (\text{A})$$

因此可选用 4 只 2CZ11A 整流二极管，其最大整流电流为 1A，最高反向工作电压为 100V。

变压器副边电流有效值为：

$$I_2 = 1.11 I_o = 1.11 \times 1 = 1.11 \quad (\text{A})$$

变压器的容量为：

$$S = U_2 I_2 = 26.7 \times 1.11 = 29.6 \quad (\text{VA})$$

5.2　滤波电路

整流电路可以将交流电转换为直流电，但脉动较大，在某些应用中如电镀、蓄电池充电等可直接使用脉动直流电源。但许多电子设备需要平稳的直流电源。这种电源中的整流电路后面还需加滤波电路将交流成分滤除，以得到比较平滑的输出电压。

滤波通常是利用电容或电感的能量存储功能来实现的。

5.2.1　电容滤波电路

最简单的电容滤波电路是在整流电路的直流输出侧与负载电阻 R_L 并联一电容器 C，利用电容器的充放电作用，使输出电压趋于平滑。

1. 工作原理

图 5-7（a）所示为单相半波整流、电容滤波电路，其工作原理如下：

设整流变压器副边电压为：

$$u_2 = \sqrt{2}U_2 \sin(\omega t)$$

假设电路接通时恰恰在 u_2 由负到正过零的时刻，这时二极管 VD 开始导通，电源 u_2 在向负载 R_L 供电的同时又对电容 C 充电。如果忽略二极管正向压降，电容电压 u_C 紧随输入电压 u_2 按正弦规律上升至 u_2 的最大值。然后 u_2 继续按正弦规律下降，且 $u_2 < u_C$，使二极管 VD 截止，而电容 C 则对负载电阻 R_L 按指数规律放电。u_C 降至 u_2 大于 u_C 时，二极管又导通，电容 C 再次充电。这样循环下去，

u_2 周期性变化，电容 C 周而复始地进行充电和放电，使输出电压脉动减小，如图 5-7（b）所示。电容 C 放电的快慢取决于时间常数（$\tau = R_L C$）的大小，时间常数越大，电容 C 放电越慢，输出电压 u_o 就越平坦，平均值也越高。

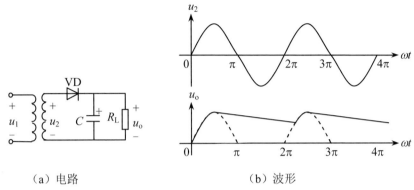

（a）电路　　　　　　　　　　　　（b）波形

图 5-7　单相半波整流电容滤波电路及其输出电压波形

单相桥式整流、电容滤波电路的输出特性曲线如图 5-8 所示。从图中可见，电容滤波电路的输出电压在负载变化时波动较大，说明它的带负载能力较差，只适用于负载较轻且变化不大的场合。

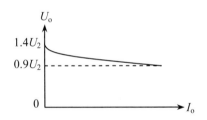

图 5-8　电容滤波电路输出特性曲线

2．参数计算

一般常用如下经验公式估算电容滤波时的输出电压平均值，即：

半波：$U_o = U_2$；

全波：$U_o = 1.2U_2$。

为了获得较平滑的输出电压，一般要求 $R_L \geqslant (10 \sim 15)\dfrac{1}{\omega C}$，即：

$$\tau = R_L C \geqslant (3 \sim 5)\frac{T}{2}$$

式中 T 为交流电压的周期。滤波电容 C 一般选择体积小、容量大的电解电容器。应注意，普通电解电容器有正、负极性，使用时正极必须接高电位端，如果接反会造成电解电容器的损坏。

　　加入滤波电容以后，二极管导通时间缩短，导通角小于 180°，且在短时间内承受较大的冲击电流（$i_C + i_o$），容易使二极管损坏。为了保证二极管的安全，选管时应放宽裕量。

　　单相半波整流、电容滤波电路中，二极管承受的反向电压为 $u_{DR} = u_C + u_2$，当负载开路时，承受的反向电压为最高，为：

$$U_{DRM} = 2\sqrt{2}U_2$$

　　单相桥式整流、电容滤波电路中，二极管承受的反向电压与没有电容滤波时一样，为：

$$U_{DRM} = \sqrt{2}U_2$$

　　例 5-3　设计一单相桥式整流、电容滤波电路。要求输出电压 $U_o = 48\,\text{V}$，已知负载电阻 $R_L = 100\,\Omega$，交流电源频率为 $f = 50\,\text{Hz}$，试选择整流二极管和滤波电容器。

　　解　流过整流二极管的平均电流：

$$I_D = \frac{1}{2}I_o = \frac{1}{2}\cdot\frac{U_o}{R_L} = \frac{1}{2}\times\frac{48}{100} = 0.24\text{A} = 240\ （\text{mA}）$$

　　变压器副边电压有效值：

$$U_2 = \frac{U_o}{1.2} = \frac{48}{1.2} = 40\ （\text{V}）$$

　　整流二极管承受的最高反向电压：

$$U_{RM} = \sqrt{2}U_2 = 1.41\times 40 = 56.4\ （\text{V}）$$

　　因此可选择 2CZ11B 作整流二极管，其最大整流电流为 1 A，最高反向工作电压为 200V。

　　取 $\tau = R_L C = 5\times\dfrac{T}{2} = 5\times\dfrac{1}{2f} = 5\times\dfrac{1}{2\times 50} = 0.05\ （\text{s}）$，则：

$$C = \frac{\tau}{R_L} = \frac{0.05}{100} = 500\times 10^{-6}\ （\text{F}） = 500\ （\mu\text{F}）$$

5.2.2　电感滤波电路

　　电感滤波电路如图 5-9 所示，即在整流电路与负载电阻 R_L 之间串联一个电感器 L。由于在电流变化时电感线圈中将产生自感电动势来阻止电流的变化，使电流脉动趋于平缓，起到滤波作用。

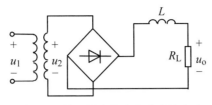

图 5-9　单相桥式整流电感滤波电路

电感滤波适用于负载电流较大的场合。它的缺点是制作复杂、体积大、笨重，且存在电磁干扰。

5.2.3　复合滤波电路

单独使用电容或电感构成的滤波电路，滤波效果不够理想。为了满足较高的滤波要求，常采用由电容和电感组成的 LC、CLC（π型）等复合滤波电路，其电路形式如图 5-10（a）、（b）所示。这两种滤波电路适用于负载电流较大，要求输出电压脉动较小的场合。在负载较轻时，经常采用电阻替代笨重的电感，构成如图 5-10（c）所示的 CRC π型滤波电路，同样可以获得脉动很小的输出电压。但电阻对交、直流均有压降和功率损耗，故只适用于负载电流较小的场合。

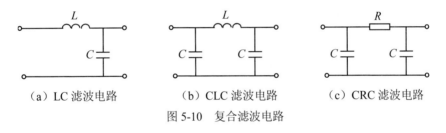

（a）LC 滤波电路　　　　（b）CLC 滤波电路　　　　（c）CRC 滤波电路

图 5-10　复合滤波电路

5.3　直流稳压电路

大多数电子设备和微机系统都需要稳定的直流电压，但是经变压、整流和滤波后的直流电压往往受交流电源波动与负载变化的影响，稳压性能较差。将不稳定的直流电压变换成稳定且可调的直流电压的电路称为直流稳压电路。

直流稳压电路按调整器件的工作状态可分为线性稳压电路和开关稳压电路两大类。线性稳压电路制作起来简单易行，但转换效率低，体积大。开关稳压电路体积小，转换效率高，但控制电路较复杂。随着自关断电力电子器件和电力集成电路的迅速发展，开关电源已得到越来越广泛的应用。线性稳压电路按电路结构可分为并联型稳压电路和串联型稳压电路。

5.3.1 并联型直流稳压电路

稳压管工作在反向击穿区时，即使流过稳压管的电流有较大的变化，其两端的电压却基本保持不变。利用这一特点，将稳压管与负载电阻并联，并使其工作在反向击穿区，就能在一定的条件下保证负载上的电压基本不变，从而起到稳定电压的作用。

根据上述原理构成的并联型直流稳压电路如图 5-11 所示，其中稳压管 VD_Z 反向并联在负载电阻 R_L 两端，电阻 R 起限流和分压作用。稳压电路的输入电压 U_i 来自整流滤波电路的输出电压。

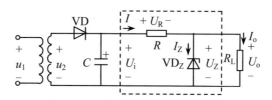

图 5-11　并联型直流稳压电路

并联型直流稳压电路的工作原理如下：

输入电压 U_i 波动时，会引起输出电压 U_o 波动。如 U_i 升高将引起 $U_o = U_Z$ 随之升高，这会导致稳压管的电流 I_Z 急剧增加，因此电阻 R 上的电流 I 和电压 U_R 迅速增大，U_R 的增大抵消了 U_i 的增加，从而使输出电压 U_o 基本上保持不变。这一自动调压过程可表示如下：

$$U_i \uparrow \to U_o \uparrow \to I_Z \uparrow \to I_R \uparrow \to U_R \uparrow$$
$$U_o \downarrow \longleftarrow$$

反之，当 U_i 减小时，U_R 相应减小，仍可保持 U_o 基本不变。

当负载电流 I_o 变化引起输出电压 U_o 发生变化时，同样会引起 I_Z 的相应变化，使得 U_o 保持基本稳定。如当 I_o 增大时，I 和 U_R 均会随之增大而使 U_o 下降，这将导致 I_Z 急剧减小，使 I 仍维持原有数值，保持 U_R 不变，从而使 U_o 得到稳定。

可见，这种稳压电路中稳压管 VD_Z 起着自动调节作用，电阻 R 一方面保证稳压管的工作电流不超过最大稳定电流 I_{ZM}；另一方面还起到电压补偿作用。

选择稳压管时，一般取：

$$U_Z = U_o$$
$$I_{ZM} = (1.5 \sim 3)I_{omax}$$
$$U_i = (2 \sim 3)U_o$$

式中 I_{omax} 为负载电流 I_o 的最大值。

5.3.2　串联型稳压电路

硅稳压管稳压电路虽很简单，但受稳压管最大稳定电流的限制，负载电流不能太大。另外，输出电压不可调且稳定性也不够理想。若要获得稳定性高且连续可调的输出直流电压，可采用由三极管或集成运算放大器所组成的串联型直流稳压电路。

串联型直流稳压电路的基本原理图如图 5-12 所示。

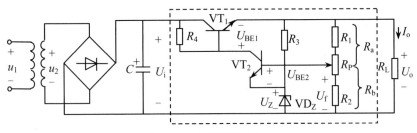

图 5-12　串联型稳压电路

整个电路由 4 部分组成：

（1）取样环节。由 R_1、R_P、R_2 组成的分压电路构成，它将输出电压 U_o 分出一部分作为取样电压 U_f，送到比较放大环节。

（2）基准电压。由稳压二极管 VD_Z 和电阻 R_3 构成的稳压电路组成，它为电路提供一个稳定的基准电压 U_Z，作为调整、比较的标准。

设 VT_2 发射结电压 U_{BE2} 可忽略，则：

$$U_f = U_Z = \frac{R_b}{R_a + R_b} U_o$$

或：

$$U_o = \frac{R_a + R_b}{R_b} U_Z$$

用电位器 R_P 即可调节输出电压 U_o 的大小，但 U_o 必定大于或等于 U_Z。

（3）比较放大环节。由 VT_2 和 R_4 构成的直流放大电路组成，其作用是将取样电压 U_f 与基准电压 U_Z 之差放大后去控制调整管 VT_1。

（4）调整环节。由工作在线性放大区的功率管 VT_1 组成，VT_1 的基极电流 I_{B1} 受比较放大电路输出的控制，它的改变又可使集电极电流 I_{C1} 和集、射电压 U_{CE1} 改变，从而达到自动调整稳定输出电压的目的。

电路的工作原理如下：当输入电压 U_i 或输出电流 I_o 变化引起输出电压 U_o 增加时，取样电压 U_f 相应增大，使 VT_2 管的基极电流 I_{B2} 和集电极电流 I_{C2} 随之增加，

VT_2 管的集电极电位 U_{C2} 下降，因此 VT_1 管的基极电流 I_{B1} 下降，I_{C1} 下降，U_{CE1} 增加，U_o 下降，从而使 U_o 保持基本稳定。这一自动调压过程可表示如下：

$$U_o\uparrow \to U_f\uparrow \to I_{B2}\uparrow \to I_{C2}\uparrow \to U_{C2}\downarrow \to I_{B1}\downarrow \to U_{CE1}\uparrow$$
$$U_o\downarrow \longleftarrow$$

同理，当 U_i 或 I_o 变化使 U_o 降低时，调整过程相反，U_{CE1} 将减小使 U_o 保持基本不变。

从上述调整过程可以看出，该电路是依靠电压负反馈来稳定输出电压的。

比较放大环节也可采用集成运算放大器，如图 5-13 所示。

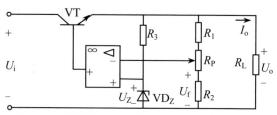

图 5-13　采用集成运算放大器的串联型稳压电路

5.3.3　集成稳压器

由分立元件组成的直流稳压电路，需要外接不少元件，因而体积大，使用不便。集成稳压电路是将稳压电路的主要元件甚至全部元件制作在一块硅基片上的集成电路，因而具有体积小、使用方便、工作可靠等特点。

集成稳压器的种类很多，作为小功率的直流稳压电源，应用最为普遍的是 3 端式串联型集成稳压器。3 端式是指稳压器仅有输入端、输出端和公共端 3 个接线端子。图 5-14 所示为 W78×× 和 W79×× 系列稳压器的外形和管脚排列图。W78×× 系列输出正电压有 5V、6V、8V、9V、10V、12V、15V、18V、24V 等多种，若要获得负输出电压选 W79×× 系列即可。例如 W7805 输出 +5V 电压，W7905 则输出 -5V 电压。这类 3 端稳压器在加装散热器的情况下，输出电流可达 1.5~2.2A，最高输入电压为 35V，最小输入、输出电压之差为 2~3V，输出电压变化率为 0.1%~0.2%。

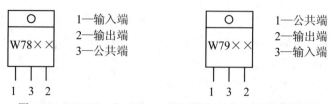

图 5-14　W78×× 和 W79×× 系列稳压器的外形和管脚排列图

下面介绍几种三端式串联型集成稳压器的应用电路：

（1）基本电路。图 5-15 为 W78×× 系列和 W79×× 系列 3 端稳压器基本接线图。

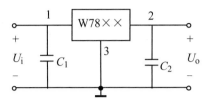 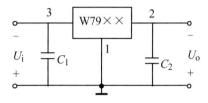

图 5-15　3 端稳压器基本接线图

（2）提高输出电压的电路。图 5-16 所示电路输出电压 U_o 高于 W78×× 的固定输出电压 $U_{××}$，显然 $U_o = U_{××} + U_Z$。

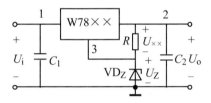

图 5-16　提高输出电压的电路

（3）扩大输出电流的电路。当稳压电路所需输出电流大于 2A 时，可通过外接三极管的方法来扩大输出电流，如图 5-17 所示。图中 I_3 为稳压器公共端电流，其值很小，可以忽略不计，所以 $I_1 \approx I_2$，则可得：

$$I_o = I_2 + I_C = I_2 + \beta I_B = I_2 + \beta(I_1 - I_R) \approx (1 + \beta)I_2 + \beta \frac{U_{BE}}{R}$$

式中 β 为三极管的电流放大系数。设 $\beta = 10$，$U_{BE} = -0.3\,\text{V}$，$R = 0.5\,\Omega$，$I_2 = 1\,\text{A}$，则可计算出 $I_o = 5\,\text{A}$，可见 I_o 比 I_2 扩大了。

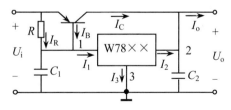

图 5-17　扩大输出电流的电路

电阻 R 的作用是使功率管在输出电流较大时才能导通。

（4）输出正、负电压的电路。将 W78××系列 W79××系列稳压器组成如图 5-18 所示的电路，可输出正、负电压。

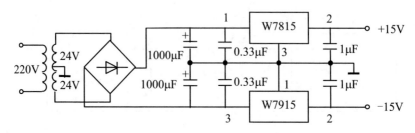

图 5-18 可输出正、负电压的电路

 本章小结

（1）直流稳压电源是由交流电源经过变换得来的，它由整流电路、滤波电路和稳压电路 3 部分组成。

（2）整流电路是利用二极管的单向导电性将交流电转换成单向脉动直流电。整流电路有多种。单相桥式整流电路的变压器利用率高，输出电压脉动成分较小，因而在整流功率小于 1kW 的场合得到广泛应用。

（3）滤波电路的作用是利用储能元件滤去脉动直流电压中的交流成分，使输出电压趋于平滑。采用电容滤波成本低，输出电压平均值较高，但带负载能力差，适用于负载电流较小且负载变化不大的场合。采用电感滤波成本高，带负载能力强，适用于负载电流较大的场合。在要求较高的场合，可采用 LC、π型、多节 RC 等复合滤波电路。

（4）稳压电路的作用是输入电压或负载在一定范围内变化时，保证输出电压稳定。对要求不高的小功率稳压电路，可采用并联型硅稳压管稳压电路。要求较高的场合可采用串联型稳压电路。串联型稳压电路是采用电压负反馈来使输出电压得到稳定。由于集成稳压器具有通用性强、精度高、成本低、体积小、重量轻、性能可靠、安装调试方便等优点，因而已基本上取代了由分立元件组成的稳压电路。

 习题五

5-1 如果要求某一单相桥式整流电路的输出直流电压 U_o 为 36V，直流电流 I_o 为 1.5A，试选用合适的二极管。

5-2　设一半波整流电路和一桥式整流电路的输出电压平均值和所带负载大小完全相同，均不加滤波，试问两个整流电路中整流二极管的电流平均值和最高反向电压是否相同？

5-3　欲得到输出直流电压 $U_o = 50\text{ V}$，直流电流 $I_o = 160\text{ mA}$ 的电源，问应采用哪种整流电路？画出电路图，并计算电源变压器的容量（计算 U_2 和 I_2），选定相应的整流二极管（计算二极管的平均电流 I_D 和承受的最高反向电压 U_{RM}）。

5-4　在图 5-19 所示电路中，已知 $R_L = 8\text{ k}\Omega$，直流电压表 V_2 的读数为 110V，二极管的正向压降忽略不计，求：

（1）直流电流表 A 的读数；

（2）整流电流的最大值；

（3）交流电压表 V_1 的读数；

5-5　图 5-20 所示电路为单相全波整流电路。已知 $U_2 = 10\text{ V}$，　$R_L = 100\ \Omega$。

（1）求负载电阻 R_L 上的电压平均值 U_o 与电流平均值 I_o，在图中标出 u_o、i_o 的实际方向。

（2）如果 VD_2 脱焊，U_o、I_o 各为多少？

（3）如果 VD_2 接反，会出现什么情况？

（4）如果在输出端并接一滤波电解电容，试将它按正确极性画在电路图上，此时输出电压 U_o 约为多少？

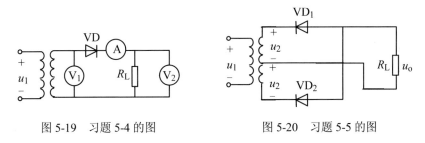

图 5-19　习题 5-4 的图　　　　　图 5-20　习题 5-5 的图

5-6　在图 5-21 所示电路中，变压器副边电压最大值 U_{2M} 大于电池电压 U_{GB}，试画出 u_o 及 i_o 的波形。

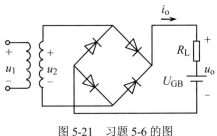

图 5-21　习题 5-6 的图

5-7　在图 5-22 所示桥式整流电容滤波电路中，$U_2 = 20\text{ V}$，$R_L = 40\ \Omega$，$C = 1000\ \mu\text{F}$，试问：

（1）正常时 U_o 为多大？

（2）如果电路中有一个二极管开路，U_o 又为多大？

（3）如果测得 U_o 为下列数值，可能出现了什么故障？ ① $U_o = 18\text{ V}$；② $U_o = 28\text{ V}$；③ $U_o = 9\text{ V}$。

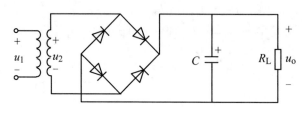

图 5-22　习题 5-7 的图

5-8　电容滤波和电感滤波电路的特性有什么区别？各适用于什么场合？

5-9　单相桥式整流、电容滤波电路，已知交流电源频率 $f = 50\text{ Hz}$，要求输出直流电压和输出直流电流分别为 $U_o = 30\text{ V}$，$I_o = 150\text{ mA}$，试选择二极管及滤波电容。

5-10　根据稳压管稳压电路和串联型稳压电路的特点，试分析这两种电路各适用于什么场合？

5-11　图 5-23 所示桥式整流电路，设 $u_2 = \sqrt{2}U_2\sin(\omega t)\text{ V}$，试分别画出下列情况下输出电压 u_{AB} 的波形。

（1）S_1、S_2、S_3 打开，S_4 闭合；

（2）S_1、S_2 闭合，S_3、S_4 打开；

（3）S_1、S_4 闭合，S_2、S_3 打开；

（4）S_1、S_2、S_4 闭合，S_3 打开；

（5）S_1、S_2、S_3、S_4 全部闭合。

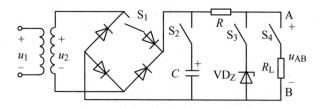

图 5-23　习题 5-11 的图

5-12　电路如图 5-24 所示，已知 $U_Z = 4\text{ V}$，$R_1 = R_2 = 3\text{ k}\Omega$，电位器 $R_P = 10\text{ k}\Omega$，问：

（1）输出电压 U_o 的最大值、最小值各为多少？

（2）要求输出电压可在 6V 到 12V 之间调节，问 R_1、R_2、R_P 之间应满足什么条件？

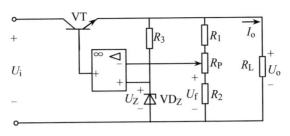

图 5-24　习题 5-12 的图

5-13　试设计一台直流稳压电源，其输入为 220V、50Hz 交流电源，输出电压为+12V，最大输出电流为 500mA，试采用桥式整流电路和三端集成稳压器构成，并加有电容滤波电路（设三端稳压器的压差为 5V），要求：

（1）画出电路图；

（2）确定电源变压器的变比，整流二极管、滤波电容器的参数，三端稳压器的型号。

5-14　图 5-25 所示电路是由 W78×× 稳压器组成的稳压电路，为一种高输入电压画法，试分析其工作原理。

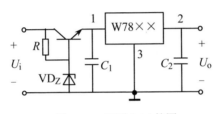

图 5-25　习题 5-14 的图

5-15　图 5-26 所示电路是 W78×× 稳压器外接功率管扩大输出电流的稳压电路，具有外接过流保护环节，用于保护功率管 VT_1，试分析其工作原理。

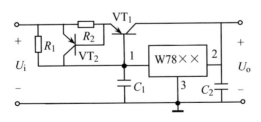

图 5-26　习题 5-15 的图

第 6 章　门电路与逻辑代数

本章学习要求

● 掌握逻辑门电路的逻辑符号、逻辑功能和表示方法。
● 掌握逻辑代数的基本运算、基本公式和定理。
● 理解逻辑函数的表示与化简方法。
● 了解数字电路的特点、数制和编码。

前面几章介绍的都是模拟电路，其中的电信号是随时间连续变化的模拟信号。从本章开始将介绍数字电路，其中的电信号是不连续变化的脉冲信号。数字电路和模拟电路都是电子技术的重要基础。

数字电路的广泛应用和高速发展标志着现代电子技术的水准的飞速提高。电子计算机、数字式仪表、数字控制装置和工业逻辑系统等方面都是以数字电路为基础的。数字电路大致包括信号的产生、放大、整形、传送、控制、存储、计数、运算等组成部分。

本章介绍数字电路的基础知识，包括数制与编码，逻辑门电路，逻辑代数的基本公式和定理，逻辑函数的表示与化简。

6.1　数字电路概述

6.1.1　数字信号与数字电路

电子电路中的信号可分为两类。一类是时间的连续信号，称为模拟信号，例如温度、速度、压力、磁场、电场等物理量通过传感器变成的电信号，模拟语音的音频信号和模拟图像的视频信号等。对模拟信号进行传输、处理的电子线路称为模拟电路，如放大电路、滤波器、信号发生器等。另一类是时间和幅度都是离散的（即不连续的）信号，称为数字信号。对数字信号进行传输、处理的电子线路称为数字电路，如数字电子钟、数字万用表等都是由数字电路组成的。在数字电路中所关注的是输出与输入之间的逻辑关系，而不像模拟电路中，要研究输出与输入之间信号的大小、相位变化等。

图 6-1（a）、(b）所示为模拟信号和数字信号的波形。由图 6-1（b）可知，数字信号只有两种不同的状态，电位较高者称为高电平，用 1（称为逻辑 1）表示，电位较低者称为低电平，用 0（称为逻辑 0）表示。

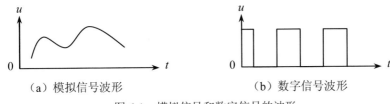

（a）模拟信号波形　　　　　　　　　（b）数字信号波形

图 6-1　模拟信号和数字信号的波形

数字信号的 1、0 两种状态（即高、低两种电平），可以利用二极管的单向导电特性来获得，也可以利用晶体管的截止和饱和导通来获得。因此，数字电路中的晶体管通常都工作在截止区和饱和区，即工作在开关状态。

为了使读者对数字电路有一个初步的认识，下面举一个简单的例子。

图 6-2 是用来测量周期信号频率的数字频率计的逻辑框图，测量的结果用十进制数字显示出来。由于被测信号一般是模拟信号，所以首先要将被测信号放大并经过整形，使被测信号变换为频率与它相同的矩形脉冲信号。为了测量频率，还要有个时间标准，如以秒为单位，把 1s 内通过的脉冲个数记录下来，就得出了被测信号的频率。这个时间标准由秒脉冲发生器产生，它是一个宽度为 1s 的矩形脉冲。用秒脉冲去控制门电路，把门打开 1s。在这段时间内，来自整形电路的矩形脉冲可以经过门电路进入计数器。计数器累计的脉冲个数就是被测信号在 1s 内重复的次数，也就是被测信号的频率。最后通过数字显示电路和显示器将测量结果直接显示出来。

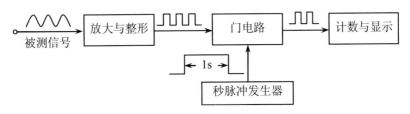

图 6-2　数字频率计的逻辑框图

与模拟电路相比，数字电路具有以下显著的优点：

（1）结构简单，便于集成化、系列化生产，成本低廉，使用方便。

（2）抗干扰性强，可靠性高，精度高。

（3）处理功能强，不仅能实现数值运算，还可以实现逻辑运算和判断。

（4）可编程数字电路可容易地实现各种算法，具有很大的灵活性。

（5）数字信号更易于存储、加密、压缩、传输和再现。

6.1.2　数制及其转换

数制就是计数的方法。日常生活中采用十进制数，它有 10 个数码，即用 0～9 来组成不同的数，其进位规则是逢十进一。在数字电路中一般采用二进制数，有时也采用八进制数和 16 进制数。对于任何一个数，可以用不同的数制来表示。

一种数制所具有的数码个数称为该数制的基数，该数制的数中不同位置上数码的单位数值称为该数制的位权或权。

十进制的基数为 10，十进制整数中从个位起各位的权分别为 10^0、10^1、10^2、…。基数和权是数制的两个要素。利用基数和权，可以将任何一个数表示成多项式的形式。例如十进制的整数 206 可以表示成：

$$(206)_{10} = 2 \times 10^2 + 0 \times 10^1 + 6 \times 10^0$$

在数字电路中，常用二进制来表示数和进行运算。采用二进制具有以下优点：

（1）二进制的基数为 2，只有 0 和 1 两个数码，容易用物理状态来表示。

（2）二进制运算规则简单，其进位规则是"逢二进一"，便于进行算术运算。

（3）采用二进制来表示数可以节省设备，其运算逻辑电路的设计也比较方便。

二进制算术运算的规则为：

加法规则：

$$0 + 0 = 0$$
$$0 + 1 = 1$$
$$1 + 0 = 1$$
$$1 + 1 = 10$$

乘法规则：

$$0 \times 0 = 0$$
$$0 \times 1 = 0$$
$$1 \times 0 = 0$$
$$1 \times 1 = 1$$

二进制整数中从个位起各位的权分别为 2^0、2^1、2^2、…。例如：

$$(110101)_2 = 1 \times 2^5 + 1 \times 2^4 + 0 \times 2^3 + 1 \times 2^2 + 0 \times 2^1 + 1 \times 2^0 = (51)_{10}$$

这样可把任意一个二进制数转换为十进制数。

将十进制整数转换为二进制数可采用除 2 取余法。其方法是将十进制整数连续除以 2，求得各次的余数，直到商为 0 为止，然后将先得到的余数列在低位、后得到的余数列在高位，即得二进制数。

例如，将十进制整数 37 转换为二进制数，37 除以 2，得商 18 及最低位的余数 1；再将商 18 除以 2，得商 9 及次低位的余数 0；…；如此反复进行下去，直到最后商为 0 为止。转换过程可用短除法表示如下：

```
2 | 37      余数
2 | 18 …… 1      ↑低位
2 | 9  …… 0
2 | 4  …… 1
2 | 2  …… 0
2 | 1  …… 0
    0  …… 1      高位
```

所以：

$$(37)_{10} = (100101)_2$$

16 进制的基数为 16，采用的 16 个数码为 0、1、2、3、4、5、6、7、8、9、A、B、C、D、E、F，其中字母 A、B、C、D、E、F 分别代表 10、11、12、13、14、15，进位规则为逢十六进一。16 进制整数中从个位起各位的权分别为 16^0、16^1、16^2、…。同样，将任何一个 16 进制整数按基数和权表示为多项式然后求和，即可转换为十进制数，例如：

$$(5BF)_{16} = 5 \times 16^2 + 11 \times 16^1 + 15 \times 16^0 = (1471)_{10}$$

每一个 16 进制数码可以用 4 位二进制数表示，如$(0101)_2$ 表示 16 进制的 5，$(1101)_2$ 表示 16 进制的 D。

表 6-1 列出了十进制、二进制、16 进制数之间的对应关系。

将二进制整数转换为 16 进制数，从低位开始，每 4 位为一组转换为相应的 16 进制数即可。例如：

$$(11\ 0100\ 1011)_2 = (34B)_{16}$$

将十进制数转换为 16 进制数，可先转换为二进制数，再由二进制数转换为 16 进制数。例如：

$$(45)_{10} = (10\ 1101)_2 = (2D)_{16}$$

表 6-1　几种进制数之间的对应关系

十进制数	二进制数	16 进制数
0	0000	0
1	0001	1
2	0010	2
3	0011	3
4	0100	4
5	0101	5
6	0110	6
7	0111	7
8	1000	8
9	1001	9
10	1010	A
11	1011	B
12	1100	C
13	1101	D
14	1110	E
15	1111	F

6.1.3　编码

数字电路中处理的信息除了数值信息外，还有文字、符号以及一些特定的操作（例如表示确认的回车操作）等。为了处理这些信息，必须将这些信息也用二进制数码来表示。这些特定的二进制数码称为这些信息的代码。这些代码的编制过程称为编码。

在数字电子计算机中，十进制数除了转换成二进制数参加运算外，还可以直接用十进制数进行输入和运算。其方法是将十进制的 10 个数码分别用 4 位二进制代码表示，这种编码称为二—十进制编码，也称 BCD 码。BCD 码有很多种形式，常用的有 8421 码、余 3 码、格雷码、2421 码、5421 码等，如表 6-2 所示。

在 8421 码中，10 个十进制数码与自然二进制数一一对应，即用二进制数的 0000～1001 来分别表示十进制数的 0～9。8421 码是一种有权码，各位的权从左到右分别为 8、4、2、1，所以根据代码的组成便可知道代码所代表的十进制数的值。设 8421 码的各位分别为 a_3、a_2、a_1、a_0，则它所代表的十进制数的值为：

$$N = 8a_3 + 4a_2 + 2a_1 + 1a_0$$

8421 码与十进制数之间的转换只要直接按位转换即可。例如：

$$(853)_{10} = (1000\ 0101\ 0011)_{8421}$$
$$(0111\ 0100\ 1001)_{8421} = (749)_{10}$$

表 6-2　常用 BCD 码

十进制数	8421 码	余 3 码	格雷码	2421 码	5421 码
0	0000	0011	0000	0000	0000
1	0001	0100	0001	0001	0001
2	0010	0101	0011	0010	0010
3	0011	0110	0010	0011	0011
4	0100	0111	0110	0100	0100
5	0101	1000	0111	1011	1000
6	0110	1001	0101	1100	1001
7	0111	1010	0100	1101	1010
8	1000	1011	1100	1110	1011
9	1001	1100	1101	1111	1100
权	8421			2421	5421

　　四位二进制数共有 16 种组合，即 0000～1111。8421 码只利用了这 16 种组合中的前 10 种组合 0000～1001，其余 6 种组合 1010～1111 是无效的。从 16 种组合中选取 10 种组合方式的不同，可以得到其他二～十进制码，如 2421 码、5421码等。余 3 码由 8421 码加 3（0011）得来的，这是一种无权码。

　　格雷码的特点是从一个代码变为相邻的另一个代码时只有一位发生变化。这是考虑到信息在传输过程中可能出错，为了减少错误而研究出的一种编码形式。例如，当将代码 0100 误传为 1100 时，格雷码只不过是十进制数 7 和 8 之差，二进制数码则是十进制数 4 和 12 之差。格雷码的缺点是与十进制数之间不存在规律性的对应关系，不够直观。

6.2　分立元件门电路

　　门电路是一种具有一定逻辑关系的开关电路。当它的输入信号满足某种条件时，才有信号输出，否则就没有信号输出。如果把输入信号看作条件，把输出信号看作结果，那么当条件具备时，结果就会发生。也就是说在门电路的输入信号与输出信号之间存在着一定的因果关系，这种因果关系称为逻辑关系。

　　基本逻辑关系有 3 种，分别为与逻辑、或逻辑和非逻辑。实现这些逻辑关系的电路分别称为与门、或门和非门。由这 3 种基本门电路还可以组成其他多种复合门电路。门电路是数字电路的基本逻辑单元。

　　门电路可以用二极管、三极管等分立元件组成，目前广泛使用的是集成门电路。

6.2.1 与逻辑和与门电路

当决定某事件的全部条件同时具备时，结果才会发生，这种因果关系称为与逻辑。实现与逻辑关系的电路称为与门。

由二极管构成的双输入与门电路及其逻辑符号如图 6-3 所示。图中 A、B 为输入信号，F 为输出信号。设输入信号高电平为 3V，低电平为 0V，并忽略二极管的正向压降。

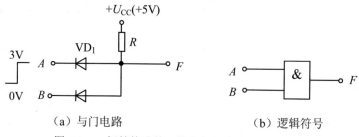

（a）与门电路   （b）逻辑符号

图 6-3 二极管构成的双输入与门电路及其逻辑符号

下面分析图 6-3 所示电路的工作原理。

（1）$u_A = u_B = 0V$ 时，二极管 VD_1、VD_2 都处于正向导通状态，所以 $u_F = 0V$。

（2）$u_A = 0V$、$u_B = 3V$ 时，电源将经电阻 R 向处于 0V 电位的 A 端流通电流，VD_1 优先导通。VD_1 导通后，$u_F = 0V$，将 F 点电位钳制在 0V，使 VD_2 受反向电压而截止。

（3）$u_A = 3V$、$u_B = 0V$ 时，VD_2 优先导通，使 F 点电位钳制在 0V，此时，VD_1 受反向电压而截止，$u_F = 0V$。

（4）$u_A = u_B = 3V$ 时，VD_1、VD_2 都导通，$u_F = 3V$。

把上述分析结果归纳列于表 6-3 中，可见图 6-3 所示的电路满足与逻辑关系：只有所有输入信号都是高电平时，输出信号才是高电平，否则输出信号为低电平，所以这是一种与门。把高电平用 1 表示，低电平用 0 表示，u_A、u_B 用 A、B 表示，u_F 用 F 表示，代入表 6-3 中，则得到表 6-4 所示的逻辑真值表。

表 6-3 双输入与门的输入和输出电平关系

输入		输出
$u_A(V)$	$u_B(V)$	$u_F(V)$
0	0	0
0	3	0
3	0	0
3	3	3

表 6-4 双输入与门的逻辑真值表

输入		输出
A	B	F
0	0	0
0	1	0
1	0	0
1	1	1

由表 6-4 可知，F 与 A、B 之间的关系是：只有当 A、B 都是 1 时，F 才为 1，否则 F 为 0，满足与逻辑关系，可用逻辑表达式表示为：

$$F = A \cdot B$$

式中小圆点"·"表示 A、B 的与运算，与运算又叫逻辑乘，通常与运算符"·"可以省略。上式读作"F 等于 A 与 B"，或者"F 等于 A 乘 B"。

由与运算的逻辑表达式 $F = A \cdot B$ 或表 6-4 所示的真值表，可知与运算规则为：

$$0 \cdot 0 = 0$$
$$0 \cdot 1 = 0$$
$$1 \cdot 0 = 0$$
$$1 \cdot 1 = 1$$

与门的输入端可以多于两个，但其逻辑功能完全相同。如有三个输入端 A、B、C 的与门，其输出为 $F = ABC$。若已知输入 A、B、C 的波形，根据与门的逻辑功能，可画出输出 F 的波形，如图 6-4 所示。

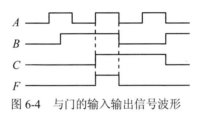

图 6-4　与门的输入输出信号波形

6.2.2　或逻辑和或门电路

在决定某事件的全部条件中，只要任一条件具备，事件就会发生，这种因果关系叫做或逻辑。实现或逻辑关系的电路称为或门。

由二极管构成的双输入或门电路及其逻辑符号如图 6-5 所示。图中 A、B 为输入信号，F 为输出信号。设输入信号高电平为 3V，低电平为 0V，并忽略二极管的正向压降。

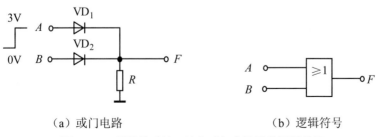

（a）或门电路　　　　　　　　　　　　（b）逻辑符号

图 6-5　二极管构成的双输入或门电路及其逻辑符号

下面分析图 6-5 所示电路的工作原理。

（1）$u_A = u_B = 0V$ 时，二极管 VD_1、VD_2 都处于截止状态，$u_F = 0V$。

（2）$u_A = 0V$、$u_B = 3V$ 时，VD_2 导通。VD_2 导通后，$u_F = u_B = 3V$，使 F 点处于高电位，VD_1 受反向电压而截止。

（3）$u_A = 3V$、$u_B = 0V$ 时，VD_1 导通，VD_2 受反向电压而截止，$u_F = 3V$。

（4）$u_A = u_B = 3V$ 时，VD_1、VD_2 都导通，$u_F = 3V$。

归纳上述分析结果，可列出图 6-5 所示电路的输入和输出的电平关系及真值表，分别如表 6-5 和表 6-6 所示。

表6-5　双输入或门的输入和输出电平关系

输入		输出
$u_A(V)$	$u_B(V)$	$u_F(V)$
0	0	0
0	3	3
3	0	3
3	3	3

表6-6　双输入或门的逻辑真值表

输入		输出
A	B	F
0	0	0
0	1	1
1	0	1
1	1	1

由真值表可知，F 与 A、B 之间的关系是：A、B 中只要有一个或一个以上是 1 时，F 就为 1，只有当 A、B 全为 0 时 F 才为 0，满足或逻辑关系，可用逻辑表达式表示为：

$$F = A + B$$

式中符号"＋"表示 A、B 的或运算，或运算又叫逻辑加。上式读作"F 等于 A 或 B"，或者"F 等于 A 加 B"。

由或运算的逻辑表达式 $F = A + B$ 或表 6-6 所示的真值表，可知或运算规则为：

$$0 + 0 = 0$$
$$0 + 1 = 1$$
$$1 + 0 = 1$$
$$1 + 1 = 1$$

注意这里 $1 + 1 = 1$ 是逻辑加，与普通算术加法是不同的。

或门的输入端也可以多于两个，但其逻辑功能完全相同。如有三个输入端 A、B、C 的或门，其输出为 $F = A + B + C$。若已知输入 A、B、C 的波形，根据或门的逻辑功能，可画出输出 F 的波形，如图 6-6 所示。

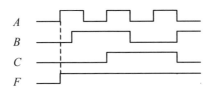

图 6-6　或门的输入输出信号波形

6.2.3　非逻辑和非门电路

决定某事件的条件只有一个，当条件出现时事件不发生，而条件不出现时，事件发生，这种因果关系叫做非逻辑。实现非逻辑关系的电路称为非门，也称反相器。

图 6-7 所示是双极型三极管非门的原理电路及其逻辑符号。

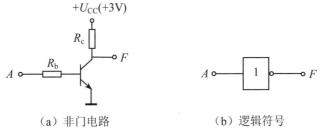

（a）非门电路　　　　　　　　　　（b）逻辑符号

图 6-7　双极型三极管非门的原理电路及其逻辑符号

设输入信号高电平为 3V，低电平为 0V，并忽略三极管的饱和压降 U_{CES}，则 $u_A = 0V$ 时，三极管截止，输出电压 $u_F = U_{CC} = 3V$；$u_A = 3V$ 时，三极管饱和导通，输出电压 $u_F = U_{CES} = 0V$。输入和输出的电平关系及真值表分别如表 6-7 和表 6-8 所示。

表 6-7　非门的输入和输出电平关系

输入	输出
$u_A(V)$	$u_F(V)$
0	3
3	0

表 6-8　非门的逻辑真值表

输入	输出
A	F
0	1
1	0

由表 6-8 可知，F 与 A 之间的关系是：$A = 0$ 时 $F = 1$，$A = 1$ 时 $F = 0$，满足非逻辑关系。逻辑表达式为：

$$F = \overline{A}$$

式中字母 A 上方的符号"—"表示 A 的非运算或者反运算。上式读作" F 等于 A 非"，或者" F 等于 A 反"。显然，非运算规则为：

$$\overline{0} = 1$$
$$\overline{1} = 0$$

6.2.4　复合门电路

将与门、或门、非门 3 种基本门电路组合起来，可以构成多种复合门电路。

图 6-8（a）所示为由与门和非门连接起来构成的与非门，图 6-8（b）所示为与非门的逻辑符号。由图 6-8（a）可得与非门的逻辑表达式表示为：

$$F = \overline{AB}$$

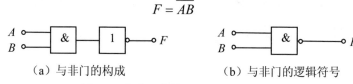

（a）与非门的构成　　　　　　（b）与非门的逻辑符号

图 6-8　与非门的构成及其逻辑符号

与非门的真值表如表 6-9 所示。由表 6-9 可知与非门的逻辑功能是：输入有 0 时输出为 1，输入全 1 时输出为 0。

图 6-9（a）所示为由或门和非门连接起来构成的或非门，图 6-9（b）所示为或非门的逻辑符号。由图 6-9（a）可得或非门的逻辑表达式表示为：

$$F = \overline{A + B}$$

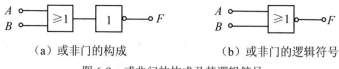

（a）或非门的构成　　　　　　（b）或非门的逻辑符号

图 6-9　或非门的构成及其逻辑符号

或非门的真值表如表 6-10 所示。由表 6-10 可知或非门的逻辑功能是：输入有 1 时输出为 0，输入全 0 时输出为 1。

表 6-9　双输入与非门的真值表

A	B	F
0	0	1
0	1	1
1	0	1
1	1	0

表 6-10　双输入或非门的真值表

A	B	F
0	0	1
0	1	0
1	0	0
1	1	0

图 6-10（a）所示是由两个与门、一个或门和一个非门构成的电路，称为与或非门。与或非门的逻辑符号如图 6-10（b）所示。由图 6-10（a）可得与或非门的逻辑表达式表示为：

$$F = \overline{AB + CD}$$

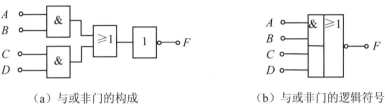

（a）与或非门的构成　　　　　　　　（b）与或非门的逻辑符号

图 6-10　与或非门的构成及其逻辑符号

6.3　集成门电路

为了便于说明逻辑功能，上面讨论的门电路都是由二极管、三极管、电阻等分立元件组成的，称为分立元件门电路。本节介绍集成门电路。以半导体器件为基本单元，集成在一块硅片上，并具有一定逻辑功能的电路称为集成门电路。集成门电路与分立元件门电路相比，具有体积小、功耗低、可靠性高、价格低廉和便于微型化等诸多优点。因此，在实际应用中，现在都是使用集成门电路。集成门电路是数字集成电路中最简单而又最基本的电路，其中应用得最普遍的是与非门电路。

6.3.1　TTL 门电路

输入端和输出端都用双极型三极管构成的逻辑电路称为三极管－三极管逻辑电路，简称 TTL 电路。TTL 电路的开关速度较高，其缺点是功耗较大。

图 6-11 所示为 TTL 与非门的电路结构及其逻辑符号，其中 VT_1 为输入级，VT_2 为中间反相级，VT_3、VT_4、VT_5 为输出级。VT_1 是一个多发射极三极管，可把它的集电结看成一个二极管，而把发射结看成是与前者背靠背的几个二极管，如图 6-12 所示。这样，VT_1 的作用和二极管与门的作用完全相似。

图 6-11（a）所示电路的工作原理如下：

（1）当输入端有一个或几个接低电平 0（假设为 0.3V）时，对应于输入端接低电平的发射结处于正向偏置。这时电源通过 R_1 为三极管 VT_1 提供基极电流。VT_1 的基极电位约为 $0.3 + 0.7 = 1\,V$，不足以向 VT_2 提供正向基极电流，所以 VT_2

截止，以致 VT_5 也截止。由于 VT_2 截止，其集电极电位接近于电源电压 U_{CC}，VT_3 和 VT_4 因而导通，所以输出端的电位为：

$$U_F = U_{CC} - I_{B3}R_2 - U_{BE3} - U_{BE4}$$

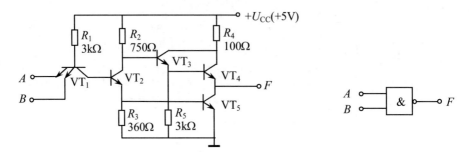

（a）TTL 与非门电路　　　　　　　　　　　（b）TTL 与非门的逻辑符号

图 6-11　TTL 与非门电路的电路结构及其逻辑符号

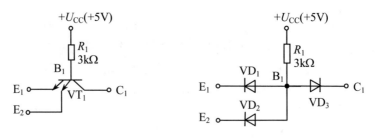

（a）多发射极三极管 VT_1　　　　　　　（b）三极管 VT_1 的等效电路

图 6-12　多发射极三极管 VT_1 及其等效电路

因为 I_{B3} 很小，可以忽略不计，电源电压 $U_{CC} = 5\,\text{V}$，于是：

$$U_F = 5 - 0.7 - 0.7 = 3.6\,\text{V}$$

即输出端 F 为高电平 1。

（2）输入信号全为高电平 1（假设为 3.6V）时，VT_1 的几个发射结都处于反向偏置，电源通过 R_1 和 VT_1 的集电结向 VT_2 提供足够的基极电流，使 VT_2 饱和，VT_2 的发射极电流在 R_3 上产生的压降又为 VT_5 提供足够的基极电流，使 VT_5 也饱和，所以输出端的电位为：

$$U_F = U_{CES5} = 0.3\,\text{V}$$

即输出端 F 为低电平 0。

VT_1 的基极电位为：

$$U_{B1} = U_{BC1} + U_{BE2} + U_{BE5} = 0.7 + 0.7 + 0.7 = 2.1 \quad (\text{V})$$

VT$_2$的集电极电位（即 VT$_3$ 的基极电位）为：

$$U_{C2} = U_{B3} = U_{CES2} + U_{BE5} = 0.3 + 0.7 = 1 (V)$$

所以 VT$_3$ 可以导通。VT$_3$ 的发射极电位（即 VT$_4$ 的基极电位）为：

$$U_{E3} = U_{B4} = U_{B3} - U_{BE3} = 1 - 0.7 = 0.3 (V)$$

因 VT$_4$ 的发射极电位也为 0.3V，因此 VT$_4$ 截止。

综上所述，可见图 6-11（a）所示电路输入、输出的逻辑关系是：输入有 0 时输出为 1，输入全 1 时输出为 0，满足与非逻辑关系。

图 6-13 所示是两种 TTL 与非门 74LS00 和 74LS20 的引脚排列图。74LS00 内含 4 个 2 输入与非门，74LS20 内含 2 个 4 输入与非门。一片集成电路内的各个逻辑门互相独立，可以单独使用，但共用一根电源引线和一根地线。74LS20 的 3 脚和 11 脚为空。

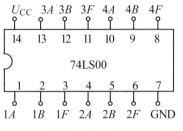 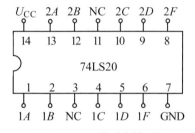

（a）74LS00 的引脚排列图　　　　　　（b）74LS20 的引脚排列图

图 6-13　TTL 与非门 74LS00 和 74LS20 的引脚排列图

6.3.2　CMOS 门电路

CMOS 集成电路的许多最基本的逻辑单元，都是用 P 沟道增强型 MOS 管和 N 沟道增强型 MOS 管按照互补对称形式连接起来构成的，故称为互补型 MOS 集成电路，简称 CMOS 集成电路。CMOS 集成电路具有电压控制、功耗极低、连接方便等一系列优点，是目前应用最广泛的集成电路之一。

图 6-14 所示为 CMOS 非门电路，其中 V$_N$ 是 N 沟道增强型 MOS 管，V$_P$ 是 P 沟道增强型 MOS 管，两者连接成互补对称的结构。它们的栅极连接起来作为信号输入端，漏极连接起来作为信号输出端，V$_N$ 的源极接地，V$_P$ 的源极接电源 U$_{DD}$。当输入 A 为低电平 0 时，V$_N$ 截止，V$_P$ 导通，输出 F 为高电平 1；当输入 A 为高电平 1 时，V$_N$ 导通，V$_P$ 截止，输出 F 为低电平 0。可见电路实现了非逻辑功能。

图 6-15 所示为 CMOS 与非门电路。两个 N 沟道增强型 MOS 管 V$_{N1}$ 和 V$_{N2}$ 串联，两个 P 沟道增强型 MOS 管 V$_{P1}$ 和 V$_{P2}$ 并联。V$_{P1}$ 和 V$_{N1}$ 的栅极连接起来作为输入端 A，V$_{P2}$ 和 V$_{N2}$ 的栅极连接起来作为输入端 B。若 A、B 当中有一个或全

为低电平 0 时，V_{N1}、V_{N2} 中有一个或全部截止，V_{P1}、V_{P2} 中有一个或全部导通，输出 F 为高电平 1。只有当输入 A、B 全为高电平 1 时，V_{N1} 和 V_{N2} 才会都导通，V_{P1} 和 V_{P2} 才会都截止，输出 F 才会为低电平 0。可见电路实现了与非逻辑功能。

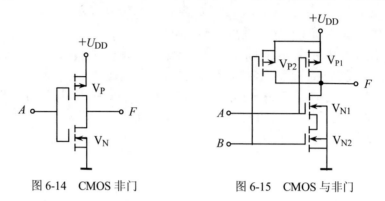

图 6-14　CMOS 非门　　　　　　图 6-15　CMOS 与非门

　　图 6-16 所示为 CMOS 或非门电路。V_{N1} 和 V_{N2} 是 N 沟道增强型 MOS 管，两者并联；V_{P1} 和 V_{P2} 是 P 沟道增强型 MOS 管，两者串联。V_{P1} 和 V_{N1} 的栅极连接起来作为输入端 A，V_{P2} 和 V_{N2} 的栅极连接起来作为输入端 B。只要输入 A、B 当中有一个或全为高电平 1，V_{P1}、V_{P2} 中有一个或全部截止，V_{N1}、V_{N2} 中有一个或全部导通，输出 F 就为低电平 0。只有当 A、B 全为低电平 0 时，V_{P1} 和 V_{P2} 才会都导通，V_{N1} 和 V_{N2} 才会都截止，输出 F 才会为高电平 1。可见电路实现了或非逻辑功能。

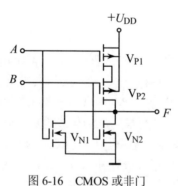

图 6-16　CMOS 或非门

6.4　逻辑代数

　　将门电路按照一定的规律连接起来，可以组成具有各种逻辑功能的逻辑电路。分析和设计逻辑电路的数学工具是逻辑代数（又叫布尔代数或开关代数）。逻辑代

数虽然和普通代数一样也用字母（A、B、C、…）表示变量，但变量的取值只有
0 和 1 两种，即所谓的逻辑 0 和逻辑 1。逻辑代数中的 0 和 1 不是数字符号，而是
代表两种相反的逻辑状态。逻辑代数所表示的是逻辑关系，不是数量关系，这是
逻辑代数与普通代数本质上的区别。

　　在逻辑代数中，只有逻辑乘（与运算）、逻辑加（或运算）和逻辑非（非运算）
3 种基本运算。根据这 3 种基本运算可以推导出逻辑运算的一些基本公式和定理。

6.4.1　逻辑代数的公式和定理

　　根据逻辑变量的取值只有 0 和 1，以及逻辑变量的与、或、非三种运算法则，
可推导出逻辑运算的基本公式和定理。这些公式的证明，最直接的方法是列出等
号两边函数的真值表，看看是否完全相同。也可利用已知的公式来证明其他公式。

　　1. 基本运算

　　与运算：

$$A \cdot 0 = 0$$
$$A \cdot 1 = A$$
$$A \cdot A = A$$
$$A \cdot \overline{A} = 0$$

　　或运算：

$$A + 0 = A$$
$$A + 1 = 1$$
$$A + A = A$$
$$A + \overline{A} = 1$$

　　非运算：

$$\overline{\overline{A}} = A$$

　　2. 基本定理

　　交换律：

$$AB = BA$$
$$A + B = B + A$$

　　结合律：

$$(AB)C = A(BC)$$
$$(A + B) + C = A + (B + C)$$

　　分配律：

$$A(B + C) = AB + AC$$
$$A + BC = (A + B)(A + C)$$

证明

$$(A+B)(A+C) = AA + AB + AC + BC$$
$$= A + AB + AC + BC$$
$$= A(1 + B + C) + BC$$
$$= A + BC$$

吸收律：

$$AB + A\overline{B} = A$$
$$(A+B)(A+\overline{B}) = A$$

$$A + AB = A$$
$$A(A+B) = A$$

$$A(\overline{A}+B) = AB$$

$$A + \overline{A}B = A + B$$

证明

$$A + \overline{A}B = (A+\overline{A})(A+B)$$
$$= 1 \cdot (A+B)$$
$$= A + B$$

反演律（又称摩根定律）：

$$\overline{AB} = \overline{A} + \overline{B}$$
$$\overline{A+B} = \overline{A}\,\overline{B}$$

证明 反演律可用真值表来证明，如表 6-11 所示。由真值表可知，反演律两个公式中等号两边函数的真值表完全相同，从而证明了反演律的正确性。

表 6-11 反演律的证明

A	B	$\overline{A}$	$\overline{B}$	$\overline{AB}$	$\overline{A}+\overline{B}$	$\overline{A+B}$	$\overline{A}\,\overline{B}$
0	0	1	1	1	1	1	1
0	1	1	0	1	1	0	0
1	0	0	1	1	1	0	0
1	1	0	0	0	0	0	0

6.4.2 逻辑函数的表示方法

因为数字电路的输出信号与输入信号之间的关系就是逻辑关系，所以数字电路的工作状态可以用逻辑函数来描述。逻辑函数有真值表、逻辑表达式、逻辑图、波形图和卡诺图 5 种表示形式。只要知道其中一种表示形式，就可转换为其他几种表示形式。

1. **真值表**

真值表就是由变量所有各种可能的取值组合及其对应的函数值所构成的表格。这是一种用表格表示逻辑函数的方法。

真值表的列写方法是：因为每一个变量均有 0、1 两种取值，所以两个变量有 4 种不同的取值（00、01、10、11），3 个变量有 8 种不同的取值，如果有 n 个变量，则有 2^n 种不同的取值。将这 2^n 种不同的取值按顺序（一般按二进制递增规律）排列起来，同时在相应位置上填入函数的值，便可得到逻辑函数的真值表。

例如，要表示这样一个函数关系：当三个变量 A、B、C 的取值中有偶数个 1 时，函数取值为 1；否则，函数取值为 0。此函数称为判偶函数，可用表 6-12 所示的真值表来表示。

表 6-12　判偶函数的真值表

A	B	C	F
0	0	0	1
0	0	1	0
0	1	0	0
0	1	1	1
1	0	0	0
1	0	1	1
1	1	0	1
1	1	1	0

用真值表表示逻辑函数直观明了，非常适合于把实际逻辑问题抽象成为数学问题。但因为每一个变量有 0 和 1 两种取值，n 个变量就有 2^n 种不同的取值，其真值表就由 2^n 行组成。随着变量数目的增多，真值表的行数将急剧增加。因此，当变量数目不超过 4 个时，用真值表表示逻辑函数才比较方便。

2. **逻辑表达式**

逻辑表达式就是由逻辑变量和与、或、非 3 种运算符连接起来所构成的式子。这是一种用公式表示逻辑函数的方法。

如果已经列出了函数的真值表，则可按以下步骤写出逻辑表达式。

（1）取 $F=1$ 写逻辑表达式。

（2）对一种取值组合而言，输入变量之间是与逻辑关系。对应于 $F=1$，如果输入变量的值为 1，则取其原变量（如 A）；如果输入变量的值为 0，则取其反变量（如 $\overline{A}$）。而后取乘积项。

（3）各种取值组合之间是或逻辑关系，故取以上乘积项之和。

例如，对表 6-13 所示的判偶函数，当变量 A、B、C 的取值分别为 000、011、101、110 时，函数值 $F=1$。对应这些变量取值组合的乘积项分别为 $\overline{A}\,\overline{B}\,\overline{C}$、$\overline{A}BC$、$A\overline{B}C$、$AB\overline{C}$，将这些乘积项相加，即得判偶函数的逻辑表达式为：

$$F = \overline{A}\,\overline{B}\,\overline{C} + \overline{A}BC + A\overline{B}C + AB\overline{C}$$

将 A、B、C 的 8 种可能取值组合分别代入这个逻辑表达式，可以验证它是正确的。

也可以取 $F=0$ 写逻辑表达式。但由于 $F=0$，所以按上述方法得到的是该逻辑函数的反函数 $\overline{F}$ 的逻辑表达式。即：

$$\overline{F} = \overline{A}\,\overline{B}C + \overline{A}B\overline{C} + A\overline{B}\,\overline{C} + ABC$$

利用反演律，将上式取反便得原函数 F 的逻辑表达式：

$$F = \overline{\overline{F}} = \overline{\overline{A}\,\overline{B}C + \overline{A}B\overline{C} + A\overline{B}\,\overline{C} + ABC}$$
$$= (A+B+\overline{C})(A+\overline{B}+C)(\overline{A}+B+C)(\overline{A}+\overline{B}+\overline{C})$$
$$= \overline{A}\,\overline{B}\,\overline{C} + \overline{A}BC + A\overline{B}C + AB\overline{C}$$

用逻辑表达式表示逻辑函数，便于利用逻辑代数的公式和定理进行运算和变换，也便于用逻辑图来实现函数。其缺点是不够直观。

反之，也可以由逻辑表达式列出真值表。例如某逻辑表达式为：

$$F = AB + BC + CA$$

该逻辑表达式有 3 个输入变量，共有 8 种不同的取值组合，把各种组合的取值分别代入逻辑表达式中进行运算，求出相应的逻辑函数值，即可列出真值表，见表 6-13。

表 6-13　函数 $F=AB+BC+CA$ 的真值表

A	B	C	F
0	0	0	0
0	0	1	0
0	1	0	0
0	1	1	1
1	0	0	0
1	0	1	1
1	1	0	1
1	1	1	1

3. 逻辑图

逻辑图就是由表示逻辑运算的逻辑符号所构成的图形。在数字电路中，用逻辑符号表示基本单元电路及由这些基本单元电路组成的部件，因此用逻辑图表示逻辑函数是一种比较接近工程实际的表示方法。

一般由逻辑表达式画出逻辑图，逻辑乘用与门实现，逻辑加用或门实现，逻辑非用非门实现。如判偶函数 $F = \overline{A}\overline{B}\overline{C} + \overline{A}BC + A\overline{B}C + AB\overline{C}$，就可用 3 个非门、4 个与门和 1 个或门来实现，如图 6-17 所示。

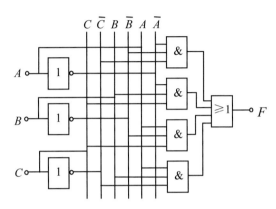

图 6-17　判偶函数的逻辑图

因为逻辑表达式不是唯一的，所以逻辑图也不是唯一的。反之，由逻辑图也可以写出逻辑表达式。

4. 波形图

波形图就是由输入变量的所有可能取值组合的高、低电平及其对应的输出函数值的高、低电平所构成的图形。波形图可以将输出函数的变化和输入变量的变化之间在时间上的对应关系直观地表示出来，因此又称为时间图或时序图。此外，可以利用示波器对电路的输入、输出波形进行测试、观察，以判断电路的输入、输出是否满足给定的逻辑关系。如判偶函数 $F = \overline{A}\overline{B}\overline{C} + \overline{A}BC + A\overline{B}C + AB\overline{C}$，当变量 A、B、C 的取值分别为 000、011、101、110 时，函数值 $F = 1$，其余情况下 $F = 0$，故可以用图 6-18 所示的波形图来表示该函数。

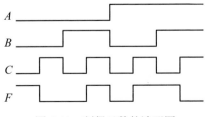

图 6-18　判偶函数的波形图

画波形图时要特别注意，横坐标是时间轴，纵坐标是变量取值。由于时间轴相同，变量取值又十分简单，只有 0（低）和 1（高）两种可能，所以在图中可不标出坐标轴。具体画波形时，一定要对应起来画。

5. 卡诺图

将逻辑函数真值表中的各行排列成矩阵形式，在矩阵的左方和上方按照格雷码的顺序写上输入变量的取值，在矩阵的各个小方格内填入输入变量各组取值所对应的输出函数值，这样构成的图形就是卡诺图。如判偶函数 $F = \overline{A}\,\overline{B}\,\overline{C} + \overline{A}BC + A\overline{B}C + AB\overline{C}$，在变量 A、B、C 的取值分别为 000、011、101、110 所对应的小方格内填入 1，其余小方格内填入 0（也可以空着不填），便得到该函数的卡诺图，如图 6-19 所示。

A＼BC	00	01	11	10
0	0	0	1	0
1	1	1	0	0

图 6-19　判偶函数的卡诺图

图 6-20（a）所示为二变量函数 $F = A\overline{B} + \overline{A}B$ 的卡诺图。由逻辑表达式或卡诺图可知，该函数在两个变量 A 和 B 取值不同（$A=0$、$B=1$ 及 $A=1$、$B=0$）时，函数值 $F=1$；在两个变量 A 和 B 取值相同（$A=0$、$B=0$ 及 $A=1$、$B=1$）时，函数值 $F=0$。满足这一逻辑关系的函数称为异或函数。异或函数的逻辑表达式常写为：

$$F = A\overline{B} + \overline{A}B = A \oplus B$$

实现异或函数的门电路称为异或门。图 6-20（b）所示为异或门的逻辑符号。

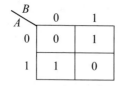

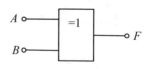

（a）异或函数的卡诺图　　　　　（b）异或门的逻辑符号

图 6-20　异或函数的卡诺图和异或门的逻辑符号

图 6-21 所示为四变量函数 $F = \overline{A}BD + \overline{C}D$ 的卡诺图。

画卡诺图时要注意，矩阵的左方和上方输入变量的取值要按照格雷码的顺序，即按 00、01、11、10 的次序，而不是二进制递增的次序 00、01、10、11。将输入变量的取值按这样的顺序排列，其目的是为了使任意两个相邻小方格之间只有一个变量取值不同。

CD\AB	00	01	11	10
00	0	1	0	0
01	0	1	1	0
11	0	1	0	0
10	0	1	0	0

图 6-21　四变量函数 $F = \overline{A}BD + \overline{C}D$ 的卡诺图

卡诺图的排列方式不仅比真值表更紧凑，而且便于对函数进行化简。但对于五变量以上的卡诺图，因变量增多，卡诺图变得相当复杂，这时用卡诺图来对函数进行化简也变得相当困难，因此应用较少。

例 6-1　某逻辑函数的真值表如表 6-14 所示，试用其他 4 种方法表示该逻辑函数。

表 6-14　例 6-1 的真值表

A	B	C	F
0	0	0	0
0	0	1	1
0	1	0	1
0	1	1	0
1	0	0	1
1	0	1	0
1	1	0	0
1	1	1	0

解　（1）由真值表写出逻辑表达式，为：

$$F = \overline{A}\,\overline{B}C + \overline{A}B\overline{C} + A\overline{B}\,\overline{C}$$

（2）由逻辑表达式画出逻辑图，如图 6-22 所示。

（3）由真值表画出波形图，如图 6-23 所示。

（4）由真值表画出卡诺图，如图 6-24 所示。

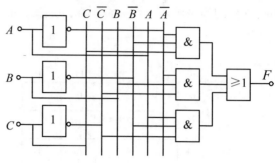

图 6-22　例 6-1 的逻辑图

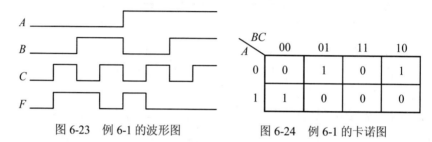

图 6-23　例 6-1 的波形图　　　　　　图 6-24　例 6-1 的卡诺图

例 6-2　某逻辑函数的卡诺图如图 6-25 所示，试用其他 4 种方法表示该逻辑函数。

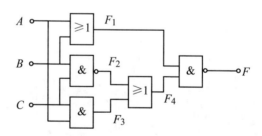

图 6-25　例 6-2 的逻辑图

解　（1）由卡诺图写出逻辑表达式。由卡诺图写逻辑表达式的方法是：从输入到输出，用逐级推导的方法，写出输出函数的逻辑表达式。

$$F_1 = A + B$$

$$F_2 = \overline{BC}$$

$$F_3 = AC$$

$$F_4 = F_2 + F_3 = \overline{BC} + AC$$

$$F = \overline{F_1 F_4} = \overline{(A + B)(\overline{BC} + AC)}$$

（2）将输入变量 A、B、C 的所有各种可能取值分别代入逻辑表达式中进行计算，列出函数的真值表。为了计算方便，可用反演律将逻辑表达式变换为与非表达式。

$$F = \overline{(A+B)(\overline{BC}+AC)}$$
$$= \overline{A+B} + \overline{\overline{BC}+AC}$$
$$= \overline{A}\overline{B} + BC\overline{AC}$$
$$= \overline{A}\overline{B} + BC(\overline{A}+\overline{C})$$
$$= \overline{A}\overline{B} + \overline{A}BC$$

函数的真值表如表 6-15 所示。

表 6-15　例 6-2 的真值表

A	B	C	F
0	0	0	1
0	0	1	1
0	1	0	0
0	1	1	1
1	0	0	0
1	0	1	0
1	1	0	0
1	1	1	0

（3）由真值表画出波形图，如图 6-26 所示。

（4）由真值表画出卡诺图，如图 6-27 所示。

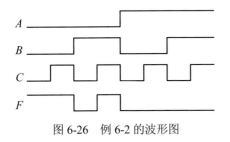

图 6-26　例 6-2 的波形图　　　　　图 6-27　例 6-2 的卡诺图

6.4.3　逻辑函数的化简

根据逻辑表达式，可以画出相应的逻辑图。但是直接根据逻辑要求而归纳出来的逻辑表达式及其对应的逻辑电路，往往不是最简单的形式，这就需要对逻辑表达式进行化简。用化简后的逻辑表达式来构成逻辑电路，所需门电路的数目最少，而且每个门电路的输入端数目也最少。

逻辑函数的化简有公式法和卡诺图法等。

1. 公式化简法

公式化简法就是运用逻辑代数的基本公式和定理来化简逻辑函数的一种方法。

例 6-3

$$F = ABC + A\overline{B} + A\overline{C}$$
$$= ABC + A(\overline{B} + \overline{C})$$
$$= ABC + A\overline{BC}$$
$$= A(BC + \overline{BC})$$
$$= A$$

例 6-4

$$F = ABC + AB\overline{C} + A\overline{B}C + \overline{A}BC$$
$$= (ABC + AB\overline{C}) + (ABC + A\overline{B}C) + (ABC + \overline{A}BC)$$
$$= AB + AC + BC$$

例 6-5

$$F = A\overline{B} + B\overline{C} + \overline{B}C + \overline{A}B$$
$$= A\overline{B} + B\overline{C} + (A + \overline{A})\overline{B}C + \overline{A}B(C + \overline{C})$$
$$= A\overline{B} + B\overline{C} + A\overline{B}C + \overline{A}\,\overline{B}C + \overline{A}BC + \overline{A}B\overline{C}$$
$$= A\overline{B}(1 + C) + B\overline{C}(1 + \overline{A}) + \overline{A}C(\overline{B} + B)$$
$$= A\overline{B} + B\overline{C} + \overline{A}C$$

例 6-6

$$F = A\overline{B} + AC + ADE + \overline{C}D$$
$$= A\overline{B} + AC + \overline{C}D + ADE(C + \overline{C})$$
$$= A\overline{B} + (AC + ADEC) + (\overline{C}D + ADE\overline{C})$$
$$= A\overline{B} + AC + \overline{C}D$$

例 6-7

$$F = \overline{\overline{AB + \overline{A}\,\overline{B}} \ \overline{BC + \overline{B}\,\overline{C}}}$$
$$= \overline{\overline{AB + \overline{A}\,\overline{B}}} + \overline{\overline{BC + \overline{B}\,\overline{C}}}$$
$$= AB + \overline{A}\,\overline{B} + BC + \overline{B}\,\overline{C}$$
$$= AB + \overline{A}\,\overline{B}(C + \overline{C}) + BC(A + \overline{A}) + \overline{B}\,\overline{C}$$

$$= AB + \overline{A}\overline{B}C + \overline{A}B\overline{C} + ABC + \overline{A}BC + \overline{B}\overline{C}$$
$$= AB(1+C) + \overline{A}C(B+\overline{B}) + \overline{B}\overline{C}(1+\overline{A})$$
$$= AB + \overline{A}C + \overline{B}\overline{C}$$

在逻辑函数的化简过程中，可用公式 $A = \overline{\overline{A}}$ 和反演律将逻辑函数化为与非表达式，则相应的逻辑图可一律使用与非门。

例 6-8　将例 6-7 的逻辑表达式化为与非表达式，并画出逻辑图。

解　$F = AB + \overline{A}C + \overline{B}\overline{C} = \overline{\overline{AB + \overline{A}C + \overline{B}\overline{C}}} = \overline{\overline{AB} \cdot \overline{\overline{A}C} \cdot \overline{\overline{B}\overline{C}}}$

根据上式画出的逻辑图如图 6-28 所示。

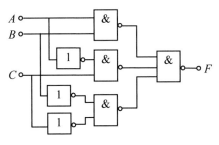

图 6-28　例 6-8 的图

从以上各例可以看出，在逻辑函数的化简过程中，一般要综合几个公式才能得到最简单的结果，并且在很大程度上依赖于经验和对公式运用的熟练程度。

2. 卡诺图化简法

卡诺图化简法是将逻辑函数用卡诺图来表示，在卡诺图上进行函数化简的方法。卡诺图化简法简便、直观，是逻辑函数化简的一种常用方法。

卡诺图化简法是吸收律 $AB + \overline{A}B = A$ 的直接应用。利用卡诺图的相邻性，即卡诺图中任意两个相邻小方格对应的输入变量只有一个不同，当相邻小方格内的值都为 1 时，应用该公式即可将它们对应的变量合并。重复应用该公式，可逐步将逻辑函数化简。

利用卡诺图化简逻辑函数可按以下步骤进行：

（1）将逻辑函数正确地用卡诺图表示出来。

（2）将取值为 1 的相邻小方格圈成矩形或方形。相邻小方格包括最上行与最下行同列两端的两个小方格，以及最左列与最右列同行两端的两个小方格。所圈取值为 1 的相邻小方格的个数应为 2^n（$n = 0$、1、2、3、…），即 1、2、4、8、…不允许 3、6、10 等。

（3）圈的个数应最少，圈内小方格个数应尽可能多。每圈一个新的圈时，必须包含至少一个在已圈过的圈中没有出现过的小方格，否则重复而得不到最简单的表达式。每一个取值为 1 的小方格可被圈多次，但不能漏掉任何一个小方格。

（4）将各个圈进行合并。含 2 个小方格的圈可合并为一项，并消去 1 个变量；含 4 个小方格的圈可合并为一项，并消去 2 个变量；以此类推，含 2^n 个小方格的圈可合并为一项，并消去 n 个变量。若圈内只含一个小方格，则不能化简。最后将合并的结果相加，即为所求的最简与或表达式。

例 6-9　将函数 $F = \overline{A}BC + A\overline{B}C + AB\overline{C} + ABC$ 用卡诺图表示并化简。

解　卡诺图如图 6-29 所示。

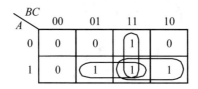

图 6-29　例 6-9 的卡诺图

将函数值为 1 的相邻小方格圈在一起，共可圈成 3 个圈。3 个圈可分别合并为：

$$ABC + AB\overline{C} = AB$$
$$ABC + \overline{A}BC = BC$$
$$ABC + A\overline{B}C = AC$$

将合并的结果相加，则得到化简后的逻辑表达式为：

$$F = AB + BC + AC$$

例 6-10　用卡诺图化简函数 $F = C + A\overline{C}\,\overline{D} + ABD + \overline{A}\,\overline{B}\,C\,\overline{D}$。

解　卡诺图如图 6-30 所示。将函数值为 1 的相邻小方格圈在一起，共可圈成三个圈，代表的乘积项分别为 C、AB 和 $\overline{B}\overline{D}$。画圈时要注意，四个角上的小方格彼此之间也是相邻的。将所得的乘积项相加，得化简后的逻辑表达式为：

$$F = C + AB + \overline{B}\overline{D}$$

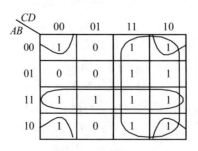

图 6-30　例 6-10 的卡诺图

例 6-11　用卡诺图化简函数 $F = AB\overline{C} + ABC + \overline{A}BD + \overline{A}\overline{B}C$。

解　卡诺图如图 6-31 所示。注意图中虚线所示的圈没有包含新的方格，它所代表的乘积项 $AB\overline{C}$ 是多余的，应该舍去。图中实线所示的圈分别代表乘积项 BD、CD 和 $A\overline{CD}$。将所得的乘积项相加，得化简后的逻辑表达式为：

$$F = BD + CD + A\,\overline{CD}$$

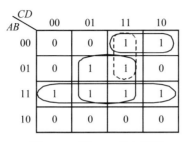

图 6-31　例 6-11 的卡诺图

（1）数字信号的数值相对于时间的变化过程是跳变的、间断性的。对数字信号进行传输、处理的电子电路称为数字电路。数字电路研究的重点是电路输入和输出之间的逻辑关系。模拟信号通过模数转换后变成数字信号，即可用数字电路进行传输、处理。

（2）日常生活中使用十进制，但在计算机中基本上使用二进制，有时也使用八进制或 16 进制。任意进制的数按基数和权展开为多项式即可转换为十进制数。将十进制整数转换为二进制数可采用除 2 取余法。利用 1 位 16 进制数由 4 位二进制数构成，可以实现二进制数与 16 进制数之间的相互转换。

二进制数码不仅可以表示数值，而且可以表示符号及文字。BCD 码是用 4 位二进制数码代表 1 位十进制数的编码。有多种 BCD 码形式，最常用的是 8421 码。

（3）门电路是利用半导体器件的开关特性构成的，是数字电路中最基本的逻辑单元。与门、或门和非门是 3 种基本逻辑门，能实现与、或、非 3 种基本逻辑关系。由 3 种基本逻辑门可以组成与非门、或非门等其他门电路。由于集成电路具有工作可靠、便于微型化等优点，因此现在普遍使用的是集成门电路。

（4）逻辑代数是分析和设计数字电路的重要工具。利用逻辑代数，可以把实际逻辑问题抽象为逻辑函数来描述，并且可以用逻辑运算的方法，解决逻辑电路的分析和设计问题。逻辑代数的公式和定理是推演、变换及化简逻辑函数的依据。

逻辑函数可用真值表、逻辑表达式、逻辑图、波形图和卡诺图等方法表示。

这些方法各具特点，但本质相通，可以互相转换。对于一个具体的逻辑函数，究竟采用哪种表示方法应视实际需要而定。在使用时应充分利用每一种表示方法的优点。

（5）逻辑函数的化简有公式法和卡诺图法等。公式法是利用逻辑代数的公式、定理和规则来对逻辑函数化简。公式法适用于各种复杂的逻辑函数，但需要熟练地运用公式和定理，且具有一定的运算技巧。卡诺图法就是利用函数的卡诺图来对逻辑函数化简。卡诺图法简单直观，容易掌握，但变量太多时卡诺图太复杂，卡诺图法已不适用。

6-1　将十进制数 2075 转换成二进制和 16 进制数。

6-2　将下列各数转换成十进制数：$(101)_2$，$(101)_{16}$。

6-3　将二进制数 110111、1001101 分别转换成十进制和 16 进制数。

6-4　将十进制数 3692 转换成二进制码及 8421 码。

6-5　数码 100100101001 作为二进制码或 8421 码时，其相应的十进制数各为多少？

6-6　二极管门电路如图 6-32（a）、（b）所示，输入信号 A、B、C 的高电平为 3V，低电平为 0V。

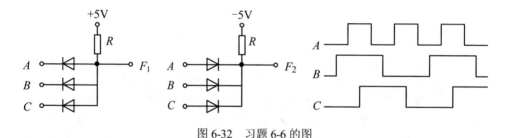

图 6-32　习题 6-6 的图

（1）分析输出信号 F_1、F_2 和输入信号 A、B、C 之间的逻辑关系，列出真值表，并导出逻辑函数的表达式。

（2）根据图（c）给出的 A、B、C 的波形，对应画出 F_1、F_2 的波形。

6-7　电路如图 6-33 所示，图中三极管均工作在开关状态，即截止或饱和状态，试分析各电路的逻辑功能，列出真值表，并导出逻辑函数的表达式。

6-8　由 N 沟道增强型 MOS 管构成的门电路（称为 NMOS 门电路）如图 6-34 所示，试分析各电路的逻辑功能，列出真值表，并导出逻辑函数的表达式。

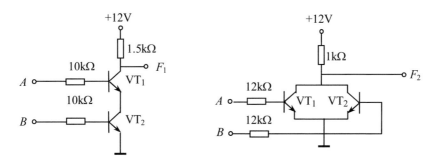

图 6-33　习题 6-7 的图

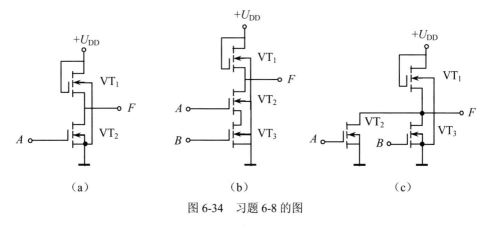

（a）　　　　　　　　　　（b）　　　　　　　　　　（c）

图 6-34　习题 6-8 的图

6-9　写出图 6-35 所示各个电路输出信号的逻辑表达式，并对应 A、B 的给定波形画出各个输出信号的波形。

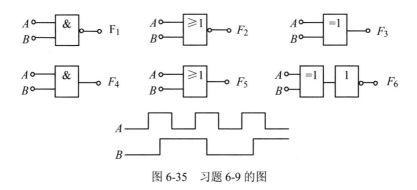

图 6-35　习题 6-9 的图

6-10　写出图 6-36 所示各个电路输出信号的逻辑表达式，并对应 A、B、C 的给定波形画出各个输出信号的波形。

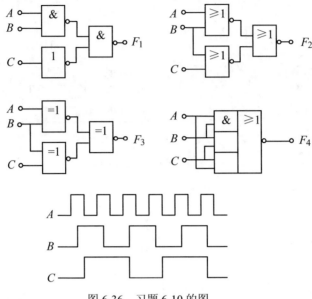

图 6-36　习题 6-10 的图

6-11　利用真值表证明下列等式。

（1）$A\bar{B} + \bar{A}B = (\bar{A} + \bar{B})(A + B)$

（2）$A + \overline{\bar{A}(B + C)} = A + \bar{B} + \bar{C}$

（3）$ABC + AB\bar{C} + A\bar{B}C + A\bar{B}\bar{C} + \bar{A}BC + \bar{A}B\bar{C} + \bar{A}\bar{B}C + \bar{A}\bar{B}\bar{C} = 1$

（4）$A\bar{B} + B\bar{C} + C\bar{A} = \bar{A}B + \bar{B}C + \bar{C}A$

6-12　在下列各个逻辑函数表达式中，变量 A、B、C 为哪些种取值时函数值为 1?

（1）$F = AB + BC + AC$

（2）$F = (A + B)\overline{AB + B\bar{C}}$

（3）$F = ABC + A\bar{B}\bar{C} + \bar{A}\bar{B}C + \bar{A}B\bar{C}$

（4）$F = \overline{AB} + \overline{BC} + \overline{AC}$

6-13　利用公式和定理证明下列等式。

（1）$ABC + A\bar{B}C + AB\bar{C} = AB + AC$

（2）$A + A\bar{B}\bar{C} + \bar{A}CD + (\bar{C} + \bar{D})E = A + CD + E$

（3）$AB(C + D) + D + \bar{D}(A + B)(\bar{B} + \bar{C}) = A + B\bar{C} + D$

（4）$ABCD + \overline{\bar{A}\bar{B}\bar{C}\bar{D}} = \overline{\bar{A}B + \bar{B}C + \bar{C}D + \bar{D}A}$

6-14　某 4 个逻辑函数的真值表如表 6-16 所示，试分别将表中各逻辑函数用其他 4 种方法表示出来，并将各函数化简后用与非门画出逻辑图。

表 6-16　习题 6-14 的真值表

A	B	C	F_1	F_2	F_3	F_4
0	0	0	0	0	0	0
0	0	1	0	1	0	1
0	1	0	1	1	0	1
0	1	1	0	0	1	1
1	0	0	1	1	0	0
1	0	1	0	0	1	0
1	1	0	1	0	1	0
1	1	1	0	1	1	1

6-15　某逻辑函数的逻辑图如图 6-37 所示，试用其他 4 种方法表示该逻辑函数。

6-16　某逻辑函数的逻辑图如图 6-38 所示，试用其他 4 种方法表示该逻辑函数。

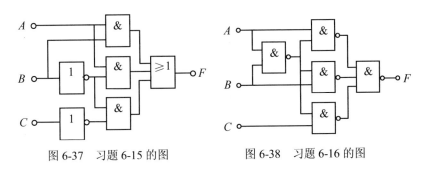

图 6-37　习题 6-15 的图　　　　图 6-38　习题 6-16 的图

6-17　用公式法将下列各逻辑函数化简成为最简与或表达式。

（1）$F = \overline{A}\overline{B}C + \overline{A}BC + AB\overline{C} + ABC$

（2）$F = \overline{A} + \overline{B} + \overline{C} + ABC$

（3）$F = AC\overline{D} + AB\overline{D} + BC + \overline{A}CD + ABD$

（4）$F = A\overline{B}C + A\overline{B} + A\overline{D} + \overline{A}D$

（5）$F = A(\overline{A} + B) + B(B + C) + B$

（6）$F = \overline{\overline{\overline{ABC} + \overline{A}\overline{B}} + BC}$

（7）$F = \overline{\overline{\overline{A}\overline{B} + ABC} + A(B + A\overline{B})}$

（8）$F = (AB + A\overline{B} + \overline{A}B)(A + B + D + \overline{A}\overline{B}\overline{D})$

6-18　用卡诺图法将下列各逻辑函数化简成为最简与或表达式。

（1）$F = AB\overline{C}D + A\overline{B}CD + A\overline{B} + A\overline{D} + A\overline{B}C$

（2）$F = A\overline{B} + BC\overline{D} + ABD + \overline{A}\overline{B}CD$

（3）$F = A\overline{B}CD + \overline{B}C\overline{D} + AB\overline{D} + BC\overline{D} + \overline{A}B\overline{C}$

（4）$F = \overline{A}\overline{B}\overline{C}D + \overline{A}\overline{B}C\overline{D} + A\overline{B}C\overline{D} + A\overline{B}C\overline{D}$

（5）$F = AB\overline{C} + \overline{AC + \overline{A}BC} + \overline{B}C$

（6）$F = (\overline{A}\overline{B} + B\overline{D})\overline{C} + BD\overline{\overline{A}\overline{C}} + \overline{D}(\overline{\overline{A} + B})$

（7）$F = \overline{ABC + BD(\overline{A} + C)} + (B + D)AC$

（8）$F = \overline{\overline{\overline{A}\overline{B}\overline{C}} + \overline{A}\overline{B}C + \overline{A}\overline{B}C + A\overline{B}C}$

6-19　将 6-17 题中各化简以后的逻辑函数转换为与非表达式，并画出相应的逻辑图。

6-20　将 6-18 题中各化简以后的逻辑函数转换为与非表达式，并画出相应的逻辑图。

第7章 组合逻辑电路

本章学习要求

- 掌握组合逻辑电路的分析与设计方法。
- 掌握利用二进制译码器和数据选择器进行逻辑设计的方法。
- 理解加法器、编码器、译码器等中规模集成电路的逻辑功能。
- 了解加法器、编码器、译码器等中规模集成电路的使用方法。

按照电路结构和工作原理的不同，通常将数字电路分为组合逻辑电路和时序逻辑电路两类。在任何时刻，电路的稳定输出只决定于同一时刻各输入变量的取值，而与电路以前的状态无关的逻辑电路，称为组合逻辑电路。组合逻辑电路具有以下特点：

（1）输出与输入之间没有反馈延时通路。

（2）电路中没有记忆单元。

本章介绍组合逻辑电路的分析和设计方法，若干典型组合逻辑电路如加法器、数值比较器、编码器、译码器、数据选择器及数据分配器的组成、工作原理及其应用。

7.1 组合逻辑电路的分析与设计

对于一个已知的逻辑电路，要研究它的工作特性和逻辑功能称为分析。反过来，对于已经确定要完成的逻辑功能，要给出相应的逻辑电路称为设计。

7.1.1 组合逻辑电路的分析

对某个给定的逻辑电路进行分析，目的是为了了解电路的工作特性、逻辑功能、设计思想，或为了评价电路的技术经济指标等。

组合逻辑电路的分析可以按以下步骤进行：

（1）根据给定的逻辑图，写出各输出端的逻辑表达式。其方法通常是从输入端开始，依次逐级写出各个门电路的逻辑表达式，最后写出各个输出端的逻辑表达式。

（2）将得到的逻辑表达式进行化简或变换。

（3）由简化的逻辑表达式列出真值表。

（4）根据真值表和逻辑表达式对逻辑电路进行分析，判断该电路所能完成的逻辑功能，作出简要的文字描述，或进行改进设计。

例7-1　分析图 7-1 所示组合逻辑电路的逻辑功能。

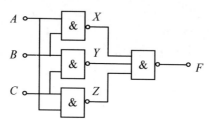

图 7-1　例 7-1 的逻辑电路

解　（1）由逻辑图写出逻辑表达式。先写出各个门电路的输出表达式，再写出总的逻辑表达式为：

$$X = \overline{AB}$$
$$Y = \overline{BC}$$
$$Z = \overline{AC}$$
$$F = \overline{XYZ} = \overline{\overline{AB} \; \overline{BC} \; \overline{AC}}$$

（2）将逻辑表达式进行化简及变换，即：

$$F = \overline{\overline{AB} \; \overline{BC} \; \overline{AC}} = AB + BC + AC$$

（3）列出真值表，如表 7-1 所示。

表 7-1　例 7-1 的真值表

A	B	C	F
0	0	0	0
0	0	1	0
0	1	0	0
0	1	1	1
1	0	0	0
1	0	1	1
1	1	0	1
1	1	1	1

（4）电路逻辑功能的描述。由表 7-1 可知，当 3 个输入变量 A、B、C 中有 2 个或 3 个为 1 时，输出 F 为 1，否则输出 F 为 0。所以这个电路实际上是一种 3 人表决用的组合逻辑电路：即只要有 2 票或 3 票同意，表决就通过。

例 7-2   分析图 7-2 所示的逻辑电路，并用与非门改进设计。

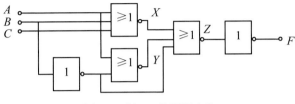

图 7-2   例 7-2 的逻辑电路

解   （1）由逻辑图写出逻辑表达式为：

$$X = \overline{A + B + C}$$

$$Y = \overline{A + \overline{\overline{B}}}$$

$$Z = \overline{X + Y + \overline{\overline{B}}}$$

$$F = \overline{Z} = X + Y + \overline{B} = \overline{A + B + C} + \overline{A + \overline{\overline{B}}} + \overline{B}$$

（2）将逻辑表达式化简及变换后得：

$$F = \overline{A}\,\overline{B}\,\overline{C} + \overline{A}B + \overline{B} = \overline{A}B + \overline{B} = \overline{A} + \overline{B}$$

（3）列真值表，如表 7-2 所示。

表 7-2   例 7-2 的真值表

A	B	C	F
0	0	0	1
0	0	1	1
0	1	0	1
0	1	1	1
1	0	0	1
1	0	1	1
1	1	0	0
1	1	1	0

（4）电路逻辑功能的描述。由化简后的逻辑表达式或表 7-2 可知，电路的输出 F 只与输入 A、B 有关，而与输入 C 无关。F 和 A、B 的逻辑关系为：A、B 中有 0 时 $F = 1$；A、B 全为 1 时 $F = 0$。所以 F 和 A、B 的逻辑关系为与非关系。

（5）用与非门改进设计。将函数的最简表达式写成与非表达式：

$$F = \overline{A} + \overline{B} = \overline{AB}$$

其改进后的逻辑图如图 7-3 所示。

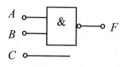

图 7-3　图 7-2 的改进电路

例 7-3　分析图 7-4 所示组合逻辑电路的逻辑功能。

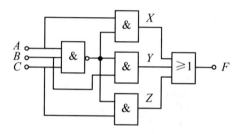

图 7-4　例 7-3 的逻辑电路

解　（1）由逻辑图写出逻辑表达式为：

$$X = A\overline{ABC}$$

$$Y = B\overline{ABC}$$

$$Z = C\overline{ABC}$$

$$F = \overline{X + Y + Z} = \overline{A\overline{ABC} + B\overline{ABC} + C\overline{ABC}}$$

（2）将逻辑表达式化简及变换：

$$F = \overline{A\overline{ABC} + B\overline{ABC} + C\overline{ABC}}$$

$$= \overline{(A + B + C)(\overline{A} + \overline{B} + \overline{C})}$$

$$= \overline{A}\,\overline{B}\,\overline{C} + ABC$$

（3）列出真值表，如表 7-3 所示。

（4）电路逻辑功能的描述。由表 7-3 可知，当 3 个输入变量 A、B、C 取值一致时，输出 $F = 1$，否则输出 $F = 0$。所以这个电路可以判断 3 个输入变量的取值是否一致，故称为判一致电路。

表 7-3　例 7-3 的真值表

A	B	C	F
0	0	0	1
0	0	1	0
0	1	0	0
0	1	1	0
1	0	0	0
1	0	1	0
1	1	0	0
1	1	1	1

例 7-4　分析图 7-5 所示组合逻辑电路的逻辑功能。

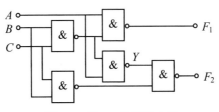

图 7-5　例 7-4 的逻辑电路

解　（1）由逻辑图写出逻辑表达式。

$$F_1 = \overline{A\ \overline{\overline{BC}}}$$

$$F_2 = \overline{\overline{A\ \overline{BC}}\ \overline{BC}}$$

（2）将逻辑表达式化简及变换。

$$F_1 = \overline{A} + BC$$

$$F_2 = A\ \overline{BC} + BC = A + BC$$

（3）列出真值表，如表 7-4 所示。

表 7-4　例 7-4 的真值表

A	B	C	F_1	F_2
0	0	0	1	0
0	0	1	1	0
0	1	0	1	0
0	1	1	1	1
1	0	0	0	1
1	0	1	0	1
1	1	0	0	1
1	1	1	1	1

（4）电路逻辑功能的描述。由表 7-4 可知，当 3 个输入变量 A、B、C 表示的二进制数小于或等于 2 时，$F_1 = 1$；当这个二进制数在 4 和 6 之间时，$F_2 = 1$；而当这个二进制数等于 3 或等于 7 时 F_1 和 F_2 都为 1。因此，这个逻辑电路可以用来判别输入的 3 位二进制数数值的范围。

7.1.2　组合逻辑电路的设计

组合逻辑电路的设计过程正好与分析过程相反，它是根据给定的逻辑功能要求，找出用最少门电路来实现该逻辑功能的电路。

组合逻辑电路的设计一般可按以下步骤进行：

（1）分析给定的实际逻辑问题，根据设计的逻辑要求列出真值表。

（2）根据真值表写出组合逻辑电路的逻辑函数表达式并化简。

（3）根据集成芯片的类型变换逻辑函数表达式并画出逻辑图。

这三个设计步骤中，最关键的是第一步，即根据逻辑要求列真值表。任何逻辑问题，只要能列出它的真值表，就能把逻辑电路设计出来。实际逻辑问题往往是用文字描述的，设计者必须对问题的文字描述进行全面的分析，弄清楚什么作为输入变量，什么作为输出函数，以及它们之间的相互关系，才能对每一种可能的情况都能做出正确的判断。然后采用穷举法，列出变量可能出现的所有情况，并进行状态赋值，即用 0、1 表示输入变量和输出函数的相应状态，从而列出所需的真值表。

例 7-5　设计一个楼上、楼下开关的控制逻辑电路来控制楼梯上的电灯，使之在上楼前，用楼下开关打开电灯，上楼后，用楼上开关关灭电灯；或者在下楼前，用楼上开关打开电灯，下楼后，用楼下开关关灭电灯。

解　（1）分析给定的实际逻辑问题，根据设计的逻辑要求列出真值表。

在实际中，可用两个单刀双掷开关完成这一简单的逻辑功能，如图 7-6 所示。

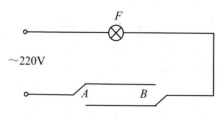

图 7-6　例 7-5 的实际电路图

设输入变量为 A、B，分别代表楼上开关和楼下开关；输出函数为 F，代表灯泡。并设 A、B 掷向上方时为 1，掷向下方时为 0；灯亮时 F 为 1，灯灭时 F 为 0。

根据逻辑要求列出真值表，如表 7-5 所示。

表 7-5　例 7-5 的真值表

A	B	F
0	0	1
0	1	0
1	0	0
1	1	1

（2）根据真值表写出逻辑函数的表达式并化简。

由表 7-5 可直接写出逻辑表达式为：

$$F = \overline{A}\,\overline{B} + AB$$

此式已为最简表达式。

（3）根据集成芯片的类型变换逻辑函数表达式并画出逻辑图。

若用与非门实现，将函数表达式变换为：

$$F = \overline{\overline{\overline{A}\,\overline{B}}\ \overline{\overline{AB}}}$$

逻辑图如图 7-7 所示。

因为：

$$F = \overline{A}\,\overline{B} + AB = \overline{\overline{\overline{A}B + A\overline{B}}} = \overline{A \oplus B}$$

异或运算的非运算称为同或运算，同或门的逻辑符号如图 7-8 所示。所以该电路也可以用一个同或门实现。

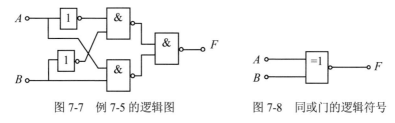

图 7-7　例 7-5 的逻辑图　　　　图 7-8　同或门的逻辑符号

例 7-6　交通信号灯有红、绿、黄 3 种，3 种灯分别单独工作或黄、绿灯同时工作时属正常情况，其他情况均属故障，要求出现故障时输出报警信号。试用与非门设计一个交通报警控制电路。

解　（1）根据逻辑要求列真值表。

设输入变量为 A、B、C，分别代表红、绿、黄 3 种灯，灯亮时其值为 1，灯灭时其值为 0；输出报警信号用 F 表示，灯正常工作时其值为 0，灯出现故障时其值为 1。则该报警控制电路的真值表如表 7-6 所示。

表 7-6　例 7-6 的真值表

A	B	C	F
0	0	0	1
0	0	1	0
0	1	0	0
0	1	1	0
1	0	0	0
1	0	1	1
1	1	0	1
1	1	1	1

（2）写逻辑表达式并化简。

由表 7-6 可得函数 F 的与或表达式为：

$$F = \overline{A}\,\overline{B}\,\overline{C} + A\overline{B}C + AB\overline{C} + ABC$$
$$= \overline{A}\,\overline{B}\,\overline{C} + AB + AC$$

（3）将函数表达式变换为与非表达式，画出逻辑图，见图 7-9。

$$F = \overline{\overline{\overline{A}\,\overline{B}\,\overline{C}}\ \overline{AB}\ \overline{AC}}$$

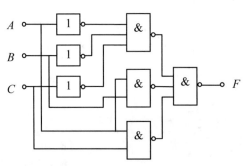

图 7-9　例 7-6 的逻辑图

例 7-7　旅客列车按发车的优先级别依次分为特快、直快和普客 3 种，若有多列列车同时发出发车的请求，则只允许其中优先级别最高的列车发车。试设计一个优先发车的排队逻辑电路。

解　（1）根据逻辑要求列真值表。

这是一个有多个输出的逻辑问题。设输入变量为 A、B、C，分别代表特快、直快和普客 3 种列车，有发车请求时其值为 1，无发车请求时其值为 0。输出发车信号分别用 F_1、F_2、F_3 表示，$F_1 = 1$ 表示允许特快列车发车，$F_2 = 1$ 表示允许直快列车发车，$F_3 = 1$ 表示允许普客列车发车。根据 3 种列车发车的优先级别，可列出该优先发车的排队逻辑电路的真值表，如表 7-7 所示。

表 7-7　例 7-7 的真值表

A	B	C	F_1	F_2	F_3
0	0	0	0	0	0
0	0	1	0	0	1
0	1	0	0	1	0
0	1	1	0	1	0
1	0	0	1	0	0
1	0	1	1	0	0
1	1	0	1	0	0
1	1	1	1	0	0

（2）写逻辑表达式并化简。

由表 7-7 可得 3 个输出发车信号 F_1、F_2、F_3 的逻辑表达式分别为：

$$F_1 = A\overline{B}\,\overline{C} + A\overline{B}C + AB\overline{C} + ABC = A$$

$$F_2 = \overline{A}B\overline{C} + \overline{A}BC = \overline{A}B$$

$$F_3 = \overline{A}\,\overline{B}C$$

（3）画出逻辑图，见图 7-10。

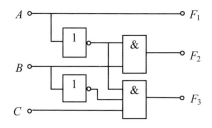

图 7-10　例 7-7 的逻辑图

例 7-8　使用与非门设计一个 3 输入、3 输出的组合逻辑电路。输出 F_1、F_2、F_3 为 3 个工作台，由 3 个输入信号 A、B、C 控制，每个工作台必须接收到两个信号才能工作：当 A、B 有信号时 F_1 工作，B、C 有信号时 F_2 工作，C、A 有信号时 F_3 工作。

解　（1）根据逻辑要求列真值表。

设 A、B、C 有信号时其值为 1，无信号时其值为 0；F_1、F_2、F_3 工作时其值为 1，不工作时其值为 0。根据要求，可列出该问题的真值表，如表 7-8 所示。

表 7-8　例 7-8 的真值表

A	B	C	F_1	F_2	F_3
0	0	0	0	0	0
0	0	1	0	0	0
0	1	0	0	0	0
0	1	1	0	1	0
1	0	0	0	0	0
1	0	1	0	0	1
1	1	0	1	0	0
1	1	1	1	1	1

（2）写逻辑表达式并化简。

由表 7-8 可得三个输出 F_1、F_2、F_3 的逻辑表达式分别为：

$$F_1 = AB\overline{C} + ABC = AB$$

$$F_2 = \overline{A}BC + ABC = BC$$

$$F_3 = A\overline{B}C + ABC = CA$$

（3）画出逻辑图，见图 7-11。

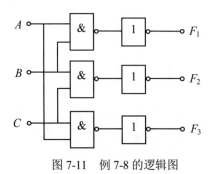

图 7-11　例 7-8 的逻辑图

7.2　加法器与数值比较器

7.2.1　加法器

能实现二进制加法运算的逻辑电路称为加法器。在各种数字系统尤其是在计算机中，二进制加法器是基本部件之一。

1. 半加器

能对两个 1 位二进制数相加而求得和及进位的逻辑电路称为半加器。

设两个加数分别用 A_i、B_i 表示，和用 S_i 表示，向高位的进位用 C_i 表示。根据半加器的功能及二进制加法运算规则，可以列出半加器的真值表，如表 7-9 所示。由真值表可得半加器的逻辑表达式为：

$$S_i = \overline{A_i} B_i + A_i \overline{B_i} = A_i \oplus B_i$$
$$C_i = A_i B_i$$

表 7-9　半加器的真值表

输入		输出	
A_i	B_i	S_i	C_i
0	0	0	0
0	1	1	0
1	0	1	0
1	1	0	1

根据上述逻辑表达式，可画出半加器的逻辑图，如图 7-12（a）所示。图 7-12（b）所示为半加器的逻辑符号。

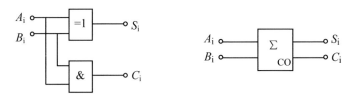

（a）半加器的逻辑图　　　　　　　（b）半加器的逻辑符号

图 7-12　半加器的逻辑图和逻辑符号

2. 全加器

能对两个 1 位二进制数相加并考虑低位来的进位，即相当于 3 个 1 位二进制数相加，求得和及进位的逻辑电路称为全加器。

设两个加数分别用 A_i、B_i 表示，低位来的进位用 C_{i-1} 表示，和用 S_i 表示，向高位的进位用 C_i 表示。根据全加器的逻辑功能及二进制加法运算规则，可以列出全加器的真值表，如表 7-10 所示。

表 7-10　全加器的真值表

输	入		输	出
A_i	B_i	C_{i-1}	S_i	C_i
0	0	0	0	0
0	0	1	1	0
0	1	0	1	0
0	1	1	0	1
1	0	0	1	0
1	0	1	0	1
1	1	0	0	1
1	1	1	1	1

由真值表可得 S_i 和 C_i 的逻辑表达式为：

$$S_i = \overline{A_i}\,\overline{B_i}C_{i-1} + \overline{A_i}B_i\overline{C_{i-1}} + A_i\overline{B_i}\,\overline{C_{i-1}} + A_iB_iC_i$$

$$C_i = \overline{A_i}B_iC_{i-1} + A_i\overline{B_i}C_{i-1} + A_iB_i\overline{C_{i-1}} + A_iB_iC_{i-1}$$

利用逻辑代数可将逻辑表达式化简，并画出相应的逻辑图。但由于全加器实际上常用异或门或半加器构成，因此，需将逻辑表达式作适当的变换。

$$S_i = \overline{A_i}\,\overline{B_i}C_{i-1} + \overline{A_i}B_i\overline{C_{i-1}} + A_i\overline{B_i}\,\overline{C_{i-1}} + A_iB_iC_i$$

$$= \overline{A_i}(\overline{B_i}C_{i-1} + B_i\overline{C_{i-1}}) + A_i(\overline{B_i}\,\overline{C_{i-1}} + B_iC_i)$$

$$\overline{A_i}(B_i \oplus C_{i-1}) + A_i(\overline{B_i \oplus C_{i-1}})$$

$$= A_i \oplus B_i \oplus C_{i-1}$$

$$C_i = \overline{A_i}B_iC_{i-1} + A_i\overline{B_i}C_{i-1} + A_iB_i\overline{C_{i-1}} + A_iB_iC_{i-1}$$

$$= (\overline{A_i}B_i + A_i\overline{B_i})C_{i-1} + A_iB_i(\overline{C_{i-1}} + C_{i-1})$$

$$= (A_i \oplus B_i)C_{i-1} + A_iB_i$$

$$= \overline{\overline{(A_i \oplus B_i)C_{i-1}}\ \overline{A_iB_i}}$$

不直接写出 C_i 的最简与或表达式，是为了得到 $A_i \oplus B_i$ 项，从而使整个电路更加简单。根据上述逻辑表达式，可画出全加器的逻辑图，如图 7-13（a）所示。图 7-13（b）所示为全加器的逻辑符号。

利用全加器可以构成多位数的加法器。把 n 个全加器串联起来，低位全加器的进位输出连接到相邻的高位全加器的进位输入，便构成了 n 位的加法器。图 7-14 所示为这种结构的 4 位加法器的逻辑图。这种加法器任一位的加法运算，都必须等到低位的运算完成后，送来进位时才能进行，因此运算速度不高。这种结构的多位数加法器称为串行进位加法器。中规模集成 4 位加法器 74LS83 就是串行进位加法器。

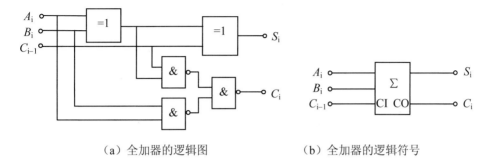

（a）全加器的逻辑图　　　　　　　　（b）全加器的逻辑符号

图 7-13　全加器的逻辑图和逻辑符号

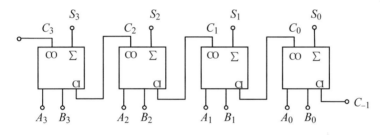

图 7-14　4 位串行进位加法器的构成

为了提高运算速度，在设计上采用超前进位的方法，即每一位的进位根据各位的输入预先形成，而不需要等到低位的进位送来后才形成，这种结构的多位数加法器称为超前进位加法器。中规模集成 4 位超前进位加法器 74LS283、CC4008 的引脚排列图如图 7-15 所示。

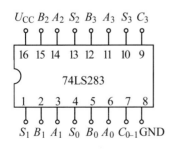

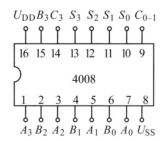

（a）TTL 加法器 74LS283 的引脚图　　　（b）CMOS 加法器 4008 的引脚图

图 7-15　集成 4 位二进制超前进位加法器引脚排列图

7.2.2　数值比较器

在各种数字系统尤其是在计算机中，经常需要对两个二进制数进行大小比较，然后根据比较结果转向执行某种操作。用来完成两个二进制数大小比较的逻辑电路称为数值比较器，简称比较器。在数字电路中，数值比较器的输入是要进行比较的两个二进制数，输出是比较的结果。

两个 1 位二进制数进行比较，输入信号是两个要进行比较的 1 位二进制数，现用 A、B 表示；输出是比较结果，有三种情况：$A > B$、$A < B$ 和 $A = B$，现分别用 F_1、F_2 和 F_3 表示。设 $A > B$ 时 $F_1 = 1$；$A < B$ 时 $F_2 = 1$；$A = B$ 时 $F_3 = 1$。由此可列出 1 位数值比较器的真值表，如表 7-11 所示。根据此表可写出各个输出的逻辑表达式：

$$F_1 = A\overline{B}$$

$$F_2 = \overline{A}B$$

$$F_3 = \overline{\overline{A}\,\overline{B}} + AB = \overline{\overline{A}B + A\overline{B}}$$

表 7-11　1 位数值比较器的真值表

输　入		输　　　出		
A	B	$F_1(A>B)$	$F_2(A<B)$	$F_3(A=B)$
0	0	0	0	1
0	1	0	1	0
1	0	1	0	0
1	1	0	0	1

由以上逻辑表达式可画出 1 位数值比较器的逻辑图，如图 7-16 所示。

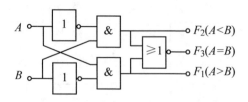

图 7-16　1 位数值比较器的逻辑图

图 7-17（a）、（b）所示是集成 4 位数值比较器 74LS85、CC4585 的引脚排列图。

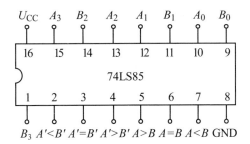

（a）TTL 数值比较器 74LS85 的引脚图

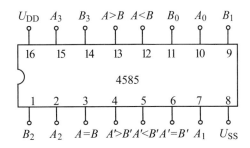

（b）CMOS 数值比较器 4585 的引脚图

图 7-17 集成 4 位数值比较器的引脚排列图

7.3 编码器

用数字或某种文字和符号来表示某一对象或信号的过程称为编码。实现编码操作的电路称为编码器。用十进制编码或用某种文字和符号编码，难于用电路来实现。在数字电路中，一般用的是二进制编码。二进制只有 0 和 1 两个数码，可以把若干个 0 和 1 按一定规律编排起来组成不同的代码（二进制数）来表示某一对象或信号。一位二进制代码有 0 和 1 两种，可以表示两个信号；两位二进制代码有 00、01、10、11 四种，可以表示 4 个信号；n 位二进制代码有 2^n 种，可以表示 2^n 个信号。这种二进制编码在电路上容易实现。

按照编码工作的不同特点，可以将编码器分为二进制编码器、二-十进制编码器和优先编码器等种类。

7.3.1 二进制编码器

用 n 位二进制代码来表示 $N = 2^n$ 个信号的电路称为二进制编码器。二进制编码器输入有 $N = 2^n$ 个信号，输出为 n 位二进制代码。根据编码器输出代码的位数，二进制编码器可分为 3 位二进制编码器、4 位二进制编码器等。

3 位二进制编码器是把 8 个输入信号 $I_0 \sim I_7$ 编成对应的 3 位二进制代码输出。因为输入有 8 个信号，要求有 8 种状态，所以输出的是 3 位（$2^n = 8$，$n = 3$）二进制代码。这种编码器通常称为 8/3 线编码器。

用 3 位二进制代码表示 8 个信号的方案很多，现分别用 $000 \sim 111$ 表示 $I_0 \sim I_7$。其真值表如表 7-12 所示。由真值表得各个输出的逻辑表达式为：

$$Y_2 = I_4 + I_5 + I_6 + I_7$$
$$Y_1 = I_2 + I_3 + I_6 + I_7$$
$$Y_0 = I_1 + I_3 + I_5 + I_7$$

表 7-12　3 位二进制编码器的编码表

输入	输　出		
	Y_2	Y_1	Y_0
I_0	0	0	0
I_1	0	0	1
I_2	0	1	0
I_3	0	1	1
I_4	1	0	0
I_5	1	0	1
I_6	1	0	0
I_7	1	1	1

为此，上述的 8/3 线编码器可用 3 个或门来构成。若要用与非门来构成，则应将这些逻辑表达式转换为与非形式。

$$Y_2 = \overline{\overline{I_4 + I_5 + I_6 + I_7}} = \overline{\overline{I_4}\,\overline{I_5}\,\overline{I_6}\,\overline{I_7}}$$
$$Y_1 = \overline{\overline{I_2 + I_3 + I_6 + I_7}} = \overline{\overline{I_2}\,\overline{I_3}\,\overline{I_6}\,\overline{I_7}}$$
$$Y_0 = \overline{\overline{I_1 + I_3 + I_5 + I_7}} = \overline{\overline{I_1}\,\overline{I_3}\,\overline{I_5}\,\overline{I_7}}$$

逻辑图如图 7-18 所示。输入信号一般不允许出现两个或两个以上同时输入。例如，当 $I_1 = 1$，其余为 0 时，则输出为 001；当 $I_6 = 1$，其余为 0 时，则输出为 110。二进制代码 001 和 110 分别表示输入信号 I_1 和 I_6。图中 I_0 的编码是隐含着的，即当 $I_1 \sim I_7$ 均为 0 时，编码器的输出就是 I_0 的编码 000。

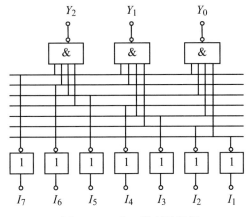

图 7-18　3 位二进制编码器

7.3.2　二－十进制编码器

将十进制的 10 个数码 0～9 编成二进制代码的逻辑电路称为二－十进制编码器。其工作原理与二进制编码器并无本质区别。因为输入有 10 个数码，要求有 10 种状态，而 3 位二进制代码只有 8 种状态，所以输出需用 4 位（$2^n > 10$，取 $n = 4$）二进制代码。这种编码器通常称为 10/4 线编码器。

设输入的 10 个数码分别用 I_0～I_9 表示，输出的二进制代码分别为 Y_3、Y_2、Y_1、Y_0。4 位二进制代码共有 16 种状态，其中任何 10 种状态都可以表示 0～9 这 10 个数码，方案很多。最常用的是以 8421 码编码方式，就是在 4 位二进制代码的 16 种状态中，取出前面 10 种状态，后面 6 种状态去掉，真值表如表 7-13 所示。

表 7-13　8421 码编码器的真值表

输　　入	输　　　　出			
I	Y_3	Y_2	Y_1	Y_0
0(I_0)	0	0	0	0
1(I_1)	0	0	0	1
2(I_2)	0	0	1	0
3(I_3)	0	0	1	1
4(I_4)	0	1	0	0
5(I_5)	0	1	0	1
6(I_6)	0	1	1	0
7(I_7)	0	1	1	1
8(I_8)	1	0	0	0
9(I_9)	1	0	0	1

由真值表可写出各输出函数的逻辑表达式为：

$$Y_3 = I_8 + I_9 = \overline{\overline{I_8}\,\overline{I_9}}$$

$$Y_2 = I_4 + I_5 + I_6 + I_7 = \overline{\overline{I_4}\,\overline{I_5}\,\overline{I_6}\,\overline{I_7}}$$

$$Y_1 = I_2 + I_3 + I_6 + I_7 = \overline{\overline{I_2}\,\overline{I_3}\,\overline{I_6}\,\overline{I_7}}$$

$$Y_0 = I_1 + I_3 + I_5 + I_7 + I_9 = \overline{\overline{I_1}\,\overline{I_3}\,\overline{I_5}\,\overline{I_7}\,\overline{I_9}}$$

逻辑图如图 7-19 所示。图中 I_0 也是隐含着的，即当 $I_1 \sim I_9$ 均为 0 时，编码器的输出就是 I_0 的编码 0000。

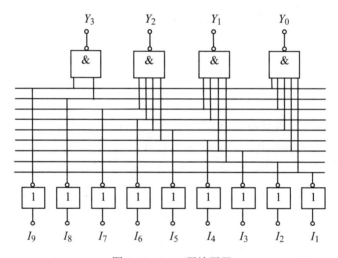

图 7-19　8421 码编码器

7.3.3　优先编码器

前面介绍的编码器，由于某一时刻只能对一个输入信号进行编码，因此，不允许同一时刻有两个或两个以上的信号输入。但在数字系统中，实际上还常常会出现同一时刻有多个信号输入的情况。例如计算机有许多输入设备，可能多台设备同时向主机发出中断请求，希望输入数据。这就要求主机能自动识别这些请求信号的优先级别，按次序进行编码。能根据输入信号的优先级别进行编码的电路称为优先编码器。

在优先编码器中，允许几个信号同时输入，但是电路只对其中优先级别最高的信号进行编码，不理睬优先级别低的信号，或者说优先级别低的信号不起作用。也就是说，在优先编码器中是优先级别高的信号排斥优先级别低的信号，即具有单方面排斥的特性。至于优先级别的高低，则完全是由设计者根据各个输入信号的轻重缓急情况决定的。

3 位二进制优先编码器的输入是 8 个要进行优先编码的信号 $I_0 \sim I_7$，设 I_7 的优先级别最高，I_6 次之，依此类推，I_0 最低，并分别用 000～111 表示 $I_0 \sim I_7$。根据优先级别高的信号排斥级别低的信号的特点，即可列出优先编码器的真值表，即优先编码表，如表 7-14 所示。表中的"×"表示变量的取值可以任意，既可为 0，也可为 1。

表7-14　3位二进制优先编码表

输　　　　　　　　　入								输　　　出		
I_7	I_6	I_5	I_4	I_3	I_2	I_1	I_0	Y_2	Y_1	Y_0
1	×	×	×	×	×	×	×	1	1	1
0	1	×	×	×	×	×	×	1	1	0
0	0	1	×	×	×	×	×	1	0	1
0	0	0	1	×	×	×	×	1	0	0
0	0	0	0	1	×	×	×	0	1	1
0	0	0	0	0	1	×	×	0	1	0
0	0	0	0	0	0	1	×	0	0	1
0	0	0	0	0	0	0	1	0	0	0

由表 7-14 可得：

$$Y_2 = I_7 + \bar{I}_7 I_6 + \bar{I}_7 \bar{I}_6 I_5 + \bar{I}_7 \bar{I}_6 \bar{I}_5 I_4$$
$$= I_7 + I_6 + I_5 + I_4$$
$$Y_1 = I_7 + \bar{I}_7 I_6 + \bar{I}_7 \bar{I}_6 \bar{I}_5 \bar{I}_4 I_3 + \bar{I}_7 \bar{I}_6 \bar{I}_5 \bar{I}_4 \bar{I}_3 I_2$$
$$= I_7 + I_6 + \bar{I}_5 \bar{I}_4 I_3 + \bar{I}_5 \bar{I}_4 I_2$$
$$Y_0 = I_7 + \bar{I}_7 \bar{I}_6 I_5 + \bar{I}_7 \bar{I}_6 \bar{I}_5 \bar{I}_4 I_3 + \bar{I}_7 \bar{I}_6 \bar{I}_5 \bar{I}_4 \bar{I}_3 \bar{I}_2 I_1$$
$$= I_7 + \bar{I}_6 I_5 + \bar{I}_6 \bar{I}_4 I_3 + \bar{I}_6 \bar{I}_4 \bar{I}_2 I_1$$

根据上述表达式即可画出如图 7-20 所示逻辑图，其中 I_0 的编码也是隐含的。

因为 3 位二进制优先编码器有 8 根输入编码信号线、3 根输出代码信号线，所以又叫做 8/3 线优先编码器。

如果要求输出、输入均为反变量，即为低电平有效，则只要在图 7-20 中的每一个输出端和输入端都加上反相器就可以了。图 7-21 所示是 TTL 集成 8/3 线优先编码器 74LS148 的引脚排列图，其输出、输入均为低电平有效。

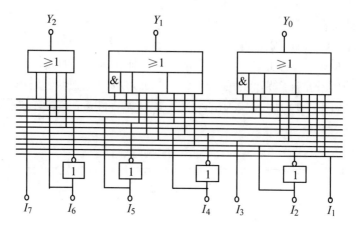

图 7-20　3 位二进制优先编码器

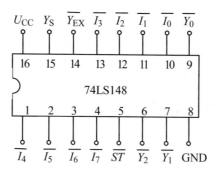

图 7-21　74LS148 的引脚图

7.4　译码器

译码是编码的逆过程。在编码时，每一种二进制代码状态都赋予了特定的含义，即都表示了一个确定的信号或者对象。把代码状态的特定含义翻译出来的过程称为译码，实现译码操作的电路称为译码器。或者说，译码器是将输入二进制代码的状态翻译成输出信号，以表示其原来含义的电路。实际上，译码器是通过输出端的逻辑电平来识别不同的代码。

译码器的种类很多，有二进制译码器、二一十进制译码器和显示译码器等。各种译码器的工作原理类似，设计方法也相同。

7.4.1　二进制译码器

把二进制代码的各种状态，按照其原意翻译成对应输出信号的电路，称为二进制译码器。显然，若二进制译码器的输入端为 n 个，则输出端为 $N = 2^n$ 个，且对应于输入代码的每一种状态，2^n 个输出中只有一个为 1（或为 0），其余全为 0（或为 1）。因为二进制译码器可以译出输入变量的全部状态，故又称为变量译码器。

设输入的是 3 位二进制代码 $A_2A_1A_0$，由于 $n = 3$，而 3 位二进制代码可表示 8 种不同的状态，所以输出的必须是 8 个译码信号，设 8 个输出信号分别为 $Y_0 \sim Y_7$。每个输出代表输入的一种组合，并设 $A_2A_1A_0 = 000$ 时，$Y_0 = 1$，其余输出为 0；$A_2A_1A_0 = 001$ 时，$Y_1 = 1$，其余输出为 0；…；$A_2A_1A_0 = 111$ 时，$Y_7 = 1$，其余输出为 0。由此可列出 3 位二进制译码器的真值表，如表 7-15 所示。

表 7-15　3 位二进制译码器的真值表

输		入	输				出			
A_2	A_1	A_0	Y_0	Y_1	Y_2	Y_3	Y_4	Y_5	Y_6	Y_7
0	0	0	1	0	0	0	0	0	0	0
0	0	1	0	1	0	0	0	0	0	0
0	1	0	0	0	1	0	0	0	0	0
0	1	1	0	0	0	1	0	0	0	0
1	0	0	0	0	0	0	1	0	0	0
1	0	1	0	0	0	0	0	1	0	0
1	1	0	0	0	0	0	0	0	1	0
1	1	1	0	0	0	0	0	0	0	1

由真值表可得各输出信号的逻辑表达式为：

$$Y_0 = \overline{A_2}\,\overline{A_1}\,\overline{A_0}$$
$$Y_1 = \overline{A_2}\,\overline{A_1}\,A_0$$
$$Y_2 = \overline{A_2}\,A_1\,\overline{A_0}$$
$$Y_3 = \overline{A_2}\,A_1\,A_0$$
$$Y_4 = A_2\,\overline{A_1}\,\overline{A_0}$$
$$Y_5 = A_2\,\overline{A_1}\,A_0$$
$$Y_6 = A_2\,A_1\,\overline{A_0}$$
$$Y_7 = A_2\,A_1\,A_0$$

根据这些逻辑表达式画出的逻辑图见图 7-22。由于译码器各个输出信号表达式的基本形式是有关输入信号的与运算，所以它的逻辑图是由与门组成的阵列，这也是译码器基本电路结构的一个显著特点。

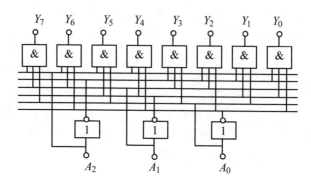

图 7-22　3 位二进制译码器

　　因为 3 位二进制译码器有 3 个输入端，8 个输出端，故又称之为 3/8 线译码器，也称为 3 变量译码器。

　　如果把图 7-22 所示电路的与门换成与非门，那么所得到的就是由与非门构成的输出为反变量（低电平有效）的 3 位二进制译码器。

　　常用的中规模集成二进制译码器有双 2/4 线译码器、3/8 线译码器、4/16 线译码器等。为了便于扩展译码器的输入变量，集成译码器常常带有若干个选通控制端（也叫使能端或允许端）。

　　图 7-23 是带选通控制端的集成 3/8 线译码器 74LS138 的引脚排列图和逻辑功能示意图，其中 A_2、A_1、A_0 为二进制译码输入端，$\overline{Y}_7 \sim \overline{Y}_0$ 为译码输出端（低电平有效），S_1、$\overline{S}_2$、$\overline{S}_3$ 为选通控制端。当 $S_1 = 1$、$\overline{S}_2 + \overline{S}_3 = 0$ 时，译码器处于译码状态；当 $S_1 = 0$、$\overline{S}_2 + \overline{S}_3 = 1$ 时，译码器处于禁止状态。74LS138 的真值表如表 7-16 所示。

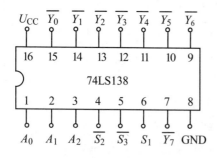

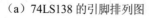

（a）74LS138 的引脚排列图

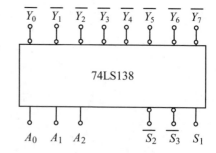

（b）74LS138 的逻辑功能示意图

图 7-23　集成 3/8 线译码器 74LS138 的引脚排列图和逻辑功能示意图

表 7-16 集成 3 线-8 线译码器 74LS138 的真值表

输		入			输			出				
使	能	选		择								
S_1	$\overline{S_2} + \overline{S_3}$	A_2	A_1	A_0	$\overline{Y_7}$	$\overline{Y_6}$	$\overline{Y_5}$	$\overline{Y_4}$	$\overline{Y_3}$	$\overline{Y_2}$	$\overline{Y_1}$	$\overline{Y_0}$
×	1	×	×	×	1	1	1	1	1	1	1	1
0	×	×	×	×	1	1	1	1	1	1	1	1
1	0	0	0	0	1	1	1	1	1	1	1	0
1	0	0	0	1	1	1	1	1	1	1	0	1
1	0	0	1	0	1	1	1	1	1	0	1	1
1	0	0	1	1	1	1	1	1	0	1	1	1
1	0	1	0	0	1	1	1	0	1	1	1	1
1	0	1	0	1	1	1	0	1	1	1	1	1
1	0	1	1	0	1	0	1	1	1	1	1	1
1	0	1	1	1	0	1	1	1	1	1	1	1

　　二进制译码器的应用很广。例如在微机控制系统中，一台微机同时控制多台对象时，就是通过二进制译码器选中不同通道的：在程序执行过程中，当计算机地址总线输出一组地址码时，经过二进制译码器译码，其中一条输出线有信号输出，控制对应通道工作，计算机给出不同的地址码，经译码后选中不同的通道对象工作。除此以外，二进制译码器还可作为数据分配器使用，若和门电路配合，还可用来产生逻辑函数等。

　　例 7-9 用 3/8 线译码器 74LS138 和两个与非门实现全加器。

　　解 因为二进制译码器可以译出输入变量的全部状态，而任一组合逻辑函数总能表示成与变量状态相应的乘积项之和的形式，所以，由二进制译码器加上或门或者与非门（用或门还是用与非门，应视二进制译码器的输出是高电平有效还是低电平有效），即可实现任何组合逻辑函数。

　　全加器的函数表达式为：

$$S_i = \overline{A_i}\,\overline{B_i}C_{i-1} + \overline{A_i}B_i\overline{C_{i-1}} + A_i\overline{B_i}\,\overline{C_{i-1}} + A_i\overline{B_i}C_i$$

$$C_i = \overline{A_i}B_iC_{i-1} + A_i\overline{B_i}C_{i-1} + A_iB_i\overline{C_{i-1}} + A_iB_iC_{i-1}$$

　　将输入变量 A_i、B_i、C_{i-1} 分别对应地接到译码器的输入端 A_2、A_1、A_0，由上述逻辑表达式及表 7-16 所示的真值表可得：

$$\overline{Y_1} = \overline{A_i}\,\overline{B_i}C_{i-1}$$

$$\overline{Y_2} = \overline{A_i}B_i\overline{C_{i-1}}$$

$$\overline{Y_3} = \overline{A_i}B_iC_{i-1}$$

$$\overline{Y_4} = A_i\overline{B_i}\,\overline{C_{i-1}}$$

$$\overline{Y_5} = A_i \overline{B_i} C_{i-1}$$

$$\overline{Y_6} = A_i B_i \overline{C_{i-1}}$$

$$\overline{Y_7} = A_i B_i C_{i-1}$$

因此得出：

$$S_i = Y_1 + Y_2 + Y_4 + Y_7 = \overline{\overline{Y_1}\,\overline{Y_2}\,\overline{Y_4}\,\overline{Y_7}}$$

$$C_i = Y_3 + Y_5 + Y_6 + Y_7 = \overline{\overline{Y_3}\,\overline{Y_5}\,\overline{Y_6}\,\overline{Y_7}}$$

用 3/8 线译码器 74LS138 和两个与非门便可实现上列函数，如图 7-24 所示。

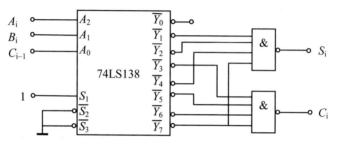

图 7-24　3/8 线译码器 74LS138 和两个与非门实现的全加器

7.4.2　二－十进制译码器

把二－十进制代码翻译成 10 个十进制数字信号的电路，称为二－十进制译码器。二－十进制译码器的输入是十进制数的 4 位二进制编码，分别用 $A_3 \sim A_0$ 表示；输出的是与 10 个十进制数字相对应的 10 个信号，用 $Y_9 \sim Y_0$ 表示。8421 码译码器的真值表如表 7-17 所示。

表 7-17　8421 码译码器的真值表

输	入			输				出					
A_3	A_2	A_1	A_0	Y_9	Y_8	Y_7	Y_6	Y_5	Y_4	Y_3	Y_2	Y_1	Y_0
0	0	0	0	0	0	0	0	0	0	0	0	0	1
0	0	0	1	0	0	0	0	0	0	0	0	1	0
0	0	1	0	0	0	0	0	0	0	0	1	0	0
0	0	1	1	0	0	0	0	0	0	1	0	0	0
0	1	0	0	0	0	0	0	0	1	0	0	0	0
0	1	0	1	0	0	0	0	1	0	0	0	0	0
0	1	1	0	0	0	0	1	0	0	0	0	0	0
0	1	1	1	0	0	1	0	0	0	0	0	0	0
1	0	0	0	0	1	0	0	0	0	0	0	0	0
1	0	0	1	1	0	0	0	0	0	0	0	0	0

由表 7-17 可得各输出函数的逻辑表达式分别为：

$$Y_0 = \overline{A_3}\,\overline{A_2}\,\overline{A_1}\,\overline{A_0}$$
$$Y_1 = \overline{A_3}\,\overline{A_2}\,\overline{A_1}\,A_0$$
$$Y_2 = \overline{A_3}\,\overline{A_2}\,A_1\,\overline{A_0}$$
$$Y_3 = \overline{A_3}\,\overline{A_2}\,A_1\,A_0$$
$$Y_4 = \overline{A_3}\,A_2\,\overline{A_1}\,\overline{A_0}$$
$$Y_5 = \overline{A_3}\,A_2\,\overline{A_1}\,A_0$$
$$Y_6 = \overline{A_3}\,A_2\,A_1\,\overline{A_0}$$
$$Y_7 = \overline{A_3}\,A_2\,A_1\,A_0$$
$$Y_8 = A_3\,\overline{A_2}\,\overline{A_1}\,\overline{A_0}$$
$$Y_9 = A_3\,\overline{A_2}\,\overline{A_1}\,A_0$$

由这些逻辑表达式画出的逻辑图如图 7-25 所示。

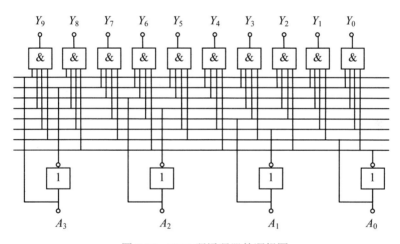

图 7-25　8421 码译码器的逻辑图

由于二－十进制译码器有 4 根输入线，10 根输出线，所以又称为 4/10 线译码器。

如果要输出为反变量，即为低电平有效，则只需将图 7-25 所示电路中的与门换成与非门即可。

7.4.3　显示译码器

在各种数字设备中，经常需要将数字、文字和符号直观地显示出来，供人们直接读取结果，或用以监视数字系统的工作情况。因此，显示电路是许多数字设备中必不可少的部分。用来驱动各种显示器件，从而将用二进制代码表示的数字、文字、符号翻译成人们习惯的形式直观地显示出来的电路，称为显示译码器。

　　显示器件的种类很多，在数字电路中最常用的显示器是半导体显示器（又称为发光二极管显示器，LED）和液晶显示器（LCD）。LED 主要用于显示数字和字母，LCD 可以显示数字、字母、文字和图形等。

　　7 段 LED 数码显示器俗称数码管，其工作原理是将要显示的十进制数码分成 7 段，每段为一个发光二极管，利用不同发光段组合来显示不同的数字。图 7-26（a）所示为数码管的外形结构。

　　数码管中的 7 个发光二极管有共阴极和共阳极两种接法，如图 7-26（b）、（c）所示，图中的发光二极管 $a\sim g$ 用于显示十进制的 10 个数字 0～9，h 用于显示小数点。从图中可以看出，对于共阴极的显示器，某一段接高电平时发光；对于共阳极的显示器，某一段接低电平时发光。使用时每个二极管要串联一个约 100 Ω 的限流电阻。

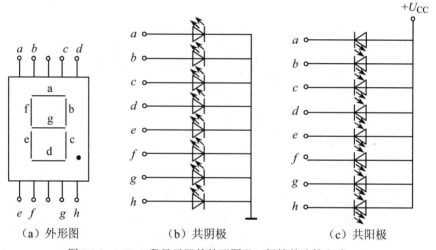

（a）外形图　　　　（b）共阴极　　　　（c）共阳极

图 7-26　LED 7 段显示器的外形图及二极管的连接方式

　　前已述及，7 段数码管是利用不同发光段组合来显示不同的数字。以共阴极显示器为例，若 a、b、c、d、g 各段接高电平，则对应的各段发光，显示出十进制数字 3；若 b、c、f、g 各段接高电平，则显示十进制数字 4。

　　LED 显示器的特点是清晰悦目、工作电压低（1.5～3V）、体积小、寿命长（大于 1000h）、响应速度快（1～100ns）、颜色丰富（有红、绿、黄等色）、工作可靠。

　　设计显示译码器首先要考虑显示器的字形。如果设计驱动共阴极的 7 段发光二极管的二—十进制译码器，设 4 个输入 A_3、A_2、A_1、A_0 采用 8421 码，根据数码管的显示原理，可列出如表 7-18 所示的真值表。

表7-18　7 段显示译码器的真值表

输入				输出							显示字形
A_3	A_2	A_1	A_0	a	b	c	d	e	f	g	
0	0	0	0	1	1	1	1	1	1	0	0
0	0	0	1	0	1	1	0	0	0	0	1
0	0	1	0	1	1	0	1	1	0	1	2
0	0	1	1	1	1	1	1	0	0	1	3
0	1	0	0	0	1	1	0	0	1	1	4
0	1	0	1	1	0	1	1	0	1	1	5
0	1	1	0	0	0	1	1	1	1	1	6
0	1	1	1	1	1	1	0	0	0	0	7
1	0	0	0	1	1	1	1	1	1	1	8
1	0	0	1	1	1	1	0	0	1	1	9

表 7-18 中的输出 a～g 是驱动 7 段数码管相应显示段的信号。由于驱动共阴极数码管，故应为高电平有效，即高电平时显示段亮。如果设计驱动共阳极的 7 段发光二极管的二－十进制译码器，则输出状态与之相反。

由于数字显示电路的应用非常广泛，他们的译码器也已作为标准器件，制成了中规模集成电路。常用的集成 7 段译码驱动器属 TTL 型的有 74LS47、74LS48 等，属 CMOS 型的有 CD4055 液晶显示驱动器等。74LS47 为低电平有效，用于驱动共阳极的 LED 显示器，因为 74LS47 为集电极开路（OC）输出结构，工作时必须外接集电极电阻。74LS48 为高电平有效，用于驱动共阴极的 LED 显示器，其内部电路的输出级有集电极电阻，使用时可直接接显示器。

74LS48 的引脚排列如图 7-27 所示。在 74LS48 中除了数入端和输出端外，还设置了一些辅助端。这些辅助端的功能如下：

（1）试灯输入端 $\overline{LT}$：低电平有效。当 $\overline{LT}=0$ 时，数码管的 7 段应全亮，与输入的译码信号无关。本输入端用于测试数码管的好坏。

（2）动态灭零输入端 $\overline{RBI}$：低电平有效。当 $\overline{LT}=1$、$\overline{RBI}=0$、且译码输入全为 0 时，该位输出不显示，即 0 字被熄灭；当译码输入不全为 0 时，该位正常显示。本输入端用于消隐无效的 0。如数据 0034.50 可显示为 34.5。

（3）灭灯输入/动态灭零输出端 $\overline{BI}/\overline{RBO}$：这是一个特殊的端钮，有时用作输入，有时用作输出。当 $\overline{BI}/\overline{RBO}$ 作为输入使用，且 $\overline{BI}/\overline{RBO}=0$ 时，数码管 7 段全灭，与译码输入无关。当 $\overline{BI}/\overline{RBO}$ 作为输出使用时，受控于 $\overline{LT}$ 和 $\overline{RBI}$：当

$\overline{LT}=1$ 且 $\overline{RBI}=0$ 时，$\overline{BI}/\overline{RBO}=0$；其他情况下 $\overline{BI}/\overline{RBO}=1$。本端钮主要用于显示多位数字时，多个译码器之间的连接。

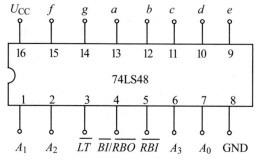

图 7-27　集成 7 段译码驱动器 74LS48 的引脚图

利用 74LS48 的 $\overline{BI}/\overline{RBO}$ 端和 $\overline{RBI}$ 端，可消去有效数字前后的 0。图 7-28 所示是用 74LS48 进行多位数字译码显示并能动态灭零的例子。

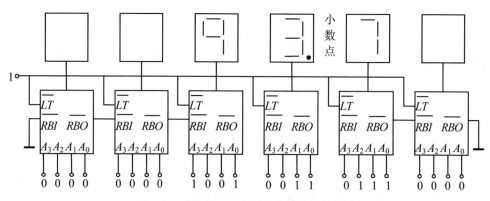

图 7-28　用 74LS48 实现多位数字译码显示

在图 7-28 中，6 个显示器由 6 个 74LS48 译码器驱动，各片 74LS48 的 $\overline{LT}$ 端均接高电平。在整数显示部分，由于千位（第一片）的 $\overline{RBI}=0$，当千位输入 $A_3A_2A_1A_0=0000$ 时，该位满足灭零条件时，无字形显示，同时输出 $\overline{BI}/\overline{RBO}=0$；而千位的 $\overline{BI}/\overline{RBO}$ 与百位的 $\overline{RBI}$ 相连，当百位也输入 $A_3A_2A_1A_0=0000$ 时，它也满足灭零条件，无字形显示，同时输出 $\overline{BI}/\overline{RBO}=0$；以此类推，直到某一位的输入 $A_3A_2A_1A_0\neq0000$ 时，则该位正常译码显示，且输出 $\overline{BI}/\overline{RBO}=1$，使后面各位均不满足灭零条件，不会灭零。在小数部分，最低位的输入 $\overline{RBI}=0$，且各位 $\overline{RBI}$、$\overline{BI}/\overline{RBO}$ 的连接方向与整数部分相反，因此会灭掉数字后面的无效 0。在图 7-28 中，输入为 0093.70，显示为 93.7，这样既看起来清晰，又减少功耗。

7.5　数据选择器与数据分配器

7.5.1　数据选择器

数据选择器又叫多路选择器或多路开关,它是多输入单输出的组合逻辑电路。数据选择器能够从来自不同地址的多路数据中任意选出所需要的一路数据作为输出,至于选择哪一路数据输出,则完全由当时的选择控制信号决定。

4 选 1 数据选择器的真值表如表 7-19 所示。

表 7-19　4 选 1 数据选择器的真值表

输	入		输　出
D	A_1	A_0	Y
D_0	0	0	D_0
D_1	0	1	D_1
D_2	1	0	D_2
D_3	1	1	D_3

4 选 1 数据选择器有 4 个输入数据 D_0、D_1、D_2、D_3,两个选择控制信号 A_1 和 A_0,一个输出信号 Y。从表 7-19 可以看出,当两个选择控制信号 A_1A_0 的取值分别为 00、01、10、11 时,分别选择数据 D_0、D_1、D_2、D_3 输出。

根据真值表得到输出 Y 的逻辑表达式为:

$$Y = D_0 \overline{A_1}\,\overline{A_0} + D_1 \overline{A_1} A_0 + D_2 A_1 \overline{A_0} + D_3 A_1 A_0$$

根据上式画出的逻辑图如图 7-29 所示。

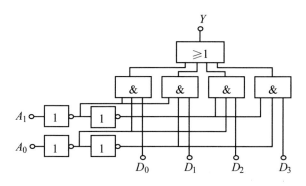

图 7-29　4 选 1 数据选择器

因为随着选择控制信号 A_1 和 A_0 取值的不同，被打开的与门也随之变化，而只有加在被打开与门输入端的数据才能传送到输出端，所以图 7-29 中的选择控制信号 A_1A_0 也称为地址码或地址控制信号。

集成数据选择器的规格品种较多，图 7-30 为集成双 4 选 1 数据选择器 74LS153 和集成 8 选 1 数据选择器 74LS151 的引脚排列图。

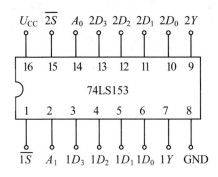 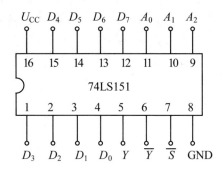

（a）74LS153 的引脚排列　　　　　　（b）74LS151 的引脚排列

图 7-30　集成数据选择器 74LS153 和 74LS151 的引脚排列图

由图 7-30（a）可以看到，74LS153 包含两个 4 选 1 数据选择器，两者共用一组地址选择信号 A_1A_0，这样，可以利用一片 74LS153 实现 4 路 2 位的二进制信息传送。此外，为了扩大芯片的功能，在 74LS153 中还设置了选通控制端 $\overline{S}$，利用它可控制选择器处于工作或禁止状态。选通端 $\overline{S}$ 为低电平有效，当 $\overline{S}=1$ 时，选择器被禁止，无论地址码是什么，Y 总是等于 0；当 $\overline{S}=0$ 时，选择器被选中，处于工作状态，由地址码决定选择哪一路数据输出。

图 7-30（b）所示的 8 选 1 数据选择器有 8 个数据输入端 $D_0 \sim D_7$，3 个地址输入端 A_2、A_1、A_0，两个互补的输出端 Y 和 $\overline{Y}$，1 个选通控制端 $\overline{S}$。其真值表如表 7-20 所示。

由表 7-20 所示真值表可以看出：当选通输入信号 $\overline{S}=1$ 时选择器被禁止，无论地址码是什么，总是有 $Y=0$、$\overline{Y}=1$，输入数据和地址均不起作用。当 $\overline{S}=0$ 时选择器被选中，处于工作状态，此时有：

$$Y = D_0 \overline{A_2}\,\overline{A_1}\,\overline{A_0} + D_1 \overline{A_2}\,\overline{A_1} A_0 + \cdots + D_7 A_2 A_1 A_0$$
$$\overline{Y} = \overline{D_0}\,\overline{A_2}\,\overline{A_1}\,\overline{A_0} + \overline{D_1}\,\overline{A_2}\,\overline{A_1} A_0 + \cdots + \overline{D_7} A_2 A_1 A_0$$

由地址码决定选择哪一路数据输出。

数据选择器除了用于传送数据外，还可用于实现组合逻辑函数。

表 7-20　8 选 1 数据选择器的真值表

输				入	输	出
D	A_2	A_1	A_0	$\overline{S}$	Y	$\overline{Y}$
$\times$	$\times$	$\times$	$\times$	1	0	1
D_0	0	0	0	0	D_0	$\overline{D_0}$
D_1	0	0	1	0	D_1	$\overline{D_1}$
D_2	0	1	0	0	D_2	$\overline{D_2}$
D_3	0	1	1	0	D_3	$\overline{D_3}$
D_4	1	0	0	0	D_4	$\overline{D_4}$
D_5	1	0	1	0	D_5	$\overline{D_5}$
D_6	1	1	0	0	D_6	$\overline{D_6}$
D_7	1	1	1	0	D_7	$\overline{D_7}$

例 7-10　分别用 8 选 1 数据选择器 74LS151 和 4 选 1 数据选择器 74LS153 实现逻辑函数 $Y = \overline{A}\,\overline{B}C + \overline{A}B\overline{C} + AB$。

解　由上面的分析可知，数据选择器其实就是一个由与门和或门组成的逻辑电路，而任何组合逻辑函数可以写成与或表达式，所以用数据选择器或者加上少量的门电路便可以实现任何组合逻辑函数。

（1）用 8 选 1 数据选择器 74LS151 实现逻辑函数 $Y = \overline{A}\,\overline{B}C + \overline{A}B\overline{C} + AB$。

列出逻辑函数 $Y = \overline{A}\,\overline{B}C + \overline{A}B\overline{C} + AB$ 的真值表，如表 7-21 所示。

表 7-21　例 7-10 的真值表

输		入	输　出
A	B	C	Y
0	0	0	0
0	0	1	1
0	1	0	1
0	1	1	0
1	0	0	0
1	0	1	0
1	1	0	1
1	1	1	1

将输入变量 A、B、C 分别对应地接到 8 选 1 数据选择器 74LS151 的 3 个地址

输入端 A_2、A_1、A_0，即设 $A_2 = A$、$A_1 = B$、$A_0 = C$。对照表 7-20 和表 7-21 可知，将数据输入端 D_0、D_3、D_4、D_5 接高电平 1，D_1、D_2、D_6、D_7 接低电平 0，即：

$$D_0 = 0 \qquad D_1 = 1 \qquad D_2 = 1 \qquad D_3 = 0$$
$$D_4 = 0 \qquad D_5 = 0 \qquad D_6 = 1 \qquad D_7 = 1$$

即可用 74LS151 实现函数 $Y = \overline{A}\,\overline{B}C + \overline{A}B\overline{C} + AB$。接线图如图 7-31 所示。

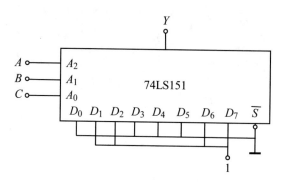

图 7-31　用 74LS151 实现例 7-10 的函数

（2）用 4 选 1 数据选择器 74LS153 实现逻辑函数 $Y = \overline{A}\,\overline{B}C + \overline{A}B\overline{C} + AB$。

以 A、B 为变量列出逻辑函数 $Y = \overline{A}\,\overline{B}C + \overline{A}B\overline{C} + AB$ 的真值表，如表 7-22 所示。

表 7-22　4 选 1 数据选择器的真值表

输	入	输 出
A_1	A_0	Y
0	0	C
0	1	$\overline{C}$
1	0	0
1	1	1

将输入变量 A、B 分别对应地接到 4 选 1 数据选择器 74LS153 的 2 个地址输入端 A_1、A_0，即设 $A_1 = A$、$A_0 = B$。

对照表 7-19 和表 7-22 可知，将数据输入端 D_0 接 C、D_1 接 $\overline{C}$、D_2 接低电平 0，D_3 接高电平 1，即：

$$D_0 = C \qquad D_1 = \overline{C}$$
$$D_2 = 0 \qquad D_3 = 1$$

即可用 74LS153 实现函数 $Y = \overline{A}\,\overline{B}C + \overline{A}B\overline{C} + AB$。接线图如图 7-32 所示。

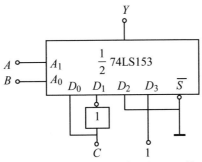

图 7-32　用 74LS153 实现例 7-10 的函数

7.5.2　数据分配器

数据分配器又叫多路分配器。数据分配器的逻辑功能是将 1 个输入数据传送到多个输出端中的 1 个输出端，具体传送到哪一个输出端，也是由一组选择控制信号确定。通常数据分配器有 1 根输入线，n 根选择控制线和 2^n 根输出线，称为 1 路－2^n 路数据分配器。

1 路－4 路数据分配器有 1 路输入数据，用 D 表示；2 个输入选择控制信号，用 A_1、A_0 表示；4 个数据输出端，用 Y_0、Y_1、Y_2、Y_3 表示。设 $A_1 A_0 = 00$ 时选中输出端 Y_0，即 $Y_0 = D$；$A_1 A_0 = 01$ 时选中输出端 Y_1，即 $Y_1 = D$；$A_1 A_0 = 10$ 时选中输出端 Y_2，即 $Y_2 = D$；$A_1 A_0 = 11$ 时选中输出端 Y_3，即 $Y_3 = D$。则 1 路－4 路数据分配器的真值表如表 7-23 所示。

表 7-23　1 路－4 路数据分配器的真值表

输	入		输	出		
	A_1	A_0	Y_0	Y_1	Y_2	Y_3
	0	0	D	0	0	0
D	0	1	0	D	0	0
	1	0	0	0	D	0
	1	1	0	0	0	D

由表 7-23 得各输出函数的逻辑表达式为：

$$Y_0 = D \overline{A_1} \overline{A_0}$$

$$Y_1 = D \overline{A_1} A_0$$

$$Y_2 = D A_1 \overline{A_0}$$

$$Y_3 = D A_1 A_0$$

根据上述逻辑表达式可画出 1 路－4 路数据分配器的逻辑图，如图 7-33 所示。

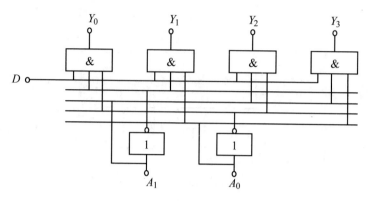

图 7-33　1 路—4 路数据分配器的逻辑图

　　从 1 路—4 路数据分配器的逻辑表达式和逻辑图可以看出，如果把 1 路—4 路数据分配器的数据输入端作为选通控制端，则该 1 路—4 路数据分配器就是带选通控制端的 2/4 线译码器。反过来，如果将二进制译码器的选通控制端作为数据输入端，则二进制译码器即可以作为数据分配器使用。

　　数据分配器经常和数据选择器一起构成数据传送系统。其主要特点是可以用很少几根线实现多路数字信息的分时传送。

本章小结

　　（1）组合逻辑电路是由门电路组合而成的，其特点是电路在任何时刻的输出只取决于当时的输入信号，而与电路原来所处的状态无关。

　　分析组合逻辑电路的大致步骤是：由逻辑图写出逻辑表达式→逻辑表达式化简和变换→列真值表→分析逻辑功能。

　　运用门电路设计组合逻辑电路的大致步骤是：由实际逻辑问题列出真值表→写出逻辑表达式→逻辑表达式化简和变换→画出逻辑图。由于现在都是使用集成门电路，为了降低成本，提高电路的可靠性，实际设计时，应在满足逻辑要求的前提下，尽量减少所用芯片的数量和种类。

　　（2）具体的组合逻辑电路种类非常多，常用的组合逻辑电路有加法器、数值比较器、编码器、译码器、数据选择器、数据分配器等。加法器是实现二进制数加法运算的电路。数值比较器可对两组数据进行比较。编码器可将十进制数、符号、指令等转换为二进制数码。译码器则将二进制数码转换成对应的输出信号。数据选择器是从多个输入信号中选择一个输出。数据分配器则是将输入信号从多个输出中选择一个输出。这些组合逻辑电路已被广泛用于数字电子计算机和其他数字系统中，并都已制作成集成电路，必须熟悉他们的逻辑功能才能灵活应用。真值表（功能表）是分析和应用各种逻辑电路的依据。

（3）利用二进制译码器或数据选择器以及少量的门电路也可以实现组合逻辑函数，并且比仅用门电路的组合来实现组合逻辑函数更加简单。

7-1　写出图 7-34 所示各逻辑电路的逻辑表达式，并化简之。

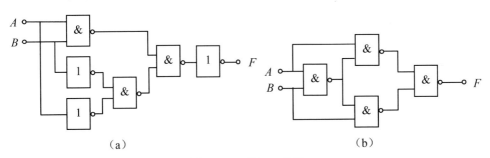

图 7-34　习题 7-1 的图

7-2　写出图 7-35 所示各逻辑电路的逻辑表达式，并化简之。

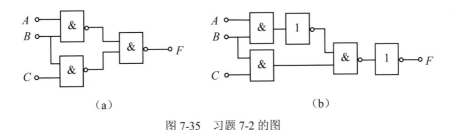

图 7-35　习题 7-2 的图

7-3　证明图 7-36 所示两个逻辑电路具有相同的逻辑功能。

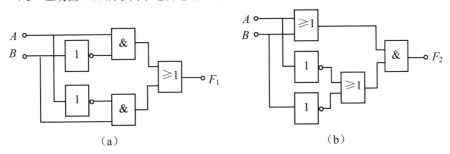

图 7-36　习题 7-3 的图

7-4　分析图 7-37 所示的两个逻辑电路，要求写出逻辑式，列出真值表，然后说明这两个电路的逻辑功能是否相同。

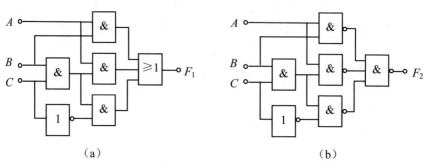

（a）　　　　　　　　　　　　　　（b）

图 7-37　习题 7-4 的图

7-5　分析图 7-38 所示的两个逻辑电路，要求写出逻辑式，列出真值表，然后说明这两个电路的逻辑功能是否相同。

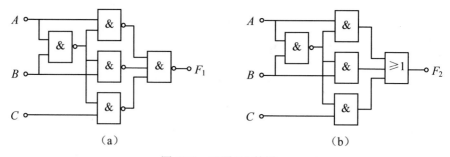

（a）　　　　　　　　　　　　　　（b）

图 7-38　习题 7-5 的图

7-6　写出图 7-39 所示各电路输出信号的逻辑表达式，并列出真值表。

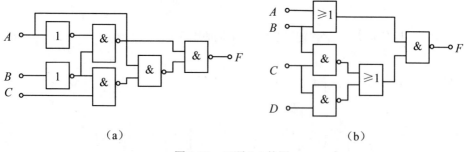

（a）　　　　　　　　　　　　　　（b）

图 7-39　习题 7-6 的图

7-7　写出图 7-40 所示各逻辑图的输出函数表达式，并列出真值表。

7-8　写出图 7-41 所示各逻辑图的输出函数表达式，并列出真值表。

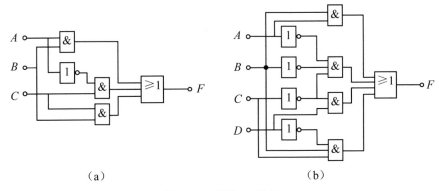

（a）　　　　　　　　　　　　　（b）

图 7-40　习题 7-7 的图

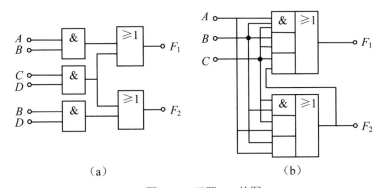

（a）　　　　　　　　　　　　　（b）

图 7-41　习题 7-8 的图

7-9　写出图 7-42 所示各电路输出信号的逻辑表达式，并说明电路的逻辑功能。

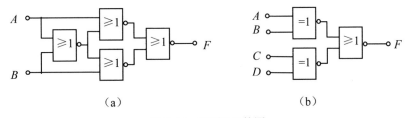

（a）　　　　　　　　　　　　　（b）

图 7-42　习题 7-9 的图

7-10　写出图 7-43 所示电路输出信号的逻辑表达式，并说明电路的逻辑功能。

7-11　写出图 7-44 所示各电路输出信号的逻辑表达式，并说明电路的逻辑功能。

7-12　写出图 7-45 所示各电路输出信号的逻辑表达式，并说明电路的逻辑功能。

7-13　写出图 7-46 所示电路输出信号的逻辑表达式，并说明电路的逻辑功能。

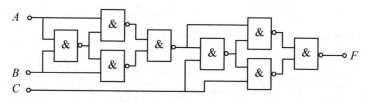

图 7-43　习题 7-10 的图

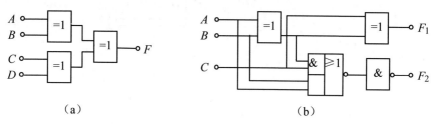

（a）　　　　　　　　　　　　　　　　　（b）

图 7-44　习题 7-11 的图

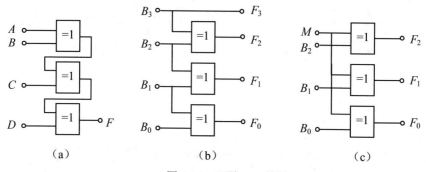

（a）　　　　　　　　　（b）　　　　　　　　　（c）

图 7-45　习题 7-12 的图

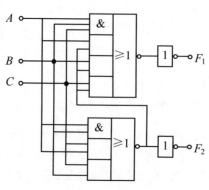

图 7-46　习题 7-13 的图

7-14　在图 7-47 所示电路中，并行输入数据 $D_3 D_2 D_1 D_0$ 为 1010，$X = 0$，$A_1 A_0$ 变化顺序为 00、01、10、11，画出输出 F 的波形。

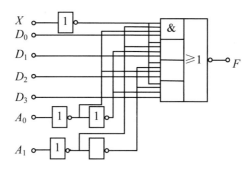

图 7-47　习题 7-14 的图

7-15　分别用与非门设计能实现下列功能的组合逻辑电路。

（1）4 变量多数表决电路（4 个变量中有 3 个或 4 个变量为 1 时输出为 1）；

（2）4 变量判奇电路（4 个变量中 1 的个数为奇数时输出为 1）；

（3）4 变量判偶电路（4 个变量中 1 的个数为偶数时输出为 1）；

（4）4 变量一致电路（4 个变量状态完全相同时输出为 1）。

7-16　用与非门设计一个能够满足下列要求的 4 输入、4 输出的组合逻辑电路。

（1）当控制信号 $C = 0$ 时输出信号状态与输入信号状态相反；

（2）当控制信号 $C = 1$ 时输出信号状态与输入信号状态相同。

7-17　分别设计能够实现下列要求的组合逻辑电路。输入的是 4 位二进制正整数。

（1）能被 2 整除时输出为 1，否则输出为 0；

（2）能被 5 整除时输出为 1，否则输出为 0；

（3）大于或等于 5 时输出为 1，否则输出为 0；

（4）小于或等于 10 时输出为 1，否则输出为 0。

7-18　写出表 7-24 所示真值表中各函数的逻辑表达式，并将各函数化简后用与非门画出逻辑图。

表 7-24　习题 7-18 的真值表

A	B	C	F_1	F_2	F_3	F_4
0	0	0	1	1	0	0
0	0	1	0	1	0	0
0	1	0	1	0	0	1
0	1	1	0	1	0	1
1	0	0	1	1	0	0

A	B	C	F_1	F_2	F_3	F_4
1	0	1	0	0	1	0
1	1	0	1	0	1	0
1	1	1	0	1	1	1

7-19　设计一个路灯的控制电路（一盏灯），要求在 4 个不同的地方都能独立地控制灯的亮灭。

7-20　分别设计能实现下列代码转换的组合逻辑电路：

（1）将 8421 码转换为余 3 码；

（2）将 2421 码转换为 8421 码；

（3）将 8421 码转换为格雷码；

（4）将 8421 码转换为共阴极 7 段数字显示器代码。

7-21　设计一个组合逻辑电路，其输入是一个 3 位二进制数 $B = B_2B_1B_0$，输出是 $X = 2B$、$Y = B^2$，X、Y 也是二进制数。

7-22　试为某水坝设计一个水位报警控制器，设水位高度用 4 位二进制数提供。当水位上升到 8m 时，白指示灯开始亮；当水位上升到 10m 时，黄指示灯开始亮；当水位上升到 12m 时，红指示灯开始亮，其他灯灭；水位不可能上升到 14m。试用或非门设计此报警器的控制电路。

7-23　用红、黄、绿 3 个指示灯表示 3 台设备的工作状况：绿灯亮表示 3 台设备全部正常，黄灯亮表示有 1 台设备不正常，红灯亮表示有 2 台设备不正常，红、黄灯都亮表示 3 台设备都不正常。试列出控制电路的真值表，并用合适的门电路实现。

7-24　现有 4 台设备，由 2 台发电机组供电，每台设备用电均为 10kW，4 台设备的工作情况是：4 台设备不可能同时工作，但可能是任意 3 台、2 台同时工作，至少是任意 1 台工作。若 X 发电机组功率为 10kW，Y 发电机组功率为 20kW。试设计一个供电控制电路，以达到节省能源的目的。

7-25　设计一个组合逻辑电路，使其输出信号 F 与输入信号 A、B、C、D 的关系满足图 7-48 所示的波形图。

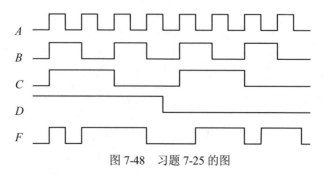

图 7-48　习题 7-25 的图

7-26　设计一个组合逻辑电路，它有两个输入端 A、B，3 个控制端 S_2、S_1、S_0 和一个输出端 F，要求此电路能实现如表 7-25 所示的逻辑功能。

表 7-25　习题 7-26 的真值表

S_2	S_1	S_0	F
0	0	0	1
0	0	1	$A+B$
0	1	0	$\overline{AB}$
0	1	1	$A \oplus B$
1	0	0	$\overline{A \oplus B}$
1	0	1	$A\,B$
1	1	0	$\overline{A+B}$
1	1	1	0

7-27　分别画出用与非门、或非门以及半加器构成全加器的电路图。

7-28　仿照半加器和全加器的设计方法，设计一个半减器和一个全减器。

7-29　设计一个乘法器，输入是两个 2 位二进制数 $A = A_1A_0$、$B = B_1B_0$，输出是两者的乘积（一个 4 位二进制数）$Y = Y_3Y_2Y_1Y_0$。

7-30　设计一个数值比较器，输入是两个 2 位二进制数 $A = A_1A_0$、$B = B_1B_0$，输出是两者的比较结果 Y_1（$A = B$ 时其值为 1）、Y_2（$A > B$ 时其值为 1）和 Y_3（$A < B$ 时其值为 1）。

7-31　用集成二进制译码器 74LS138 和与非门构成全减器。

7-32　用集成二进制译码器 74LS138 和与非门实现下列逻辑函数。

（1）$F = AC + B\overline{C} + \overline{A}B$

（2）$F = A\overline{B} + AC$

（3）$F = A\overline{C} + A\overline{B} + \overline{A}B + \overline{B}C$

（4）$F = A\overline{B} + BC + AB\overline{C}$

7-33　用数据选择器 74153 分别实现下列逻辑函数。

（1）$F = \overline{A}\overline{B} + AB$

（2）$F = \overline{A}B + A\overline{B}$

（3）$F = \overline{A}\overline{B}C + AB$

（4）$F = \overline{A}B + A\overline{C} + A\overline{B}$

7-34　用数据选择器 74151 分别实现下列逻辑函数。

（1）$F = \overline{A}\overline{B}C + \overline{A}B\overline{C} + A\overline{B}\overline{C} + ABC$

（2）$F = \overline{B}C + AC$

（3）$F = \overline{A}C + \overline{A}BD + \overline{B}C + \overline{B}D$

（4）$F = A\overline{B} + \overline{B}C + D$

第8章　触发器与时序逻辑电路

- 掌握各种 RS 触发器、JK 触发器和 D 触发器的工作原理和逻辑功能。
- 理解数码寄存器、移位寄存器、二进制计数器和十进制计数器的工作原理。
- 理解 555 定时器的工作原理和逻辑功能。
- 了解由 555 定时器组成的单稳态触发器和无稳态触发器的工作原理。

上章介绍的组合逻辑电路，在任何时刻，电路的稳定输出只取决于同一时刻各输入变量的取值，而与电路以前的状态无关，也就是组合逻辑电路不具有记忆功能。在数字电路中，往往还需要一种具有记忆功能的电路，这种电路在任何时刻的输出，不仅与该时刻的输入信号有关，而且还与电路原来的状态有关，这样的电路称为时序逻辑电路。典型的时序逻辑电路有寄存器、计数器等。

从时序逻辑电路的特点可知，时序逻辑电路应该而且必须能够将电路的状态存储起来，所以时序逻辑电路一般由组合逻辑电路和存储电路两部分组成，如图8-1 所示。

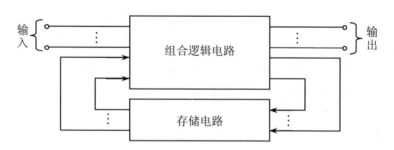

图 8-1　时序逻辑电路的结构框图

存储电路通常以触发器为基本单元电路构成。存储电路保存电路现有的状态，作为下一个状态变化的条件，而存储的现有状态又通过反馈通路反馈到时序逻辑电路的输入端，与外部输入信号共同决定时序逻辑电路的状态变化。所以时序逻辑电路中至少要有一条反馈路径。

本章首先介绍双稳态触发器的工作原理和逻辑功能，接着介绍由双稳态触发器组成的寄存器和计数器，最后介绍 555 定时器的工作原理及其应用。

8.1　双稳态触发器

触发器按工作状态可分为双稳态触发器、单稳态触发器和无稳态触发器。如无特殊说明，平常所指的触发器就是双稳态触发器。

双稳态触发器按结构可分为基本触发器、同步触发器、主从触发器和边沿触发器。按逻辑功能可分为 RS 触发器、JK 触发器、D 触发器、T 触发器和 T′触发器。

8.1.1　RS 触发器

1.　基本 RS 触发器

图 8-2(a)所示是用两个与非门交叉连接起来构成的基本 RS 触发器。图中 $\overline{R}_{\mathrm{D}}$、$\overline{S}_{\mathrm{D}}$ 是信号输入端，低电平有效，即 $\overline{R}_{\mathrm{D}}$、$\overline{S}_{\mathrm{D}}$ 端为低电平时表示有信号，为高电平时表示无信号。Q、$\overline{Q}$ 既表示触发器的状态，又是两个互补的信号输出端。$Q=0$、$\overline{Q}=1$ 的状态称为 0 状态，$Q=1$、$\overline{Q}=0$ 的状态称为 1 状态。图 8-2（b）是基本 RS 触发器的逻辑符号，方框下面输入端处的小圆圈表示低电平有效。方框上面的两个输出端，无小圆圈的为 Q 端，有小圆圈的为 $\overline{Q}$ 端。在正常工作情况下，Q 和 $\overline{Q}$ 的状态是互补的，即一个为高电平时另一个为低电平，反之亦然。

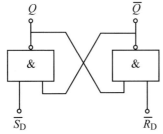 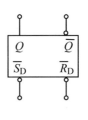

（a）基本 RS 触发器的构成　　（b）基本 RS 触发器的逻辑符号

图 8-2　基本 RS 触发器及其逻辑符号

下面分 4 种情况分析基本 RS 触发器输出与输入之间的逻辑关系：

（1）$\overline{R}_{\mathrm{D}}=0$、$\overline{S}_{\mathrm{D}}=1$。由于 $\overline{R}_{\mathrm{D}}=0$，不论 Q 为 0 还是 1，都有 $\overline{Q}=1$；再由 $\overline{S}_{\mathrm{D}}=1$、$\overline{Q}=1$ 可得 $Q=0$。即不论触发器原来处于什么状态都将变成 0 状态，这种情况称将触发器置 0 或复位。由于是在 $\overline{R}_{\mathrm{D}}$ 端加输入信号（负脉冲）将触发器置

0，所以把 $\overline{R}_D$ 端称为触发器的置 0 端或复位端。

（2）$\overline{R}_D = 1$、$\overline{S}_D = 0$。由于 $\overline{S}_D = 0$，不论 $\overline{Q}$ 为 0 还是 1，都有 $Q = 1$；再由 $\overline{R}_D = 1$、$Q = 1$ 可得 $\overline{Q} = 0$。即不论触发器原来处于什么状态都将变成 1 状态，这种情况称将触发器置 1 或置位。由于是在 $\overline{S}_D$ 端加输入信号（负脉冲）将触发器置 1，所以把 $\overline{S}_D$ 端称为触发器的置 1 端或置位端。

（3）$\overline{R}_D = 1$、$\overline{S}_D = 1$。根据与非门的逻辑功能不难推知，当 $\overline{R}_D = 1$、$\overline{S}_D = 1$ 时，触发器保持原有状态不变，即原来的状态被触发器存储起来，这体现了触发器具有记忆能力。

（4）$\overline{R}_D = 0$、$\overline{S}_D = 0$。显然，这种情况下两个与非门的输出端 Q 和 $\overline{Q}$ 全为 1，不符合触发器的逻辑关系。并且由于与非门延迟时间不可能完全相等，在两输入端的 0 信号同时撤除后，将不能确定触发器是处于 1 状态还是 0 状态。所以触发器不允许出现这种情况，这就是基本 RS 触发器的约束条件。

根据以上分析，可列出基本 RS 触发器的逻辑功能表，如表 8-1 所示。由表 8-1 可知，基本 RS 触发器具有置 0、置 1 和保持（即记忆）三种功能。

表 8-1　基本 RS 触发器的逻辑功能表

$\overline{R}_D$	$\overline{S}_D$	Q	功能
0	0	不定	不允许
0	1	0	置 0
1	0	1	置 1
1	1	不变	保持

综上所述，基本 RS 触发器具有如下特点：

（1）触发器的状态不仅与输入信号状态有关，而且与触发器原来的状态有关。

（2）电路具有两个稳定状态，在无外来触发信号作用时，电路将保持原状态不变。

（3）在外加触发信号有效时，电路可以触发翻转，实现置 0 或置 1。

（4）在稳定状态下两个输出端的状态 Q 和 $\overline{Q}$ 必须是互补关系，即有约束条件。

2. 同步 RS 触发器

基本 RS 触发器直接由输入信号控制着输出端 Q 和 $\overline{Q}$ 的状态，这不仅使电路的抗干扰能力下降，而且也不便于多个触发器同步工作。同步 RS 触发器可以克服基本 RS 触发器直接控制的缺点。

同步 RS 触发器是在基本 RS 触发器的基础上增加了两个控制门 G_3、G_4 和一

个输入控制信号 C，输入信号 R、S 通过控制门进行传送，如图 8-3（a）所示。图 8-3（b）所示为同步 RS 触发器的逻辑符号。输入控制信号 C 称为时钟脉冲。

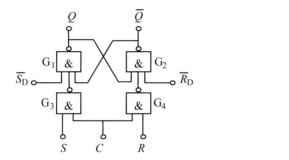 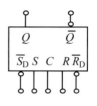

　　（a）同步 RS 触发器的构成　　　　　　　　　（b）同步 RS 触发器的逻辑符号

图 8-3　同步 RS 触发器及其逻辑符号

　　从图 8-3（a）所示电路可知，$C=0$ 时控制门 G_3、G_4 被封锁，基本 RS 触发器保持原来状态不变。只有当 $C=1$ 时，控制门被打开，电路才会接收输入信号。且当 $R=0$、$S=1$ 时，触发器置 1；$R=1$、$S=0$ 时，触发器置 0；$R=0$、$S=0$ 时，触发器保持原来状态不变；$R=1$、$S=1$ 时，触发器的两个输出全为 1，是不允许的。可见当 $C=1$ 时同步 RS 触发器的工作情况与基本 RS 触发器没有什么区别。不同的只是由于增加了两个控制门，输入信号 R、S 为高电平有效，即 R、S 为高电平时表示有信号，为低电平时表示无信号。所以，两个输入信号端 R 和 S 中，R 仍为置 0 端，S 仍为置 1 端。

　　图中 $\overline{R}_D$ 和 $\overline{S}_D$ 是直接置 0 端和直接置 1 端，也就是不经过时钟脉冲 C 的控制直接将触发器置 0 或置 1，用以实现清 0 或预置数。

　　根据以上分析，可列出同步 RS 触发器的逻辑功能表，如表 8-2 所示。表中 Q^n 表示时钟脉冲 C 到来之前触发器的状态，称为现态；Q^{n+1} 表示时钟脉冲 C 到来之后触发器的状态，称为次态。

表 8-2　同步 RS 触发器的逻辑功能表

C	R	S	Q^{n+1}	功能
0	×	×	Q^n	保持
1	0	0	Q^n	保持
1	0	1	1	置 1
1	1	0	0	置 0
1	1	1	不定	不允许

综上所述，同步 RS 触发器的主要特点为：

（1）时钟电平控制。与基本 RS 触发器相比，对触发器状态的转变增加了时间控制，在 $C=1$ 期间接收输入信号，$C=0$ 时状态保持不变。这样可使多个触发器在同一个时钟脉冲控制下同步工作，给使用带来了方便。而且由于同步 RS 触发器只在 $C=1$ 时工作，$C=0$ 时被禁止，所以抗干扰能力也要比基本 RS 触发器强得多。但在 $C=1$ 期间，输入信号仍然直接控制着触发器输出端的状态。

（2）R、S 之间有约束。不允许出现 R 和 S 同时为 1 的情况，否则会使触发器处于不确定的状态。

例 8-1　设同步 RS 触发器的初始状态为 0 状态，即 $Q=0$、$\overline{Q}=1$，输入信号 R、S 的波形已知，如图 8-4 所示，试画出同步 RS 触发器的输出端 Q 的波形。

解　根据给定的输入信号波形及同步 RS 触发器的逻辑功能表可知，第 1 个时钟脉冲 C 到来时，$R=0$、$S=0$，所以触发器保持原来的初始状态 $Q=0$；第 2 个时钟脉冲 C 到来时，$R=0$、$S=1$，触发器状态翻转为 1；第 3 个时钟脉冲 C 到来时，$R=1$、$S=0$，触发器状态翻转为 0；第 4 个时钟脉冲 C 到来时，$R=1$、$S=1$，触发器被强制为 $Q=\overline{Q}=1$；第 4 个时钟脉冲 C 作用之后，触发器的状态可能为 0，也可能为 1。

根据以上分析，即可画出触发器的输出端 Q 的波形，如图 8-4 所示。图中的虚线表示此时状态不定。作图时应注意各个波形之间的对应关系。

3. 计数式 RS 触发器

同步 RS 触发器的逻辑功能比基本 RS 触发器多一些，它不仅具有置 0、置 1 和保持 3 种功能，还具有计数功能。

如果将同步 RS 触发器的 Q 端反馈连接到 R 端，$\overline{Q}$ 端反馈连接到 S 端，在时钟脉冲端 C 加上计数脉冲，如图 8-5 所示，这样的触发器具有计数的功能。即每输入一个计数脉冲 C，触发器状态翻转一次，翻转的次数等于脉冲的数目，所以可以用它来构成计数器。

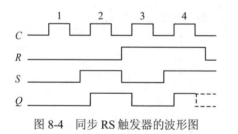 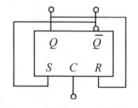

图 8-4　同步 RS 触发器的波形图　　　图 8-5　计数式 RS 触发器

设触发器的初始状态为 0。根据同步 RS 触发器的逻辑功能可知，第 1 个时钟

脉冲 C 到来时，因 $R=Q=0$、$S=\overline{Q}=1$，所以触发器状态翻转为 1，即 $R=Q=1$、$S=\overline{Q}=0$；第 2 个时钟脉冲 C 到来时，触发器状态翻转为 0，即 $R=Q=0$、$S=\overline{Q}=1$。由此可见，每输入一个时钟脉冲 C，触发器状态翻转一次，故称为计数式 RS 触发器，计数式触发器常用来累计时钟脉冲 C 的个数。

进一步分析可以发现，计数式 RS 触发器实现计数功能是有条件的。即要求时钟脉冲 C 的宽度适中。如果时钟脉冲 C 的宽度太大，在触发器翻转之后，Q 和 $\overline{Q}$ 的新状态又反馈到 R 和 S 端，若此时时钟脉冲 C 仍保持为高电平 1，则可能引起触发器两次或多次翻转，产生所谓空翻现象，造成触发器动作混乱。为了防止触发器的空翻，在电路结构上多采用主从型触发器和维持阻塞型触发器。

8.1.2 D 触发器

1. 同步 D 触发器

为了克服同步 RS 触发器输入端 R、S 同时为 1 时所出现的状态不定的缺点，可增加一个反相器，通过反相器把加在 S 端的 D 信号反相之后再送到 R 端，如图 8-6（a）所示，这样便构成了只有单输入端的同步 D 触发器。同步 D 触发器又叫做 D 锁存器。

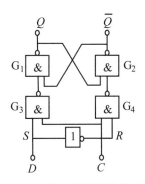
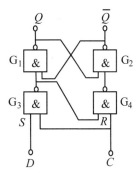

（a）同步 D 触发器的构成　　　　（b）同步 D 触发器的简化电路

图 8-6　同步 D 触发器的构成

同步 D 触发器的逻辑功能比较简单。显然，$C=0$ 时触发器状态保持不变。$C=1$ 时，根据同步 RS 触发器的逻辑功能可知，如果 $D=0$，则 $R=\overline{D}=1$，$S=D=0$，触发器置 0；如果 $D=1$，则 $R=\overline{D}=0$，$S=D=1$，触发器置 1。

根据以上分析可知，同步 D 触发器只有置 0 和置 1 两种功能，即在 $C=1$ 期间，$D=0$ 时，触发器置 0；$D=1$ 时，触发器置 1。即有：

$$Q^{n+1} = D \qquad （C=1 期间有效）$$

图 8-6（b）所示是同步 D 触发器的简化电路。由图 8-6（b）可知，当 $C=1$时，门 G_3 的输出即为 $\overline{D}$，所以门 G_4 的输入信号与图 8-6（a）中的一样，但与图 8-6（a）比较省掉了反相器。

同步 D 触发器的逻辑符号如图 8-7 所示。图 8-8 所示为同步 D 触发器的波形图。

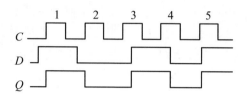

图 8-7　同步 D 触发器的逻辑符号　　　　图 8-8　同步 D 触发器的波形图

2. 维持阻塞 D 触发器

根据以上分析可知，同步 D 触发器虽然克服了同步 RS 触发器输入端 R、S同时为 1 时所出现的状态不定的缺点，但在 $C=1$ 期间，输入信号仍然直接控制着触发器输出端的状态，也存在着空翻现象。维持阻塞 D 触发器从根本上解决了这一问题。

维持阻塞 D 触发器属边沿型触发器，其电路构成如图 8-9 所示。它由 6 个与非门组成，其中 G_1、G_2 组成基本 RS 触发器，G_3、G_4 组成时钟控制电路，G_5、G_6 组成数据输入电路。

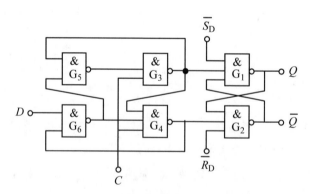

图 8-9　维持阻塞 D 触发器的构成

下面分两种情况来分析维持阻塞 D 触发器的逻辑功能。

（1）$D=0$。当时钟脉冲来到之前，即 $C=0$ 时，G_3、G_4 和 G_6 的输出均为 1，G_5 因输入端全为 1 而输出为 0。这时触发器的状态不变。

当时钟脉冲 C 从 0 上跳为 1，即 $C=1$ 时，G_3、G_5 和 G_6 的输出保持原状态未变，而 G_4 因输入端全为 1，其输出由 1 变为 0。这个负脉冲一方面使基本 RS 触发器置 0，同时反馈到 G_6 的输入端，使在 $C=1$ 期间不论输入信号 D 作何变化，触发器保持 0 状态不变，即不会发生空翻现象。

（2）$D=1$。当 $C=0$ 时，G_3 和 G_4 的输出为 1，G_6 的输出为 0，G_5 的输出为 1。这时触发器的状态不变。

当 $C=1$ 时，G_3 的输出由 1 变为 0。这个负脉冲一方面使基本触发器置 1，同时反馈到 G_4 和 G_5 的输入端，使在 $C=1$ 期间不论输入信号 D 作何变化。只能改变 G_6 的输出状态，而其他门均保持不变，即触发器保持 1 状态不变。

由上分析可知，维持阻塞 D 触发器具有在时钟脉冲上升沿触发的持点，其逻辑功能为：输出端 Q 的状态随着输入端 D 的状态而变化，但总比输入端状态的变化晚一步，即某个时钟脉冲来到之后 Q 的状态和该脉冲来到之前 D 的状态一样。即有：

$$Q^{n+1} = D \qquad （C上升沿时刻有效）$$

维持阻塞 D 触发器的逻辑符号如图 8-10 所示，图中 C 端的三角形表示触发器的状态在时钟脉冲 C 的上升沿（即 C 由 0 变为 1 时刻）触发翻转。波形图如图 8-11 所示，画波形时要特别注意触发器的触发时刻。

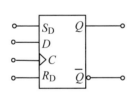

图 8-10　维持阻塞 D 触发器的逻辑符号

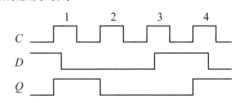

图 8-11　维持阻塞 D 触发器的波形图

8.1.3　主从 JK 触发器

前已述及，在同步 RS 触发器中虽然对触发器状态的转变增加了时间控制，但却存在着空翻现象；并且同步 RS 触发器不允许输入端 R 和 S 同时为 1 的情况出现，给使用带来了不便。主从 JK 触发器也可从根本上解决这些问题。

图 8-12（a）所示为主从 JK 触发器，它是由两个同步 RS 触发器级联起来构成的。主触发器的控制信号是 C，从触发器的控制信号是 $\overline{C}$。图 8-12（b）所示为主从 JK 触发器的逻辑符号，图中 C 端的三角形加小圆圈表示触发器的状态在时钟脉冲 C 的下降沿（即 C 由 1 变为 0 时刻）触发翻转。

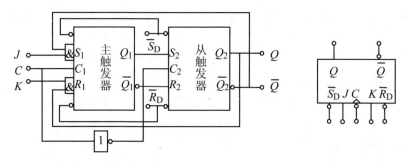

（a）主从 JK 触发器的构成　　　　　　（b）主从 JK 触发器的逻辑符号

图 8-12　主从 JK 触发器及其逻辑符号

在主从 JK 触发器中，接收信号和输出信号是分成两步进行的。

（1）接收输入信号的过程。$C=1$ 时，主触发器被打开，可以接收输入信号 J、K，其输出状态由输入信号的状态决定。但由于 $\overline{C}=0$，从触发器被封锁，无论主触发器的输出状态如何变化，对从触发器均无影响，即触发器的输出状态保持不变。

（2）输出信号的过程。当 C 下降沿到来时，即 C 由 1 变为 0 时刻，主触发器被封锁，无论输入信号如何变化，对主触发器均无影响，即在 $C=1$ 期间接收的内容被存储起来。同时，由于 $\overline{C}$ 由 0 变为 1，从触发器被打开，可以接收由主触发器送来的信号，其输出状态由其输入信号（即主触发器的输出状态）决定。在 $C=0$ 期间，由于主触发器保持状态不变，因此受其控制的从触发器的状态也即 Q、$\overline{Q}$ 的值当然不可能改变。

综上所述可知，主从 JK 触发器的输出状态取决于 C 下降沿到来时刻输入信号 J、K 的状态，避免了空翻现象的发生。

下面分 4 种情况来分析主从 JK 触发器的逻辑功能。

（1）$J=0$、$K=0$。设触发器的初始状态为 0，此时主触发器的 $R_1=KQ=0$、$S_1=J\overline{Q}=0$，在 $C=1$ 时主触发器保持 0 状态不变；当 C 从 1 变 0 时，由于从触发器的 $R_2=1$、$S_2=0$，也保持为 0 状态不变。如果触发器的初始状态为 1，当 C 从 1 变 0 时，触发器则保持 1 状态不变。可见不论触发器原来的状态如何，当 $J=K=0$ 时，触发器的状态均保持不变，即 $Q^{n+1}=Q^n$。

（2）$J=0$、$K=1$。设触发器的初始状态为 0，此时主触发器的 $R_1=0$、$S_1=0$，在 $C=1$ 时主触发器保持为 0 状态不变；当 C 从 1 变 0 时，由于从触发器的 $R_2=1$、$S_2=0$，从触发器也保持为 0 状态不变。如果触发器的初始状态为 1，则由于 $R_1=1$、$S_1=0$，在 $C=1$ 时将主触发器翻转为 0 状态；当 C 从 1 变 0 时，由于从触发器的 $R_2=1$、$S_2=0$，从触发器状态也翻转为 0 状态。可见不论触发器原来的状态如何，当 $J=0$、$K=1$ 时，输入时钟脉冲 C 后，触发器的状态均为 0 状态，即 $Q^{n+1}=0$。

（3）$J=1$、$K=0$。设触发器的初始状态为 0，此时主触发器的 $R_1=0$、$S_1=1$，在 $C=1$ 时主触发器翻转为 1 状态；当 C 从 1 变 0 时，由于从触发器的 $R_2=0$、$S_2=1$，故从触发器也翻转为 1 状态。如果触发器的初始状态为 1，则由于 $R_1=0$、$S_1=0$，在 $C=1$ 时主触发器状态保持 1 状态不变；当 C 从 1 变 0 时，由于从触发器的 $R_2=0$、$S_2=1$，从触发器状态也保持 1 状态不变。可见不论触发器原来的状态如何，当 $J=1$、$K=0$ 时，输入时钟脉冲 C 后，触发器的状态均为 1 状态，即 $Q^{n+1}=1$。

（4）$J=1$、$K=1$。设触发器的初始状态为 0，此时主触发器的 $R_1=0$、$S_1=1$，在 $C=1$ 时主触发器翻转为 1 状态；当 C 从 1 变 0 时，由于从触发器的 $R_2=0$、$S_2=1$，故从触发器也翻转为 1 状态。如果触发器的初始状态为 1，则由于 $R_1=1$、$S_1=0$，在 $C=1$ 时将主触发器翻转为 0 状态；当 C 从 1 变 0 时，由于从触发器的 $R_2=1$、$S_2=0$，故从触发器也翻转为 0 状态。可见当 $J=K=1$ 时，输入时钟脉冲 C 后，触发器状态必定与原来的状态相反，即 $Q^{n+1}=\overline{Q}^n$。由于每来一个时钟脉冲 C 触发器状态翻转一次，所以这种情况下的 JK 触发器具有计数功能。

综上所述，可列出主从 JK 触发器的逻辑功能表，如表 8-3 所示。

表 8-3　主从 JK 触发器的逻辑功能表

J	K	Q^{n+1}	功能
0	0	Q^n	保持
0	1	0	置 0
1	0	1	置 1
1	1	$\overline{Q}^n$	翻转

由表 8-3 可知，主从 JK 触发器具有保持、置 0、置 1 和翻转 4 种功能。可见主从 JK 触发器功能完善，并且输入信号 J、K 之间没有约束。

图 8-13 所示为主从 JK 触发器的波形图。

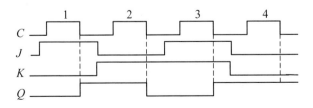

图 8-13　主从 JK 触发器的波形图

8.1.4　触发器逻辑功能的转换

在双稳态触发器中，除了 RS 触发器和 JK 触发器外，根据电路结构和工作原理的不同，还有众多具有不同逻辑功能的触发器。根据实际需要，可将某种逻辑功能的触发器经过改接或附加一些门电路后，转换为另一种逻辑功能的触发器。

1. 将 JK 触发器转换为 D 触发器

D 触发器的逻辑功能为：在时钟脉冲 C 的控制下，$D=0$ 时触发器置 0，$D=1$ 时触发器置 1，即 $Q^{n+1}=D$，功能表如表 8-4 所示。图 8-14（a）所示为将 JK 触发器转换成 D 触发器的接线图，图 8-14（b）所示为 D 触发器的逻辑符号。

表 8-4　D 触发器的逻辑功能表

D	Q^{n+1}	功能
0	0	置 0
1	1	置 1

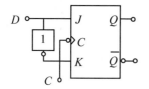 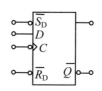

（a）D 触发器的构成　　　　　（b）D 触发器的逻辑符号

图 8-14　D 触发器的构成及其逻辑符号

2. 将 JK 触发器转换为 T 触发器

T 触发器的逻辑功能为：在时钟脉冲 C 的控制下，$T=0$ 时触发器的状态保持不变，$Q^{n+1}=Q^{n}$；$T=1$ 时触发器翻转，$Q^{n+1}=\overline{Q}^{n}$，功能表如表 8-5 所示。图 8-15（a）所示为将 JK 触发器转换成 T 触发器的接线图，图 8-15（b）所示为 T 触发器的逻辑符号。

表 8-5　T 触发器的逻辑功能表

T	Q^{n+1}	功能
0	Q^{n}	保持
1	$\overline{Q}^{n}$	翻转

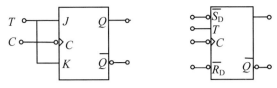

（a）T 触发器的构成　　　（b）T 触发器的逻辑符号

图 8-15　T 触发器的构成及其逻辑符号

3. 将 D 触发器和 JK 触发器转换为 T′ 触发器

T′ 触发器的逻辑功能为：每来一个时钟脉冲 C，触发器的状态翻转一次，即：

$$Q^{n+1} = \overline{Q}^n$$

由 D 触发器的逻辑功能可知，将 D 触发器的 $\overline{Q}$ 端反馈连接到 D 端，则 $Q^{n+1} = D = \overline{Q}^n$，即可将 D 触发器转换成 T′ 触发器，如图 8-16（a）所示。

由 JK 触发器的逻辑功能可知，当 JK 触发器的 J、K 端同时为 1 时，每来一个时钟脉冲 C，触发器的状态将翻转一次，所以将 JK 触发器的 J、K 端都接高电平 1 或悬空（J、K 端悬空相当于接高电平 1）时，即成为 T′ 触发器，如图 8-16（b）所示。

（a）由 D 触发器构成 T′ 触发器　　　（b）由 JK 触发器构成 T′ 触发器

图 8-16　T′ 触发器的构成

8.2　寄存器

在数字电路中，用来存放二进制数据或代码的电路称为寄存器。寄存器是一种基本时序逻辑电路。任何现代数字系统都必须把需要处理的数据和代码先寄存起来，以便随时取用。

寄存器是由具有存储功能的触发器组合起来构成的。一个触发器可以存储 1 位二进制代码，存放 n 位二进制代码的寄存器，需用 n 个触发器来构成。

按照功能的不同，可将寄存器分为数码寄存器和移位寄存器两大类。数码寄存器只能并行送入数据，需要时也只能并行输出。移位寄存器中的数据可以在移位脉冲作用下依次逐位右移或左移，数据既可以并行输入、并行输出，也可以串行输入、串行输出，还可以并行输入、串行输出，串行输入、并行输出，十分灵活，用途也很广。

8.2.1 数码寄存器

图 8-17 所示为 4 位数码寄存器，是由 4 个上升沿触发的 D 触发器构成的，4 个触发器的时钟脉冲输入端 C 接在一起作为送数脉冲控制端。无论寄存器中原来的内容是什么，只要送数控制时钟脉冲 C 上升沿到来，加在数据输入端的 4 个数据 $D_3 \sim D_0$ 就立即被送入寄存器中。此后只要不出现 C 上升沿，寄存器内容将保持不变，即各个触发器输出端 Q、$\overline{Q}$ 的状态与 D 无关，都将保持不变。

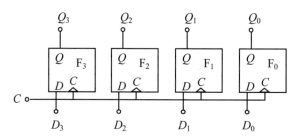

图 8-17 4 位数码寄存器

8.2.2 移位寄存器

移位寄存器除了具有存储数据的功能外，还可将所存储的数据逐位（由低位向高位或由高位向低位）移动。按照在移位控制时钟脉冲 C 作用下移位情况的不同，移位寄存器又分为单向移位寄存器和双向移位寄存器两大类。

图 8-18 所示为 4 位右移移位寄存器，由 4 个上升沿触发的 D 触发器构成。4 位待存的数码从触发器 F_0 的数据输入端 D_0（即 $D_0 = D_i$）输入，C 为移位脉冲输入端。待存数码在移位脉冲的控制下，从高位到低位依次串行送到 D_i 端。

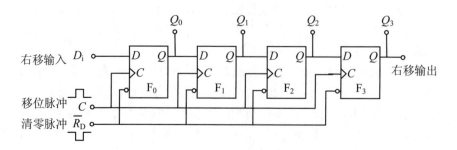

图 8-18 4 位右移移位寄存器

　　设 4 位待存的数码为 1111。在存数操作之前，先用 $\overline{R}_D$（负脉冲）将各个触发器清零。首先 $D_0 = D_i = 1$，$D_1 = Q_0 = 0$，$D_2 = Q_1 = 0$，$D_3 = Q_2 = 0$。第 1 个移位脉冲的上升沿到来时，触发器 F_0 翻转为 1，其他触发器都保持为 0。接着 $D_0 = D_i = 1$，$D_1 = Q_0 = 1$，$D_2 = Q_1 = 0$，$D_3 = Q_2 = 0$。第 2 个移位脉冲的上升沿到来时，触发器 F_0 和 F_1 的输出都为 1，其他触发器都保持为 0。依此类推，在 4 个移位脉冲作用下，寄存器中的 4 位数码同时右移 4 次，待存的 4 位数码便可存入寄存器。这时，可以从 4 个触发器的 Q 端得到并行的数码输出。可见 4 位移位寄存器需要 4 个移位脉冲，才能将 4 位待存的数码全部存入。

　　表 8-6 所示状态表生动具体地描述了右移移位过程。当连续输入 4 个 1 时，D_i 经 F_0 在移位脉冲 C 上升沿操作下，依次被移入寄存器中，经过 4 个脉冲 C，寄存器就变成全 1 状态，即 4 个 1 右移输入完毕。再连续输入 4 个 0，经过 4 个脉冲 C 之后，寄存器变成全 0 状态。

表 8-6　4 位右移移位寄存器的状态表

输入		现态				次态				说明
D_i	C	Q_0^n	Q_1^n	Q_2^n	Q_3^n	Q_0^{n+1}	Q_1^{n+1}	Q_2^{n+1}	Q_3^{n+1}	
1	↑	0	0	0	0	1	0	0	0	
1	↑	1	0	0	0	1	1	0	0	
1	↑	1	1	0	0	1	1	1	0	连续输入 4 个 1
1	↑	1	1	1	0	1	1	1	1	
0	↑	1	1	1	1	0	1	1	1	
0	↑	0	1	1	1	0	0	1	1	
0	↑	0	0	1	1	0	0	0	1	连续输入 4 个 0
0	↑	0	0	0	1	0	0	0	0	

　　图 8-19 所示也是一个 4 位右移移位寄存器。与图 8-18 所示电路不同的是，该移位寄存器是由 4 个下降沿触发的 JK 触发器构成的。由于 4 个 JK 触发器都接成了 D 触发器，所以该电路的工作原理与图 8-18 完全相同。

　　图 8-20 所示是 4 位左移移位寄存器。其工作原理与右移移位寄存器没有本质区别，只是因为连接相反，所以移位方向也就由自左向右变为由右至左。

　　例 8-2　电路如图 8-21 所示。设电路的初始状态为 $Q_0 Q_1 Q_2 = 001$，试画出前 8 个时钟脉冲 C 作用期间 Q_0、Q_1、Q_2 的波形。

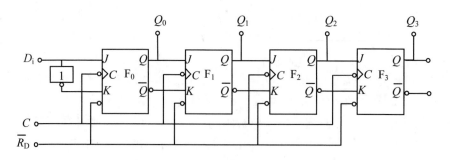

图 8-19　由 JK 触发器构成的 4 位右移移位寄存器

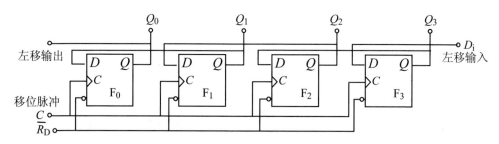

图 8-20　4 位左移移位寄存器

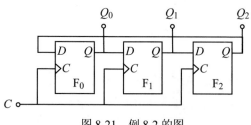

图 8-21　例 8-2 的图

解　图 8-21 所示电路是在 3 位右移移位寄存器的输出端 Q_2 与输入端 D_0 之间加一条反馈线构成的，所以该电路实际上是一个自循环的右移移位寄存器。根据电路的接法和右移移位寄存器的逻辑功能，可以列出图 8-21 所示电路的逻辑状态表，如表 8-7 所示。按照状态表所画出的 Q_0、Q_1、Q_2 的波形如图 8-22 所示。

在数字电路中，把在时钟脉冲 C 的作用下循环移位一个 1 或循环移位一个 0 的电路称为环形计数器。也就是说，当连续输入时钟脉冲 C 时，环形计数器中各个触发器的 Q 端或 $\overline{Q}$ 端，将轮流地出现矩形脉冲，所以环形计数器又叫做顺序脉冲分配器。

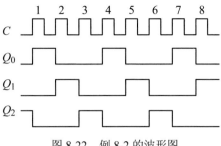

图 8-22　例 8-2 的波形图

表 8-7　例 8-2 的状态表

C	Q_0	Q_1	Q_2
0	0	0	1
1	1	0	0
2	0	1	0
3	0	0	1
4	1	0	0
5	0	1	0
6	0	0	1
7	1	0	0
8	0	1	0

例 8-3　电路如图 8-23 所示。设电路的初始状态为 $Q_0Q_1Q_2 = 000$，试画出前 8 个时钟脉冲 C 作用期间 Q_0、Q_1、Q_2 的波形。

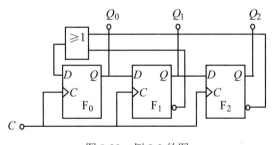

图 8-23　例 8-3 的图

解　与图 8-21 所示电路类似，图 8-23 所示电路中的 3 个触发器也构成了具有反馈的 3 位右移移位寄存器，两个电路的差别是反馈网络不同。根据电路的接法可以写出各个触发器 D 端的逻辑表达式，这些逻辑表达式又称为触发器的驱动方程。

触发器 F_0：　$D_0 = \overline{Q_1} + \overline{Q_2}$

触发器 F_1：　$D_1 = Q_0$

触发器 F_2：　$D_2 = Q_1$

列状态表的过程如下：首先假设各个触发器的初始状态（本例中各个触发器的初始状态已知，为 $Q_0Q_1Q_2 = 000$），并依此根据驱动方程确定 D 的值，然后根据 D 的值确定在时钟脉冲 C 触发下各触发器的状态，如表 8-8 所示。在第 1 个时钟脉冲 C 触发下各触发器的状态为 $Q_0Q_1Q_2 = 100$，在第 2 个时钟脉冲 C 触发下各触发器的状态为 $Q_0Q_1Q_2 = 110$，按照上述步骤反复判断，直到第 8 个时钟脉冲 C 时，各触发器的状态又为 $Q_0Q_1Q_2 = 111$。

表 8-8　例 8-3 的状态表

C	Q_0	Q_1	Q_2	D_0	D_1	D_2
0	0	0	0	1	0	0
1	1	0	0	1	1	0
2	1	1	0	1	1	1
3	1	1	1	0	1	1
4	0	1	1	0	0	1
5	0	0	1	1	0	0
6	1	0	0	1	1	0
7	1	1	0	1	1	1
8	1	1	1	0	1	1

按照表 8-8 所示的状态表画出的 Q_0、Q_1、Q_2 的波形如图 8-24 所示。

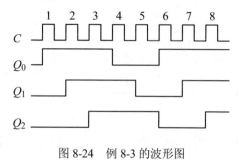

图 8-24　例 8-3 的波形图

8.2.3 集成移位寄存器

集成移位寄存器产品较多。图 8-25 所示是 4 位双向移位寄存器 74LS194 的引脚排列图和逻辑功能示意图。4 位双向移位寄存器 74LS194 各引脚的功能为：$\overline{CR}$ 为清零端；M_0、M_1 为工作状态控制端；D_{SR} 和 D_{SL} 分别为右移和左移串行数据输入端；$D_0 \sim D_3$ 为并行数据输入端；$Q_0 \sim Q_3$ 为并行数据输出端；C 为移位时钟脉冲。表 8-9 所示是 74LS194 的功能表。

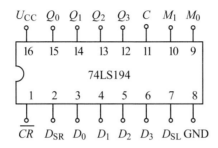

图 8-25　74LS194 的引脚排列图

表 8-9　74LS194 的功能表

$\overline{CR}$	M_1	M_0	C	功能
0	×	×	×	清零：$Q_0Q_1Q_2Q_3=0000$
1	0	0	↑	保持
1	0	1	↑	右移：$D_{SR} \rightarrow Q_0 \rightarrow Q_1 \rightarrow Q_2 \rightarrow Q_3$
1	1	0	↑	左移：$D_{SL} \rightarrow Q_3 \rightarrow Q_2 \rightarrow Q_1 \rightarrow Q_0$
1	1	1	↑	并入：$Q_0Q_1Q_2Q_3= D_0D_1D_2D_3$

例 8-4　图 8-26（a）所示是由 74LS194 构成的能自启动的 4 位环形计数器。试分析电路的工作原理，并画出其工作波形。

解　当启动信号输入一低电平时，使门 G_2 输出为 1，从而 $M_1M_0=11$，寄存器执行并行输入功能，$Q_0Q_1Q_2Q_3=D_0D_1D_2D_3=0111$。启动信号撤消后，由于 $Q_0=0$，使门 G_1 的输出为 1，G_2 的输出为 0，$M_1M_0=01$，开始执行循环右移操作。在移位过程中，门 G_1 的输入端总有一个为 0，因此总能保持 G_1 的输出为 1，G_2 的输出为 0，维持 $M_1M_0=01$，使移位不断进行下去。波形图如图 8-26（b）所示。

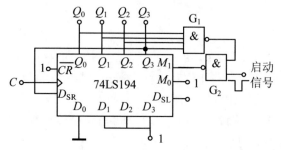

（a）由 74LS194 构成的能自启动的 4 位环形计数器

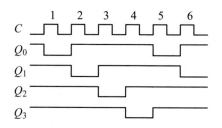

（b）4 位环形计数器的波形图

图 8-26　由 74LS194 构成的能自启动的 4 位环形计数器及其波形图

8.3　计数器

　　在数字电路中，能够记忆输入脉冲个数的电路称为计数器。计数器是一种应用十分广泛的时序逻辑电路，除用于计数、分频外，还广泛用于数字测量、运算和控制。从小型数字仪表，到大型数字电子计算机，几乎无所不在，是任何现代数字系统中不可缺少的组成部分。

　　计数器按计数过程中各个触发器状态的更新是否同步，可分为同步计数器和异步计数器；按计数过程中数值的进位方式，可分为二进制计数器、十进制计数器和 N 进制计数器；按计数过程中数值的增减情况，可分为加法计数器、减法计数器和可逆计数器。

8.3.1　二进制计数器

1. 异步二进制计数器

　　二进制只有 0 和 1 两个数码，二进制加法规则是逢二进一，即当本位是 1，再加 1 时本位便变为 0，同时向高位进 1。由于双稳态触发器只有 0 和 1 两个状态，所以一个触发器只能表示一位二进制数。如果要表示 n 位二进制数，就得用 n 个触发器。

图 8-27 所示为 3 位异步二进制加法计数器，由 3 个下降沿触发的 JK 触发器构成。计数脉冲 C 加至最低位触发器 F_0 的时钟脉冲输入端，低位触发器的输出端 Q 依次接到相邻高位的时钟脉冲输入端。

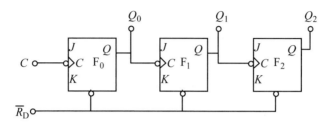

图 8-27　3 位异步二进制加法计数器

由于 3 个触发器都接成了 T′ 触发器，所以最低位触发器 F_0 每来一个时钟脉冲的下降沿（即 C 由 1 变 0）时翻转一次，而其他两个触发器都是在其相邻低位触发器的输出端 Q 由 1 变 0 时翻转，即 F_1 在 Q_0 由 1 变 0 时翻转，F_2 在 Q_1 由 1 变 0 时翻转。其状态表和波形图分别如表 8-10 和图 8-28 所示。

表 8-10　3 位二进制加法计数器的状态表

C	Q_2	Q_1	Q_0
0	0	0	0
1	0	0	1
2	0	1	0
3	0	1	1
4	1	0	0
5	1	0	1
6	1	1	0
7	1	1	1
8	0	0	0

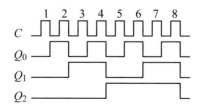

图 8-28　3 位二进制加法计数器的波形图

从状态表或波形图可以看出，从状态 000 开始，每来一个计数脉冲，计数器中的数值便加 1，输入 8 个计数脉冲时，就计满归零，所以作为整体，该电路也可称为八进制计数器。

从图 8-27 可以看出，该计数器的时钟脉冲不是同时加到各触发器的时钟端，而只加至最低位触发器，其他各位触发器则由相邻低位触发器的输出 Q 来触发翻转，即用低位输出推动相邻高位触发器。3 个触发器的状态只能依次翻转，并不同步。具有这种结构特点的计数器称为异步计数器。异步计数器结构简单，但计数速度较慢。

仔细观察图 8-28 中 C、Q_0、Q_1 和 Q_2 波形的频率，不难发现，每出现两个计数脉冲 C，Q_0 输出一个脉冲，即频率减半，称为对计数脉冲 C 二分频。同理，Q_1 为四分频，Q_2 为八分频。因此，在许多场合计数器也可作为分频器使用，以得到不同频率的脉冲。

图 8-29 所示为 4 位异步二进制加法计数器，是用 4 个上升沿触发的 D 触发器构成的。每个触发器的 $\overline{Q}$ 与 D 相连，接成 T′ 触发器，且低位触发器的 $\overline{Q}$ 端依次接到相邻高位的时钟端。其工作原理与用 JK 触发器构成的 3 位异步二进制加法计数器相同，图 8-30 所示为其波形图。画波形图时注意各触发器是在其相应的时钟脉冲上升沿时翻转。

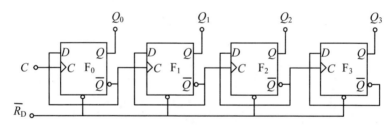

图 8-29　由上升沿触发的 D 触发器构成的 4 位异步二进制加法计数器

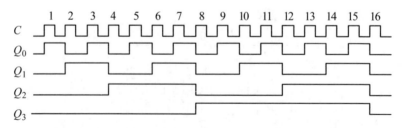

图 8-30　上升沿触发的 4 位异步二进制加法计数器的波形图

将二进制加法计数器稍作改变，便可组成二进制减法计数器。图 8-31 所示为 3 位异步二进制减法计数器，是由上升沿触发的 D 触发器构成的。D 触发器仍接成 T′ 触发器，与图 8-30 不同的是，低位触发器的 Q 端依次接到相邻高位的时钟端。

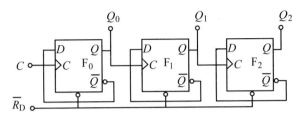

图 8-31　3 位异步二进制减法计数器

3 位二进制减法计数器的状态表和波形图分别如表 8-11 和图 8-32 所示。

表 8-11　3 位二进制减法计数器的状态表

C	Q_2	Q_1	Q_0
0	0	0	0
1	1	1	1
2	1	1	0
3	1	0	1
4	1	0	0
5	0	1	1
6	0	1	0
7	0	0	1
8	0	0	0

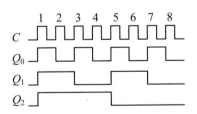

图 8-32　3 位二进制减法计数器的波形图

2. 同步二进制计数器

为了提高计数速度，将计数脉冲同时加到各个触发器的时钟端。在计数脉冲作用下，所有应该翻转的触发器可以同时翻转，这种结构的计数器称为同步计数器。

图 8-33 所示为 3 位同步二进制加法计数器，是用 3 个 JK 触发器构成的。各个触发器只要满足 $J = K = 1$ 的条件，在 C 计数脉冲的下降沿 Q 即可翻转。

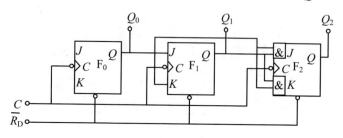

图 8-33 3 位同步二进制加法计数器

一般可从分析状态表找出各个触发器的驱动方程。

分析表 8-10 所示 3 位二进制加法计数器状态表可知：

（1）第 1 位触发器 F_0 要求每来一个时钟脉冲 C 翻转一次，因而其驱动方程为 $J_0 = K_0 = 1$。

（2）第 2 位触发器 F_1 要求只有在 Q_0 为 1 时，再来一个时钟脉冲 C 才翻转，故其驱动方程为 $J_1 = K_1 = Q_0$。

（3）第 3 位触发器 F_2 要求只有在 Q_0 和 Q_1 都为 1 时，再来一个时钟脉冲 C 才翻转，故其驱动方程为 $J_2 = K_2 = Q_1Q_0$。

根据上述驱动方程，即可画出图 8-33 所示电路，其工作波形图与 3 位异步二进制加法计数器的波形图完全相同，见图 8-28。

8.3.2 十进制计数器

1. 同步十进制计数器

通常人们习惯用十进制计数，这种计数必须用 10 个状态表示十进制的 0～9，所以准确地说十进制计数器应该是 1 位十进制计数器。使用最多的十进制计数器是按照 8421 码进行计数的电路，其编码表如表 8-12 所示。

表 8-12 十进制计数器编码表

C	8421 编码				十进制数
	Q_3	Q_2	Q_1	Q_0	
0	0	0	0	0	0
1	0	0	0	1	1
2	0	0	1	0	2
3	0	0	1	1	3

续表

C	8421 编码				十进制数
	Q_3	Q_2	Q_1	Q_0	
4	0	1	0	0	4
5	0	1	0	1	5
6	0	1	1	0	6
7	0	1	1	1	7
8	1	0	0	0	8
9	1	0	0	1	9
10	0	0	0	0	0

选用 4 个时钟脉冲下降沿触发的 JK 触发器，并用 F_0、F_1、F_2、F_3 表示。分析表 8-12 所示十进制加法计数器的状态表可知：

（1）第 1 位触发器 F_0 要求每来一个时钟脉冲 C 翻转一次，因而其驱动方程为 $J_0 = K_0 = 1$。

（2）第 2 位触发器 F_1 要求在 Q_0 为 1 时，再来一个时钟脉冲 C 才翻转，但在 Q_3 为 1 时不得翻转，故其驱动方程为 $J_1 = \overline{Q_3}Q_0$、$K_1 = Q_0$。

（3）第 3 位触发器 F_2 要求在 Q_0 和 Q_1 都为 1 时，再来一个时钟脉冲 C 才翻转，故其驱动方程为 $J_2 = K_2 = Q_1Q_0$。

（4）第 4 位触发器 F_3 要求在 Q_0、Q_1 和 Q_2 都为 1 时，再来一个时钟脉冲 C 才翻转，但在第 10 个脉冲到来时 Q_3 应由 1 变为 0，故其驱动方程为 $J_3 = Q_2Q_1Q_0$、$K_3 = Q_0$。

根据选用的触发器及所求得的驱动方程，可画出同步十进制加法计数器的逻辑图，如图 8-34 所示。

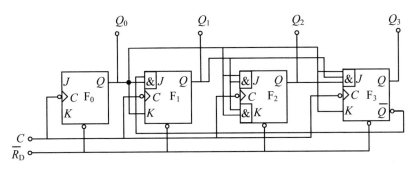

图 8-34　同步十进制加法计数器

图 8-35 所示为十进制加法计数器的波形图。

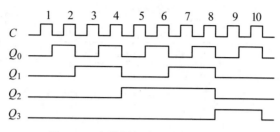

图 8-35 　十进制加法计数器的波形图

2. 异步十进制计数器

图 8-36 所示为异步十进制加法计数器，图中各触发器均为 TTL 电路，悬空的输入端相当于接高电平 1。由图可知触发器 F_0、F_1、F_2 中除 F_1 的 J_1 端与 F_3 的 $\overline{Q}_3$ 端连接外，其他输入端均为高电平。设计数器初始状态为 $Q_3Q_2Q_1Q_0 = 0000$，在触发器 F_3 翻转之前，即从 0000 起到 0111 为止，$\overline{Q}_3 = 1$，F_0、F_1、F_2 的翻转情况与图 8-27 所示的 3 位异步二进制加法计数器相同。当第 7 个计数脉冲到来后，计数器状态变为 0111，$Q_2 = Q_1 = 1$，使 $J_3 = Q_2Q_1 = 1$，而 $K_3 = 1$，为 F_3 由 0 变 1 准备了条件。当第 8 个计数脉冲到来后，4 个触发器全部翻转，计数器状态变为 1000。第 9 个计数脉冲到来后，计数器状态变为 1001。这两种情况下 $\overline{Q}_3$ 均为 0，使 $J_1 = 0$，而 $K_1 = 1$。所以第 10 个计数脉冲到来后，Q_0 由 1 变为 0，但 F_1 的状态将保持为 0 不变，而 Q_0 能直接触发 F_3，使 Q_3 由 1 变为 0，从而使计数器回复到初始状态 0000。

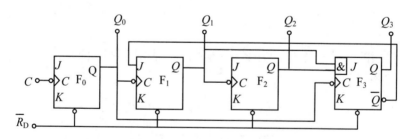

图 8-36 　异步十进制加法计数器

8.3.3 　N 进制计数器

N 进制计数器是指除二进制计数器和十进制计数器外的其他进制计数器，即每来 N 个计数脉冲，计数器状态重复一次。

1. 由触发器构成 N 进制计数器

由触发器组成的 N 进制计数器的一般分析方法是：对于同步计数器，由于计数脉冲同时接到每个触发器的时钟脉冲输入端，因而触发器的状态是否翻转只需由其驱动方程判断。而异步计数器中各触发器的触发脉冲不尽相同，所以触发器的状态是否翻转，除了要考虑驱动方程外，还必须考虑时钟脉冲输入端的触发脉冲是否出现。

例 8-5　分析图 8-37 所示计数器为几进制计数器。

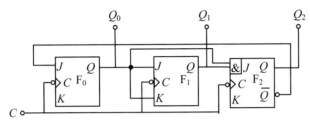

图 8-37　例 8-5 的图

解　由图可知，由于计数脉冲 C 同时接到每个触发器的时钟脉冲输入端，所以该计数器为同步计数器。3 个触发器的驱动方程分别为：

F_0：$J_0 = \overline{Q_2}$、$K_0 = 1$

F_1：$J_1 = K_1 = Q_0$

F_2：$J_2 = Q_1 Q_0$、$K_2 = 1$

列状态表的过程如下：首先假设计数器的初始状态，如 $Q_2 Q_1 Q_0 = 000$，并依此根据驱动方程确定 J、K 的值，然后根据 J、K 的值确定在计数脉冲 C 触发下各触发器的状态。状态表如表 8-13 所示。在第 1 个计数脉冲触发下各触发器的状态为 001，在第 2 个计数脉冲触发下各触发器的状态为 010，按照上述步骤反复判断，直到第 5 个计数脉冲时计数器的状态又回到初始状态 000。即每来 5 个计数脉冲计数器状态重复一次，所以该计数器为五进制计数器。其波形图如图 8-38 所示。

表 8-13　例 8-5 的状态表

C	Q_2	Q_1	Q_0	J_0	K_0	J_1	K_1	J_2	K_2
0	0	0	0	1	1	0	0	0	1
1	0	0	1	1	1	1	1	0	1
2	0	1	0	1	1	0	0	0	1
3	0	1	1	1	1	1	1	1	1
4	1	0	0	0	1	0	0	0	1
5	0	0	0	1	1	0	0	0	1

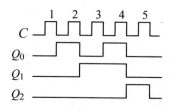

图 8-38　五进制加法计数器的波形图

例 8-6　分析图 8-39 所示计数器为几进制计数器。

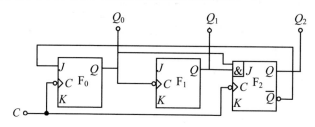

图 8-39　例 8-6 的图

解　由图可知，触发器 F_0、F_2 由计数脉冲 C 触发，而 F_1 由 F_0 的输出 Q_0 触发，也就是只有在 Q_0 出现下降沿（由 1 变 0）时 Q_1 才能翻转，各个触发器不是都接计数脉冲 C，所以该计数器为异步计数器。3 个触发器的驱动方程分别为：

F_0：　$J_0 = \overline{Q_2}$、　$K_0 = 1$　　　　　C 触发

F_1：　$J_1 = K_1 = 1$　　　　　　　　Q_0 触发

F_2：　$J_2 = Q_1 Q_0$、　$K_2 = 1$　　　　C 触发

列异步计数器状态表与同步计数器不同之处在于：决定触发器的状态，除了要看其 J、K 的值，还要看其时钟输入端是否出现触发脉冲下降沿。表 8-14 所示为该电路的状态表，可以看出该计数器也是五进制计数器。

表 8-14　例 8-6 的状态表

C	Q_2	Q_1	Q_0	J_0	K_0	J_1	K_1	J_2	K_2
0	0	0	0	1	1	1	1	0	1
1	0	0	1	1	1	1	1	0	1
2	0	1	0	1	1	1	1	0	1
3	0	1	1	1	1	1	1	1	1
4	1	0	0	0	1	1	1	0	1
5	0	0	0	1	1	1	1	0	1

2. 由集成计数器构成 N 进制计数器

利用集成计数器可以很方便地构成 N 进制计数器。由于集成计数器是厂家生产的定型产品，其函数关系已经固定了，状态编码不能改变，而且多为纯自然态序编码，因此，在用集成计数器构成 N 进制计数器时，需要利用清零端或置数端，让电路跳过某些状态来获得 N 进制计数器。

图 8-40 所示为集成 4 位同步二进制计数器 74LS161 的引脚排列图和逻辑功能示意图。图中 C 是输入计数脉冲，也就是加到各个触发器时钟输入端的时钟脉冲；$\overline{CR}$ 是清零端；$\overline{LD}$ 是置数端；CT_P 和 CT_T 是计数器工作状态控制端；$D_0 \sim D_3$ 是并行数据输入数据端；CO 是进位信号输出端；$Q_0 \sim Q_3$ 是计数器状态输出端。

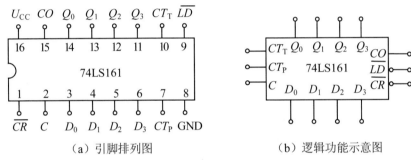

（a）引脚排列图　　　　　　（b）逻辑功能示意图

图 8-40　集成同步计数器 74LS161 的引脚排列图及逻辑功能示意图

表 8-15 所示是集成计数器 74LS161 的功能表。由表 8-15 可以看出，集成 4 位同步二进制加法计数器 74LS161 具有下列功能。

表 8-15　集成同步计数器 74LS161 的功能表

输　　　入					输　　　　　出				CO
$\overline{CR}$	$\overline{LD}$	CT_P	CT_T	C	Q_3	Q_2	Q_1	Q_0	CO
0	×	×	×	×	0	0	0	0	0
1	0	×	×	↑	D_3	D_2	D_1	D_0	
1	1	1	1	↑	计数				
1	1	0	×	×	保持				
1	1	×	0	×	保持				0

（1）异步清零功能。当 $\overline{CR} = 0$ 时，不管其他输入信号为何状态，计数器直接清零，与计数脉冲 C 无关。

（2）同步并行置数功能。当 $\overline{CR} = 1$、$\overline{LD} = 0$ 时，在 C 上升沿到达时，不管

其他输入信号为何状态，并行输入数据 $D_0 \sim D_3$ 进入计数器，使 $Q_3 Q_2 Q_1 Q_0 = D_3 D_2 D_1 D_0$，即完成了并行置数功能。而如果没有 C 上升沿到达，尽管 $\overline{LD} = 0$，也不能使预置数据进入计数器。

（3）同步二进制加法计数功能。当 $\overline{CR} = \overline{LD} = 1$ 时，若 $CT_T = CT_P = 1$，则计数器对计数脉冲 C 按照自然二进制码循环计数（C 上升沿翻转）。当计数状态达到 1111 时，$CO = 1$，产生进位信号。

（4）保持功能。当 $\overline{CR} = \overline{LD} = 1$ 时，若 $CT_T \ CT_P = 0$，则计数器将保持原来状态不变。对于进位输出信号有两种情况：若 $CT_T = 0$，则 $CO = 0$；若 $CT_T = 1$，则 $CO = Q_3^n Q_2^n Q_1^n Q_0^n$。

利用 74LS161 的异步清零端 $\overline{CR}$ 和同步置数端 $\overline{LD}$ 可以很方便地组成小于 16 的任意进制计数器。图 8-41（a）是用异步清零法将 Q_3 和 Q_2 通过与非门反馈到 $\overline{CR}$ 端归零实现的 12 进制计数器。图 8-41（b）是用同步置数法将 Q_3、Q_1 和 Q_0 通过与非门反馈到 $\overline{LD}$ 端归零实现的 12 进制计数器。图 8-42 所示分别为用异步归零法和同步归零法所构成的 12 进制计数器的波形图。

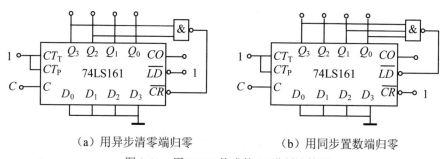

（a）用异步清零端归零　　　　　　　（b）用同步置数端归零

图 8-41　用 74161 构成的 12 进制计数器

由图 8-42 可以看出，利用异步归零所构成的 12 进制计数器，存在一个极短暂的过渡状态 1100。照理说，12 进制计数器从状态 0000 开始计数，计到状态 1011 时，再来一个计数脉冲 C，电路应该立即归零。然而用异步归零法所得到的 12 进制计数器，不是立即归零，而是先转换到状态 1100，借助 1100 的译码使电路归零，随后变为初始状态 0000。状态 1100 虽然是一个极短暂的过渡状态，但却是不可缺少的，没有就无法产生异步归零信号。由于同步归零信号是由计数脉冲 C 的触发沿控制的，所以利用同步归零构成的 12 进制计数器不存在过渡状态 1100，即从状态 0000 计到 1011，再来一个计数脉冲 C，电路立即归零。

若要用 74LS161 组成大于 16 进制的计数器，需要多片串联使用。图 8-43 所示是用两片 74LS161 组成的 256（$2^{4 \times 2}$）进制计数器和 60（$3 \times 16 + 12$）进制计数器。

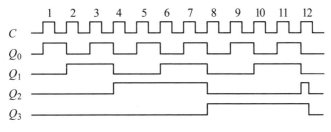

（a）异步归零 12 进制计数器的波形

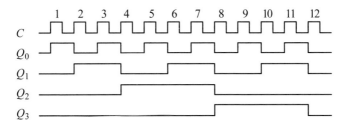

（b）同步归零 12 进制计数器的波形

图 8-42　12 进制计数器的波形图

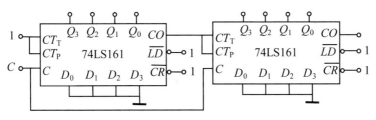

（a）256 进制计数器

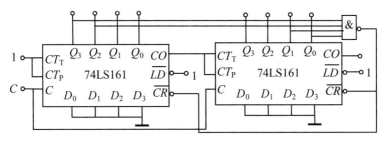

（b）60 进制计数器

图 8-43　用 74LS161 构成的 256 进制和 60 进制计数器

　　图 8-44 是用 74LS161 组成的按 8421 码计数的 60 进制计数器和 24 进制计数器。

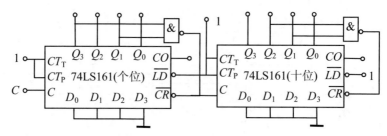

（a）异步归零 12 进制计数器的波形

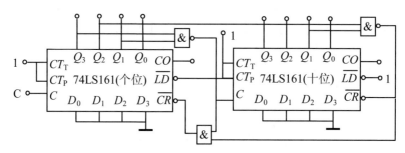

（b）同步归零 12 进制计数器的波形

图 8-44　用 74LS161 构成的按 8421 码计数的 60 进制和 24 进制计数器

74LS90 是一种典型的集成异步计数器，可实现二－五－十进制计数。图 8-45 所示是 74LS90 引脚排列图和逻辑功能示意图。

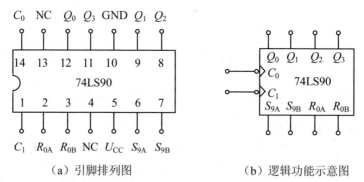

（a）引脚排列图　　　　　　　　　（b）逻辑功能示意图

图 8-45　集成异步计数器 74LS90 的引脚排列图和逻辑功能示意图

表 8-16 为 74LS90 的功能表。

由表 8-16 可知 74LS90 具有下列功能：

（1）异步清零功能。当 $S_9 = S_{9A}S_{9B} = 0$ 时，若 $R_0 = R_{0A}R_{0B} = 1$，则计数器清零，与输入时钟脉冲 C 无关，这说明 74LS90 是异步清零的。

表 8-16　集成异步计数器 74LS90 的功能表

输			入			输		出	
R_{0A}	R_{0B}	S_{9A}	S_{9B}	C_0	C_1	Q_3	Q_2	Q_1	Q_0
1	1	0	×	×	×	0	0	0	0
1	1	×	0	×	×	0	0	0	0
×	×	1	1	×	×	1	0	0	1
×	0	×	0	↓	0	二进制计数			
×	0	0	×	0	↓	五进制计数			
0	×	×	0	↓	Q_0	8421 码十进制计数			
0	×	0	×	Q_3	↓	5421 码十进制计数			

（2）异步置 9 功能。$S_9 = S_{9A}S_{9B} = 1$ 时，计数器置 9，即被置成 1001 状态，与 C 无关，也是异步进行的，并且其优先级别高于 R_0。

（3）异步计数功能。当 $S_9 = S_{9A}S_{9B} = 0$，且 $R_0 = R_{0A}R_{0B} = 0$ 时，计数器进行异步计数。有 4 种基本情况：

1）若将时钟脉冲 C 加在 C_0 端，且把 Q_0 与 C_1 连接起来，则电路将对时钟脉冲 C 按照 8421 码进行异步加法计数。

2）若将 C 加在 C_0 端，而 C_1 接低电平 0，则计数器中 F_0 工作，$F_1 \sim F_3$ 不工作，电路构成 1 位二进制计数器。

3）如果只将 C 加在 C_1 端，C_0 接 0，则计数器中 F_0 不工作，$F_1 \sim F_3$ 工作，且构成五进制异步计数器。

4）如果将 C 加在 C_1 端，且把 Q_3 与 C_0 连接起来，虽然电路仍然是十进制异步计数器，但计数规律不再是 8421 码，而是 5421 码。

图 8-46 所示是把两片 74LS90 级联起来构成的 100 进制（2 位十进制）计数器。

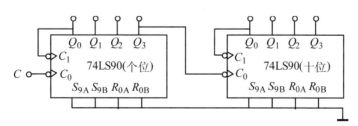

图 8-46　由 74LS90 构成的 100 进制计数器

图 8-47 所示是把两片 74LS90 级联起来构成的 60 进制计数器。图 8-48 所示是用两片 74LS90 级联起来构成 100 进制计数器后，再用归零法构成的 64 进制计数器。

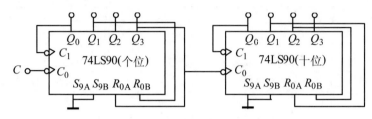

图 8-47　由 74LS90 构成的 60 进制计数器

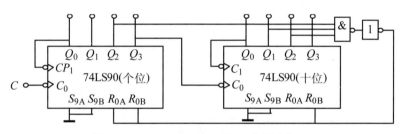

图 8-48　由 74LS90 构成的 64 进制计数器

8.4　555 定时器

555 定时器是一种将模拟功能与逻辑功能巧妙地结合在一起的中规模集成电路，电路功能灵活，应用范围广，只要外接少量元件，就可以构成多谐振荡器、单稳态触发器或施密特触发器等电路，因而在定时、检测、控制、报警等方面都有广泛的应用。

8.4.1　555 定时器的结构和工作原理

555 定时器的内部结构和引脚排列如图 8-49 所示。555 定时器内部含有一个基本 RS 触发器，两个电压比较器 A_1 和 A_2，一个放电晶体管 VT，以及一个由 3 个 5kΩ 电阻组成的分压器。比较器 A_1 的参考电压为 $\frac{2}{3}U_{CC}$，加在同相输入端；A_2 的参考电压为 $\frac{1}{3}U_{CC}$，加在反相输入端，两者均由分压器上取得。

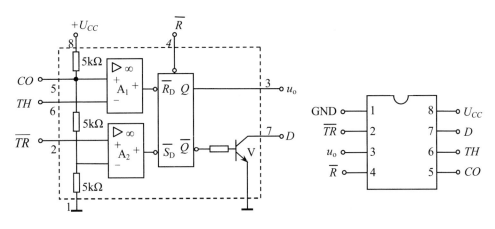

（a）电路结构图　　　　　　　　　（b）引脚排列图

图 8-49　555 定时器结构和引脚排列图

555 定时器各引线端的用途如下：

1 端 GND 为接地端。

2 端 $\overline{TR}$ 为低电平触发端，也称为触发输入端，由此输入触发脉冲。当 2 端的输入电压高于 $\frac{1}{3}U_{CC}$ 时，A_2 的输出为 1；当输入电压低于 $\frac{1}{3}U_{CC}$ 时，A_2 的输出为 0，使基本 RS 触发器置 1，即 $Q=1$、$\overline{Q}=0$。这时定时器输出 $u_o=1$。

3 端 u_o 为输出端，输出电流可达 200mA，因此可直接驱动继电器、发光二极管、扬声器、指示灯等。输出高电压约低于电源电压 1~3V。

4 端 $\overline{R}$ 是复位端，当 $\overline{R}=0$ 时，基本 RS 触发器直接置 0，使 $Q=0$、$\overline{Q}=1$。

5 端 CO 为电压控制端，如果在 CO 端另加控制电压，则可改变 A_1、A_2 的参考电压。工作中不使用 CO 端时，一般都通过一个 0.01μF 的电容接地，以旁路高频干扰。

6 端 TH 为高电平触发端，又叫做阈值输入端，由此输入触发脉冲。当输入电压低于 $\frac{2}{3}U_{CC}$ 时，A_1 的输出为 1；当输入电压高于 $\frac{2}{3}U_{CC}$ 时，A_1 的输出为 0，使基本 RS 触发器置 0，即 $Q=0$、$\overline{Q}=1$。这时定时器输出 $u_o=0$。

7 端 D 为放电端。当基本 RS 触发器的 $\overline{Q}=1$ 时，放电晶体管 VT 导通，外接电容元件通过 VT 放电。555 定时器在使用中大多与电容器的充放电有关，为了使充放电能够反复进行，电路特别设计了一个放电端 D。

8 端 U_{CC} 为电源端，可在 4.5~16V 范围内使用，若为 CMOS 电路，则 $U_{DD}=3\sim18$V。

8.4.2　555 定时器的应用

1. 单稳态触发器

单稳态触发器在数字电路中一般用于定时（产生一定宽度的矩形波）、整形（把不规则的波形转换成宽度、幅度都相等的波形）以及延时（把输入信号延迟一定时间后输出）等。

单稳态触发器具有下列特点：

（1）电路有一个稳态和一个暂稳态。

（2）在外来触发脉冲作用下，电路由稳态翻转到暂稳态。

（3）暂稳态是一个不能长久保持的状态，经过一段时间后，电路会自动返回到稳态。暂稳态的持续时间与触发脉冲无关，仅决定于电路本身的参数。

图 8-50 所示是用 555 定时器构成的单稳态触发器电路及其工作波形。R、C 是外接定时元件；u_i 是输入触发信号，下降沿有效。

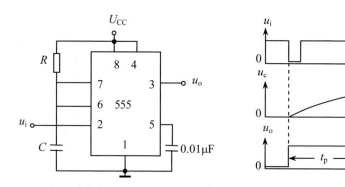

（a）单稳态触发器的构成　　　　（b）单稳态触发器的工作波形

图 8-50　用 555 定时器构成的单稳态触发器及其波形图

接通电源 U_{CC} 后瞬间，电路有一个稳定的过程，即电源 U_{CC} 通过电阻 R 对电容 C 充电，当 u_c 上升到 $\frac{2}{3}U_{CC}$ 时，比较器 A_1 的输出为 0，将基本 RS 触发器置 0，电路输出 $u_o = 0$。这时基本 RS 触发器的 $\overline{Q} = 1$，使放电管 VT 导通，电容 C 通过 VT 放电，电路进入稳定状态。

当触发信号 u_i 到来时，因为 u_i 的幅度低于 $\frac{1}{3}U_{CC}$，比较器 A_2 的输出为 0，将基本 RS 触发器置 1，u_o 由 0 变为 1。电路进入暂稳态。由于此时基本 RS 触发器的 $\overline{Q} = 0$，放电管 VT 截止，U_{CC} 经电阻 R 对电容 C 充电。虽然此时触发脉冲已消失，比较器 A_2 的输出变为 1，但充电继续进行，直到 u_c 上升到 $\frac{2}{3} U_{CC}$ 时，比较器 A_1 的输出为 0，将基本 RS 触发器置 0，电路输出 $u_o = 0$，VT 导通，电容 C 放电，电路恢复到稳定状态。

忽略放电管 VT 的饱和压降，则 u_c 从 0 充电上升到 $\frac{2}{3} U_{CC}$ 所需的时间，即为 u_o 的输出脉冲宽度 t_p 为：

$$t_p \approx 1.1 RC$$

单稳态触发器应用很广，以下举几个例子说明。

（1）延时与定时。脉冲信号的延时与定时电路如图 8-51 所示。仔细观察 u_o' 与 u_i 的波形，可以发现 u_o' 的下降沿比 u_i 的下降沿滞后了 t_p，也即延迟了 t_p。这个 t_p 反映了单稳态触发器的延时作用。

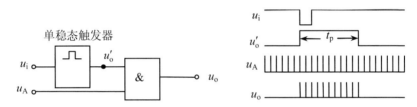

（a）脉冲信号的延时与定时控制电路　　（b）脉冲信号的延时与定时控制电路的波形

图 8-51　脉冲信号的延时与定时控制

单稳态触发器的输出 u_o' 送入与门作为定时控制信号，当 $u_o' = 1$ 时与门打开，$u_o = u_A$；$u_o' = 0$ 时与门关闭，$u_o = 0$。显然，与门打开的时间是恒定不变的，就是单稳态触发器输出脉冲 u_o' 的宽度 t_p。

（2）波形整形。输入脉冲的波形往往是不规则的，边沿不陡，幅度不齐，不能直接输入到数字电路。因为单稳态触发器的输出 u_o 的幅度仅决定于输出的高、低电平，宽度 t_p 只与定时元件 R、C 有关。所以利用单稳态触发器能够把不规则的输入信号 u_i，整形成为幅度、宽度都相同的矩形脉冲 u_o。图 8-52 所示就是单稳态触发器整形的一个例子。

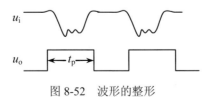

图 8-52　波形的整形

2. 无稳态触发器

无稳态触发器是一种自激振荡电路，它没有稳定状态，也不需要外加触发脉冲。当电路接好之后，只要接通电源，在其输出端便可获得矩形脉冲。由于矩形脉冲中除基波外还含有极丰富的高次谐波，故无稳态触发器又称为多谐振荡器。

图 8-53 所示是用 555 定时器构成的无稳态触发器及其工作波形。R_1、R_2、C 是外接定时元件。接通电源 U_{CC} 后，电源 U_{CC} 经电阻 R_1 和 R_2 对电容 C 充电，当 u_c 上升到 $\frac{2}{3}U_{CC}$ 时，比较器 A_1 的输出为 0，将基本 RS 触发器置 0，定时器输出 $u_o = 0$。这时基本 RS 触发器的 $\overline{Q} = 1$，使放电管 VT 导通，电容 C 通过电阻 R_2 和 VT 放电，u_c 下降。当 u_c 下降到 $\frac{1}{3}U_{CC}$ 时，比较器 A_2 的输出为 0，将基本 RS 触发器置 1，u_o 又由 0 变为 1。由于此时基本 RS 触发器的 $\overline{Q} = 0$，放电管 VT 截止，U_{CC} 又经电阻 R_1 和 R_2 对电容 C 充电。如此重复上述过程，于是在输出端 u_o 产生了连续的矩形脉冲。

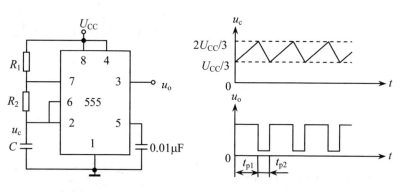

（a）无稳态触发器的构成　　　（b）无稳态触发器的工作波形

图 8-53　用 555 定时器构成的无稳态触发器及其波形图

第一个暂稳态的脉冲宽度 t_{p1}，即 u_c 从 $\frac{1}{3}U_{CC}$ 充电上升到 $\frac{2}{3}U_{CC}$ 所需的时间：

$$t_{p1} \approx 0.7(R_1 + R_2)C$$

第二个暂稳态的脉冲宽度 t_{p2}，即 u_c 从 $\frac{2}{3}U_{CC}$ 放电下降到 $\frac{1}{3}U_{CC}$ 所需的时间：

$$t_{p2} \approx 0.7R_2C$$

振荡周期：

$$T = t_{p1} + t_{p2} \approx 0.7(R_1 + 2R_2)C$$

占空比：

$$q = \frac{t_{p1}}{T} = \frac{R_1 + R_2}{R_1 + 2R_2}$$

图 8-54（a）所示是用两个多谐振荡器构成的模拟声响电路。若调节定时元件 R_1、R_2、C_1 使振荡器 I 的振荡频率 $f_1 = 1\text{Hz}$，调节 R_3、R_4、C_2 使振荡器 II 的振荡频率 $f_2 = 1\text{kHz}$，则扬声器就会发出"呜、…、呜"的间歇声响。因为振荡器 I 的输出电压 u_{o1} 接到振荡器 II 中 555 定时器的复位端 $\overline{R}$（4 脚），当 u_{o1} 为高电平时振荡器 II 振荡，为低电平时 555 定时器复位，振荡器 II 停止振荡。图 8-54（b）所示是模拟声响电路的工作波形。

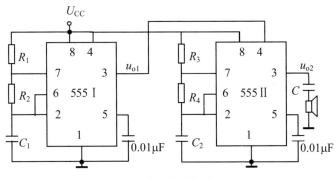

（a）模拟声响电路

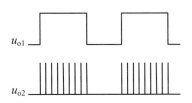

（b）模拟声响电路的工作波形

图 8-54　模拟声响电路及其波形图

3. 施密特触发器

施密特触发器一个最重要的特点，就是能够把变化非常缓慢的输入信号，整形成为适合于数字电路需要的矩形脉冲，而且由于具有滞回特性，所以抗干扰能力也很强。施密特触发器在脉冲的产生和整形电路中应用很广。

将 555 定时器的 TH 端和 $\overline{TR}$ 端连接起来作为信号 u_i 的输入端，便构成了施密特触发器，如图 8-55 所示。555 定时器中放电晶体管 VT 的集电极引出端 D 通过

电阻 R 接电源 U_{CC1}，成为输出端 u_{o1}，其高电平可通过改变 U_{CC1} 进行调节；u_o 是 555 定时器的信号输出端。

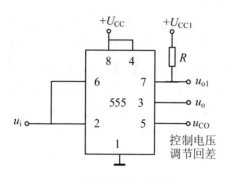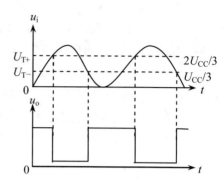

（a）施密特触发器的构成　　　　　（b）施密特触发器的工作波形

图 8-55　施密特触发器及其波形图

（1）当 $u_i = 0$ 时，由于比较器 A_1 输出为 1、A_2 输出为 0，基本 RS 触发器置 1，即 $Q = 1$、$\overline{Q} = 0$，$u_{o1} = 1$、$u_o = 1$。u_i 升高时，在未到达 $\frac{2}{3} U_{CC}$ 以前，$u_{o1} = 1$、$u_o = 1$ 的状态不会改变。

（2）u_i 升高到 $\frac{2}{3} U_{CC}$ 时，比较器 A_1 输出跳变为 0、A_2 输出为 1，基本 RS 触发器置 0，即跳变到 $Q = 0$、$\overline{Q} = 1$，u_{o1}、u_o 也随之跳变到 0。此后，u_i 继续上升到最大值，然后再降低，但在未降低到 $\frac{1}{3} U_{CC}$ 以前，$u_{o1} = 0$、$u_o = 0$ 的状态不会改变。

（3）u_i 下降到 $\frac{1}{3} U_{CC}$ 时，比较器 A_1 输出为 1、A_2 输出跳变为 0，基本 RS 触发器置 1，即跳变到 $Q = 1$、$\overline{Q} = 0$，u_{o1}、u_o 也随之跳变到 1。此后，u_i 继续下降到 0，但 $u_{o1} = 1$、$u_o = 1$ 的状态不会改变。

施密特触发器的用途很广，下面列举几例。

（1）接口与整形。图 8-56（a）所示电路中，施密特触发器用作 TTL 系统的接口，将缓慢变化的输入信号，转换成为符合 TTL 系统要求的脉冲波形。图 8-56（b）所示是用作整形电路的施密特触发器的输入、输出电压波形，它把不规则的输入信号整形成为矩形脉冲。

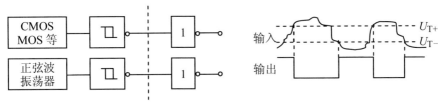

（a）慢输入波形的 TTL 系统接口　　　　（b）整形电路的输入、输出波形

图 8-56　施密特触发器应用于接口及整形

（2）幅度鉴别和多谐振荡器。图 8-57（a）所示是用作幅度鉴别时，施密特触发器的输入、输出波形，显然，只有幅度达到 U_{T+} 的输入电压信号，才可被鉴别出来，并形成相应的输出脉冲。图 8-57（b）所示是用施密特触发器构成的多谐振荡器，其工作原理比较简单。接通电源瞬间，电容 C 上的电压为 0，施密特触发器的输出电压 u'_o 为高电平，u'_o 的高电平通过电阻 R 对电容 C 充电，随着充电的进行，u_c 逐渐升高，当 u_c 上升到 U_{T+} 时，施密特触发器翻转，u'_o 跳变到低电平，此后电容 C 又开始放电，u_c 下降，当 u_c 下降到 U_{T-} 时，u'_o 又跳变到高电平，于是形成振荡，在施密特触发器输出端所得到的便是接近矩形的脉冲电压 u'_o，再经过反相器整形，就可以得到比较理想的矩形脉冲 u_o。

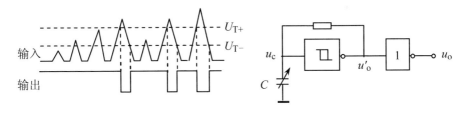

（a）幅度鉴别的输入、输出波形　　　（b）用施密特触发器构成多谐振荡器

图 8-57　施密特触发器应用于幅度鉴别和多谐振荡器

本章小结

（1）双稳态触发器是数字电路的极其重要的基本单元，它有两个稳定状态，在外界信号作用下，可以从一个稳态转变为另一个稳态；无外界信号作用时状态保持不变。因此，双稳态触发器可以作为二进制存储单元使用。各种不同双稳态触发器的逻辑功能为：

基本 RS 触发器：$RS=00$ 时不定、01 时置 0、10 时置 1、11 时保持，R、S

直接控制。

同步 RS 触发器：$RS=00$ 时保持、01 时置 1、10 时置 0、11 时不定，$C=1$ 时有效。

主从 JK 触发器：$JK=00$ 时保持、01 时置 0、10 时置 1、11 时翻转，时钟脉冲 C 的触发沿到来时刻有效。

D 触发器：$D=0$ 时置 0、$D=1$ 时置 1，时钟脉冲 C 的触发沿到来时刻有效。

T 触发器：$T=0$ 时保持、$T=1$ 时翻转，时钟脉冲 C 的触发沿到来时刻有效。

T′ 触发器：每来一个时钟脉冲 C 翻转一次。

（2）时序电路的特点是：在任何时刻的输出不仅和输入有关，而且还决定于电路原来的状态。为了记忆电路的状态，时序电路必须包含有存储电路。存储电路通常以触发器为基本单元电路构成。

（3）寄存器是用来暂存数据的逻辑部件。根据存入或取出数据的方式不同，可分为数码寄存器和移位寄存器。数码寄存器在一个时钟脉冲 C 的作用下，各位数码可同时存入或取出。移位寄存器在一个时钟脉冲 C 的作用下，只能存入或取出一位数码，n 位数码必须用 n 个时钟脉冲作用才能全部存入或取出。某些型号的集成寄存器具有左移、右移、清零、数据并入、并出、串入、串出等多种逻辑功能。

（4）计数器是用来累计脉冲数目的逻辑部件。按照不同的分类方式，有多种类型的计数器。n 个触发器可以组成 n 位二进制计数器，可以累计 2^n 个时钟脉冲。4 个触发器可以组成 1 位十进制计数器，n 位十进制计数器由 $4n$ 个触发器组成。计数脉冲同时作用在所有触发器 C 端的为同步计数器，否则为异步计数器。集成计数器还具有清零、置数等多种逻辑功能，用同步归零法或异步归零法可以很方便地实现 N 进制计数器。

（5）555 定时器是将电压比较器、触发器、分压器等集成在一起的中规模集成电路，只要外接少量元件，就可以构成无稳态触发器、单稳态触发器或施密特触发器等电路，应用十分广泛。无稳态触发器是一种自激振荡电路，不需要外加输入信号，就可以自动地产生出矩形脉冲。单稳态触发器和施密特触发器不能自动地产生矩形脉冲，但却可以把其他形状的信号变换成为矩形波。

 习题八

8-1　基本 RS 触发器的特点是什么？若 R 和 S 的波形如图 8-58 所示，设触发器 Q 端的初始状态为 0，试对应画出输出 Q 和 $\overline{Q}$ 的波形。

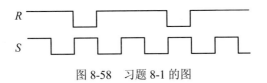

图 8-58　习题 8-1 的图

8-2　由或非门构成的基本 RS 触发器及其逻辑符号如图 8-59 所示，试分析其逻辑功能，并根据 R 和 S 的波形对应画出 Q 和 $\bar{Q}$ 的波形，设触发器 Q 端的初始状态为 0。

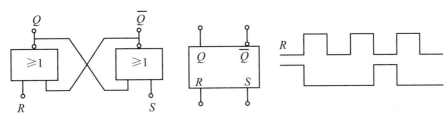

图 8-59　习题 8-2 的图

8-3　与基本 RS 触发器相比，同步 RS 触发器的特点是什么？设同步 RS 触发器 C、R、S 的波形如图 8-60 所示，触发器 Q 端的初始状态为 0，试对应画出 Q、$\bar{Q}$ 的波形。

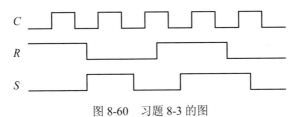

图 8-60　习题 8-3 的图

8-4　图 8-61 所示为由时钟脉冲 C 的上升沿触发的主从 JK 触发器的逻辑符号及 C、J、K 的波形，设触发器 Q 端的初始状态为 0，试对应画出 Q、$\bar{Q}$ 的波形。

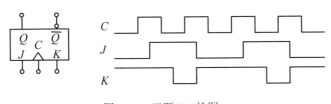

图 8-61　习题 8-4 的图

8-5　图 8-62 所示为由时钟脉冲 C 的上升沿触发的 D 触发器的逻辑符号及 C、D 的波形，设触发器 Q 端的初始状态为 0，试对应画出 Q、$\bar{Q}$ 的波形。

8-6　电路及 C 和 D 的波形如图 8-63 所示，设电路的初始状态为 $Q_0Q_1 = 00$，试对应画出 Q_0、Q_1 的波形。

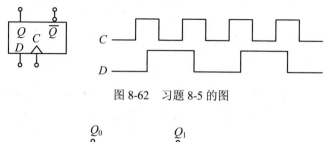

图 8-62　习题 8-5 的图

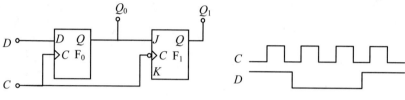

图 8-63　习题 8-6 的图

8-7　试画出在时钟脉冲 C 作用下图 8-64 所示电路 Q_0、Q_1 的波形，设触发器 F_0、F_1 的初始状态均为 0。如果时钟脉冲 C 的频率为 4000Hz，则 Q_0、Q_1 的频率各为多少？

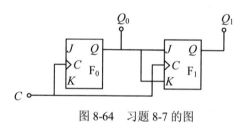

图 8-64　习题 8-7 的图

8-8　在图 8-65 所示电路中，设触发器 F_0、F_1 的初始状态均为 0，试画出在图中所示 C 和 X 的作用下 Q_0、Q_1 和 Y 的波形。

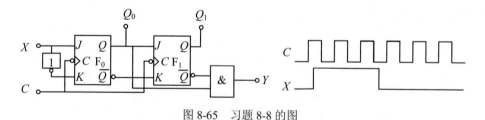

图 8-65　习题 8-8 的图

8-9　图 8-66 所示电路为循环移位寄存器，设电路的初始状态为 $Q_0Q_1Q_2Q_3 = 0001$。列出该电路的状态表，并画出 Q_0、Q_1、Q_2 和 Q_3 的波形。

8-10　图 8-67 所示电路为由 JK 触发器组成的移位寄存器，设电路的初始状态为 $Q_0Q_1Q_2Q_3 = 0000$。列出该电路输入数码 1001 的状态表，并画出各 Q 的波形图。

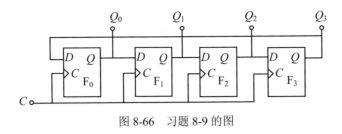

图 8-66　习题 8-9 的图

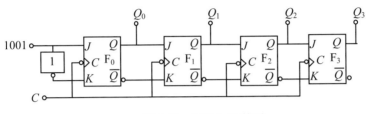

图 8-67　习题 8-10 的图

8-11　设图 8-68 所示电路的的初始状态为 $Q_0Q_1Q_2 = 000$。列出该电路的状态表，并画出其波形图。

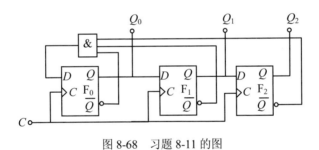

图 8-68　习题 8-11 的图

8-12　试分析图 8-69 所示电路，列出状态表，并说明该电路的逻辑功能。图中 X 为输入控制信号，Y 为输出信号，可分为 $X = 0$ 和 $X = 1$ 两种情况进行分析。

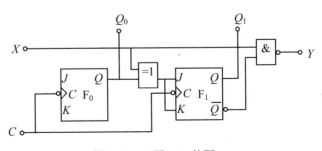

图 8-69　习题 8-12 的图

8-13 设图 8-70 所示电路的的初始状态为 $Q_2Q_1Q_0 = 000$。列出该电路的状态表，画出 C 和各输出端的波形图，说明是几进制计数器，是同步计数器还是异步计数器。

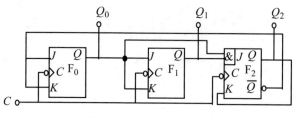

图 8-70 习题 8-13 的图

8-14 设图 8-71 所示电路的的初始状态为 $Q_2Q_1Q_0 = 000$。列出该电路的状态表，画出 C 和各输出端的波形图，说明是几进制计数器，是同步计数器还是异步计数器。图中 Y 为进位输出信号。

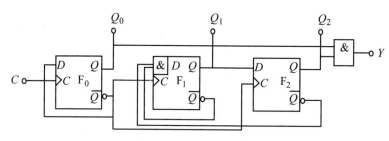

图 8-71 习题 8-14 的图

8-15 试分析图 8-72 所示电路，列出状态表，并说明该电路的逻辑功能。

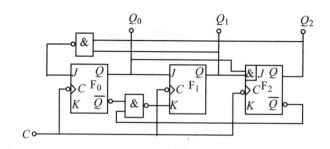

图 8-72 习题 8-15 的图

8-16 试分析图 8-73 所示电路，列出状态表，并说明该电路的逻辑功能。

8-17 试分析图 8-74 所示各电路，列出状态表，并指出各是几进制计数器。

8-18 试分析图 8-75 所示各电路，列出状态表，并指出各是几进制计数器。

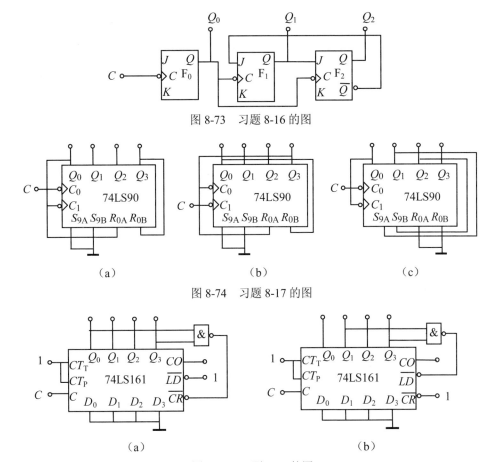

图 8-73　习题 8-16 的图

图 8-74　习题 8-17 的图

图 8-75　习题 8-18 的图

8-19　试分析图 8-76 所示各电路，并指出各是几进制计数器。

8-20　分别画出用 74LS161 的异步清零功能构成的下列计数器的接线图。

（1）五进制计数器；

（2）50 进制计数器；

（3）100 进制计数器；

（4）200 进制计数器。

8-21　分别画出用 74LS161 的同步置数功能构成的下列计数器的接线图。

（1）14 进制计数器；

（2）60 进制计数器；

（3）120 进制计数器；

（4）256 进制计数器。

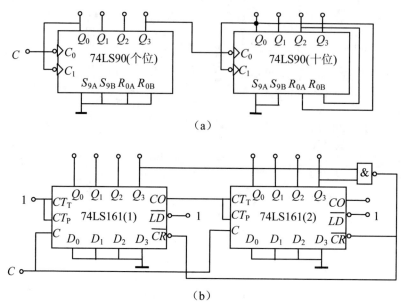

（a）

（b）

图 8-76　习题 8-19 的图

8-22　分别画出用 74LS90 构成的下列计数器的接线图。

（1）九进制计数器；

（2）35 进制计数器；

（3）50 进制计数器；

（4）78 进制计数器。

8-23　图 8-77 所示电路是一个照明灯自动亮灭装置，白天让照明灯自动熄灭；夜晚自动点亮。图中 R 是一个光敏电阻，当受光照射时电阻变小；当无光照射或光照微弱时电阻增大。试说明其工作原理。

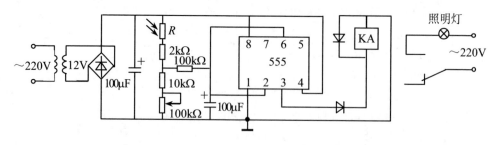

图 8-77　习题 8-23 的图

8-24　图 8-78 所示电路是一个防盗报警装置，a、b 两端用一细铜丝接通，将此铜丝置于盗窃者必经之处。当盗窃者闯入室内将铜丝碰掉后，扬声器即发出报警声。试说明电路的工作原理。

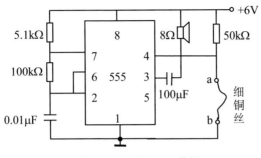

图 8-78　习题 8-24 的图

8-25　图 8-79 所示电路是一简易触摸开关电路，当手摸金属片时，发光二极管亮，经过一定时间，发光二极管熄灭。试说明电路的工作原理，并问发光二极管能亮多长时间？

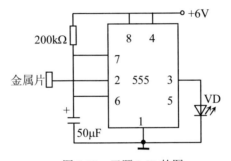

图 8-79　习题 8-25 的图

8-26　图 8-80 所示电路是用施密特触发器构成的单稳态触发器，试分析电路的工作原理，并画出 u_i、u_A、u_o 的波形。

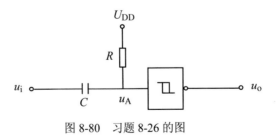

图 8-80　习题 8-26 的图

第 9 章　存储器与可编程逻辑器件

本章学习要求

- 掌握只读存储器的基本工作原理。
- 掌握用只读存储器和可编程逻辑器件进行逻辑设计的方法。
- 理解可编程逻辑器件的基本工作原理。
- 了解随机存取存储器的基本工作原理。

存储器是一些数字系统和电子计算机的重要组成部分，用来存放数据、资料和运算程序等二进制信息。在电子计算机中，以前多采用磁芯存储器。随着集成技术的发展，日前，半导体存储器得到了广泛的应用，尤其在微型计算机系统中，半导体存储器已完全取代了磁芯存储器。

存储器有很多种类，按存储介质的不同来划分，有半导体存储器、磁存储器和光存储器。半导体存储器由大规模集成电路构成，每一片存储芯片包含大量的存储单元。每一个存储单元都有唯一的地址代码加以区分，并能存储一位或多位二进制信息。本书只介绍半导体存储器，并在以后的叙述中将之简称为存储器。

半导体存储器按构成元件分，有双极型存储器和 MOS 型存储器。双极型存储器速度快，但功耗大；MOS 型存储器速度较慢，但功耗小，集成度高。

半导体存储器按其功能和存储信息的原理可分为只读存储器和随机存取存储器两类。只读存储器简称 ROM，这种存储器在存入数据以后，不能用简单的方法更改，也就是说，在工作时它的存储内容是固定不变的，只能从中读出（取出）信息，不能写入（存入）信息，并且其所存储的信息在断电后仍能保持，常用于存放固定的信息。随机存取存储器简称 RAM，在工作时既能从中读出信息，又能随时写入信息，所以，随机存取存储器又称为读写存储器。

可编程逻辑器件是一种新型的逻辑芯片，用户使用相应的编程器和软件，在这种芯片上可以灵活地编制自己需要的逻辑程序，有的芯片还可以多次编程。这种逻辑器件，通用性强、使用灵活、工作可靠、易于编程和保密。

本章首先分析只读存储器的基本结构、工作原理及其应用，然后简要介绍随机存取存储器的基本结构和工作原理，最后介绍可编程逻辑器件的结构原理、主要类型及利用 PROM 和 PLA 进行逻辑设计的方法。

9.1 只读存储器

ROM 按照数据写入方式的不同，又可分为掩膜 ROM（又称为固定 ROM，简称 MROM）、可编程 ROM（简称 PROM）、可擦除可编程 ROM（简称 EPROM）和电可擦除可编程 ROM（简称 EEPROM）等类型。它们的工作原理相同。掩膜 ROM 中的内容是生产厂家利用掩膜技术写入的，使用时不能更改。PROM 的内容可由用户编好后写入，但只能写一次，一经写入就不能再更改。EPROM 中存储的数据可以多次改写，但其改写过程比较麻烦，在工作时也只能进行读出操作。EEPROM 可以实现用电快速擦除。

9.1.1 ROM 的结构

ROM 由地址译码器和存储矩阵两部分组成，为了增加带负载能力，在输出端接有读出电路，其结构示意图如图 9-1 所示。

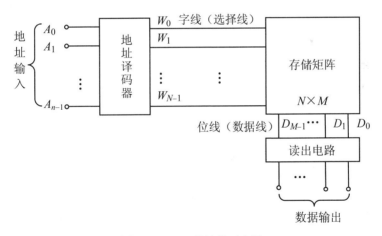

图 9-1 ROM 的结构示意图

存储矩阵是存储器的主体部分，由大量的存储单元组成。一个存储单元只能存储一位二进制数码 1 或 0。

通常，数据和指令是用一定位数的二进制数来表示的，这个二进制数称为字，该二进制数的位数称为字长。在存储器中，以字为单位进行存储，即利用一组存储单元存储一个字，这样一组存储单元称为字单元。为了存入和取出信息的方便，必须给每个字单元以确定的标号，这个标号称为地址。不同的字单元具有不同的地址，从而在进行写入和读出信息时，便可以按照地址来选择欲读、写的字单元。在图 9-1 中，$W_0, W_1, \cdots, W_{N-1}$ 称为字单元的地址选择线，简称字线；而 $D_0, D_1, \cdots, D_{M-1}$ 称为输出信息的数据线，简称位线。

存储器中所存储二进制信息的总位数（即存储单元数）称为存储器的存储容量。存储容量越大，存储的信息量就越多，存储功能就越强。因此，存储容量是存储器的主要技术指标之一。

一个具有 n 条地址输入线（即有 $N = 2^n$ 条字线）和 M 条数据输出线（即有 M 条位线）的 ROM，其存储容量为：

$$存储容量 = 字线数 \times 位线数 = N \times M \quad（位）$$

地址译码器的作用是根据输入的地址代码 $A_{n-1} \cdots A_1 A_0$，从 $W_0, W_1, \cdots, W_{N-1}$ 共 $N = 2^n$ 条字线中选择一条字线，以确定与地址代码相对应的字单元的位置。至于选择哪一条字线，则决定于输入的是哪一个地址代码。任何时刻，只能有一条字线被选中。被选中的那条字线所对应的字单元中的各位数码便经位线 $D_0, D_1, \cdots, D_{M-1}$ 传送到数据输出端。例如，若地址代码为 $A_{n-1} \cdots A_1 A_0 = 0 \cdots 01$，则选择的字线为 W_1，这时 $W_1 = 1$，而其他字线的值均为 0，因此字单元 1 中的各位数码便经位线 $D_0, D_1, \cdots, D_{M-1}$ 传送到数据输出端。

9.1.2 ROM 的工作原理

图 9-2 所示是一个由二极管构成的容量为 4×4 的 ROM。将地址译码器部分与图 6-3（a）所示的二极管与门对照，可知地址译码器就是一个由二极管与门构成的阵列。将存储矩阵部分与图 6-5（a）所示的二极管或门对照，可以发现存储矩阵就是一个由二极管或门构成的阵列。由此可画出图 9-2 所示 ROM 的逻辑图，如图 9-3 所示。可见该只读存储器的地址译码器部分由 4 个与门组成，存储矩阵部分由 4 个或门组成。2 个输入地址代码 $A_1 A_0$，经译码器译码后产生 4 个字单元的字线 W_0、W_1、W_2、W_3，地址译码器所接的 4 个或门，构成 4 位输出数据 $D_3 D_2 D_1 D_0$。

由图 9-3 所示逻辑图可得下列表达式：

$$W_0 = \overline{A_1}\,\overline{A_0} \qquad\qquad W_1 = \overline{A_1} A_0$$
$$W_2 = A_1 \overline{A_0} \qquad\qquad W_3 = A_1 A_0$$
$$D_3 = W_0 + W_1 = \overline{A_1}\,\overline{A_0} + \overline{A_1} A_0$$
$$D_2 = W_1 + W_2 + W_3 = \overline{A_1} A_0 + A_1 \overline{A_0} + A_1 A_0$$
$$D_1 = W_0 + W_2 = \overline{A_1}\,\overline{A_0} + A_1 \overline{A_0}$$
$$D_0 = W_1 + W_3 = \overline{A_1} A_0 + A_1 A_0$$

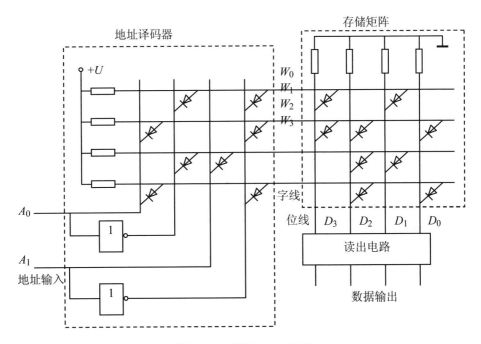

图 9-2　二极管 ROM 电路

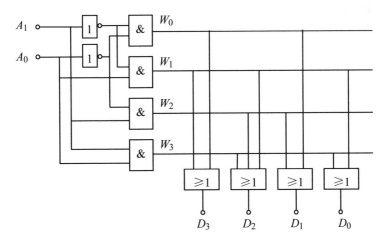

图 9-3　图 9-2 所示 ROM 电路的逻辑图

由这些表达式可求出图 9-2 所示 ROM 所存储的内容，如表 9-1 所示。

表 9-1   图 9-2 所示 ROM 的存储内容

地址代码		字线译码结果				存储内容			
A_1	A_0	W_0	W_1	W_2	W_3	D_3	D_2	D_1	D_0
0	0	1	0	0	0	1	0	1	0
0	1	0	1	0	0	1	1	0	1
1	0	0	0	1	0	0	1	1	0
1	1	0	0	0	1	0	1	0	1

结合图 9-2 及表 9-1 可以看出，图 9-2 中的存储矩阵有 4 条字线和 4 条位线，共有 16 个交叉点（注意，不是节点），每个交叉点都可看作是一个存储单元。交叉点处接有二极管时相当于存 1，没有接二极管时相当于存 0。例如，字线 W_0 与位线有 4 个交叉点，其中只有两处接有二极管。当 W_0 为高电平（其余字线均为低电平）时，两个二极管导通，使位线 D_3 和 D_1 为 1，这相当于接有二极管的交叉点存 1。而另两个交叉点处由于没有接二极管，位线 D_2 和 D_0 为 0，这相当于未接二极管的交叉点存 0。存储单元是存 1 还是存 0，完全取决于只读存储器的存储需要，设计和制造时已完全确定，不能改变；而且信息存入后，即使断开电源，所存信息也不会消失。所以，只读存储器又称为固定存储器。

图 9-2 所示的 ROM 可以画成如图 9-4 所示的阵列图。在阵列图中，每个交叉点表示一个存储单元。有二极管的存储单元用一黑点表示，意味着在该存储单元中存储的数据是 1。没有二极管的存储单元不用黑点表示，意味着在该存储单元中存储的数据是 0。例如，若地址代码为 $A_1A_0 = 01$，则 $W_1 = 1$，字线 W_1 被选中，在 W_1 这行上有 3 个黑点（存 1），一个交叉点上无黑点（存 0），此时只读存储器输出的数据（字单元）为 $D_3D_2D_1D_0 = 1101$。当然，只读存储器也可以从 $D_0 \sim D_3$ 各位线中单线输出信息，例如 $D_2 = W_1 + W_2 + W_3$。

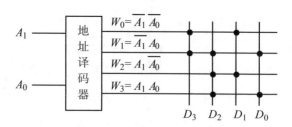

图 9-4   图 9-2 所示 ROM 的阵列图

图 9-2 所示 ROM 的存储矩阵是由二极管构成的。存储矩阵也可由双极型晶体管或 MOS 型场效应管构成。存储矩阵中每个存储单元存储的二进制数码

也是以该单元有无管子来表示的。

图 9-5 所示为双极型晶体管存储矩阵。字线和位线交叉点接有晶体管时，相当于存 1，无晶体管时相当于存 0。$W_0 \sim W_3$ 中某字线被选中时给出高电平，使接在这条字线上的所有晶体管导通，这些晶体管的发射极所接的位线为高电平，因而使数据输出端输出信息 1。

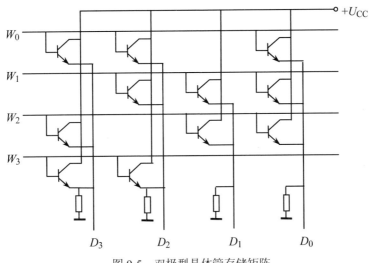

图 9-5　双极型晶体管存储矩阵

图 9-6 所示为场效应晶体管存储矩阵。字线和位线交叉点接有场效应晶体管时相当于存 1，无场效应晶体管时相当于存 0。若 $W_0 \sim W_3$ 中某字线被选中时给出高电平，使接在这条字线上的所有场效应晶体管导通，这些管子的漏极所接的位线为低电平，经反相器后，使数据输出端输出信息 1。

图 9-5 和图 9-6 两个存储距阵中所存储的内容，请读者自行分析，并练习画出它们的简化阵列图。

前面介绍的 ROM 在制造完毕，其存储的内容就已完全确定，用户不能改变。而 PROM 则不同，厂家为了用户设计和使用的方便，制造这种器件时，使存储矩阵（或门阵列）的所有存储单元的内容全为 1（或全为 0），用户根据自己的需要可自行确定存储单元的内容，将某些单元按一定方式改写为 0（或 1）。

图 9-7 所示是由二极管和熔断丝构成的 PROM 的存储单元。出厂时，存储矩阵中的所有熔丝都是通的，即存储单元存 1。使用时，当需要将某些单元改写为 0 时，则只要给这些单元通以足够大的电流，把熔丝熔断即可。显然，PROM 的熔丝被熔断后不能恢复，因而只能编程一次，一旦编好就不能再行修改，所以又称为一次编程型只读存储器。

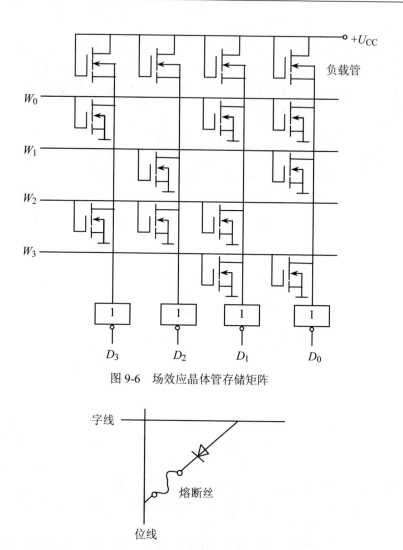

图 9-6　场效应晶体管存储矩阵

图 9-7　由二极管和熔断丝构成的 PROM 的存储单元

PROM 只能一次编程，而 EPROM 则可多次擦去并重新写入新的内容。在 EPROM 器件外壳上有透明的石英窗口，用紫外线（或 X 射线）照射，即可完成擦除操作。

尽管 EPROM 能用紫外线实现擦除重写的目的，但由于对紫外线照射时间和照度均有一定要求，擦除的速度也比较慢，所以这种擦除方式操作起来仍感不便。为此，又产生了 EEPROM，可以实现快速电擦除。EEPROM 出现时间较短，其结构和功能尚在发展完善中。

9.1.3　ROM 的应用

在数字系统中，ROM 的应用十分广泛，如用于实现组合逻辑函数、进行波形变换、构成字符发生器，以及存储计算机的数据和程序等。

1. 用 ROM 实现组合逻辑函数

从上面的分析可知，ROM 中的地址译码器实现了对输入变量的与运算；存储矩阵实现了有关字线变量的或运算。因此，ROM 实际上是由与门阵列和或门阵列构成的组合逻辑电路。从原则上讲，利用 ROM 可以实现任何组合逻辑函数。

用 ROM 实现逻辑函数可按以下步骤进行：

（1）列出函数的真值表。

（2）选择合适的 ROM，对照真值表画出逻辑函数的阵列图。

例 9-1　用 ROM 实现下列一组逻辑函数。

$$Y_1 = A \oplus B$$
$$Y_2 = AB + AC + BC$$
$$Y_3 = AB + BC + \overline{B}\,\overline{C}$$
$$Y_4 = \overline{A}\,\overline{C} + B\overline{C} + A\overline{B}C$$

解　（1）列出函数的真值表。按 A、B、C 排列变量，列出上列 4 个函数的真值表，如表 9-2 所示。为了便于画阵列图，表中还将被选中的字线列了出来。

表 9-2　例 9-1 的真值表

A	B	C	被选中的字线	Y_1	Y_2	Y_3	Y_4
0	0	0	$W_0 = \overline{A}\,\overline{B}\,\overline{C} = 1$	0	0	1	1
0	0	1	$W_1 = \overline{A}\,\overline{B}C = 1$	0	0	0	0
0	1	0	$W_2 = \overline{A}B\overline{C} = 1$	1	0	0	1
0	1	1	$W_3 = \overline{A}BC = 1$	1	1	1	0
1	0	0	$W_4 = A\overline{B}\,\overline{C} = 1$	1	0	1	0
1	0	1	$W_5 = A\overline{B}C = 1$	1	1	0	1
1	1	0	$W_6 = AB\overline{C} = 1$	0	1	1	1
1	1	1	$W_7 = ABC = 1$	0	1	1	0

（2）选择合适的 ROM，对照真值表画出逻辑函数的阵列图。

用 ROM 来实现这 4 个逻辑函数时，只要将 3 个变量 A、B、C 作为 ROM 的输入地址代码，而将 4 个逻辑函数 Y_1、Y_2、Y_3、Y_4 作为 ROM 中存储单元存放的数据。显然，该 ROM 的容量为 8×4 位，即存储 8 个字，每字 4 位。

根据表 9-2，可画出用 ROM 来实现这 4 个逻辑函数的阵列图，如图 9-8 所示。

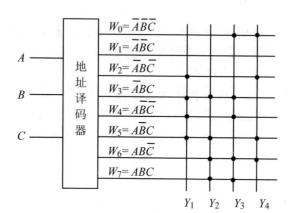

图 9-8　例 9-1 的阵列图

地址译码器输出 8 条字线 $W_0 \sim W_7$，被选中的字线为高电平。存储矩阵有 4 条位线 Y_1、Y_2、Y_3、Y_4。在 Y_1 线与字线 W_2、W_3、W_4、W_5 交叉点打上黑点（存 1）。同样，在 Y_2 线与字线 W_3、W_5、W_6、W_7 交叉点也打上黑点（存 1），在 Y_3 线与字线 W_0、W_3、W_4、W_6、W_7 交叉点也打上黑点（存 1），在 Y_4 线与字线 W_0、W_2、W_5、W_6 交叉点也打上黑点（存 1），即得到由 ROM 来实现这 4 个逻辑函数的阵列图。

2. 用 ROM 作函数运算表电路

数学运算是数控装置和数字系统中需要经常进行的运算。如果事先把要用到的基本函数变量在一定范围内的取值和相应的函数值列成表格写入 ROM 中，则在需要时只要给出规定的地址就可非常快速地得到相应的函数值。这种只读存储器实际上已经成为函数运算表电路。函数运算表电路的实现方法与用 ROM 实现组合逻辑函数的方法相同。

例 9-2　用 ROM 构成能实现函数 $y = x^2$ 的运算表电路。

解　设 x 的取值范围为 $0 \sim 15$ 的正整数，则对应的是 4 位二进制正整数，用 $B = B_3 B_2 B_1 B_0$ 表示。根据 $y = x^2$ 可算出 y 的最大值是 $15^2 = 225$，可以用 8 位二进制数 $Y = Y_7 Y_6 \cdots Y_0$ 表示。由此可列出 $Y = B^2$ 即 $y = x^2$ 的真值表，如表 9-3 所示。

选用 16×8 位的 ROM，根据真值表即可画出实现函数 $y = x^2$ 的阵列图，如图 9-9 所示。

表 9-3　例 9-2 的真值表

输　　　入				输　　　　　出								备　　注
B_3	B_2	B_1	B_0	Y_7	Y_6	Y_5	Y_4	Y_3	Y_2	Y_1	Y_0	十进制数
0	0	0	0	0	0	0	0	0	0	0	0	0
0	0	0	1	0	0	0	0	0	0	0	1	1
0	0	1	0	0	0	0	0	0	1	0	0	4
0	0	1	1	0	0	0	0	1	0	0	1	9
0	1	0	0	0	0	0	1	0	0	0	0	16
0	1	0	1	0	0	0	1	1	0	0	1	25
0	1	1	0	0	0	1	0	0	1	0	1	36
0	1	1	1	0	0	1	1	0	0	0	1	49
1	0	0	0	0	1	0	0	0	0	0	0	64
1	0	0	1	0	1	0	1	0	0	0	1	81
1	0	1	0	0	1	1	0	0	1	0	0	100
1	0	1	1	0	1	1	1	1	0	0	1	121
1	1	0	0	1	0	0	1	0	0	0	0	144
1	1	0	1	1	0	1	0	1	0	0	1	169
1	1	1	0	1	1	0	0	0	1	0	0	196
1	1	1	1	1	1	1	0	0	0	0	1	225

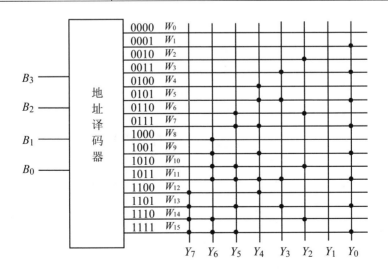

图 9-9　例 9-2 的阵列图

3. 用 ROM 作字符发生器电路

字符发生器也是利用 ROM 实现代码转换的一种组合逻辑电路，常用于各种显示设备、打印机及其他一些数字装置中。被显示的字符以像点的形式存储在 ROM 中，每个字符由 7×5（或 7×9）点阵组成。数据经输出缓冲器接至光栅矩阵。当地址码 $A_2A_1A_0$ 选中某行时，该行的内容即以光点的形式反映在光栅矩阵上。单元内容为 1，相应于光栅上就出现亮点。若地址周期循环变化，各行的内容相继反映在光栅上，显示出所存储的字符。

例 9-3　用 ROM 构成字符 Z 的发生器电路。

解　显示字符 Z 的 ROM 阵列图如图 9-10（a）所示。将字母 Z 的形状分割成 7 行 5 列构成存储矩阵，并在相应单元存入信息 1。当地址输入由 000 至 110 周期地循环变化时，即可逐行扫描各字线，把字线 $W_0\sim W_6$ 所存储的字母 Z 的字形信息从位线 $D_4\sim D_0$ 读出，从而使显示设备（如发光二极管矩阵、阴极射线管光栅矩阵等）一行行地显示出图 9-10（b）所示的字形。

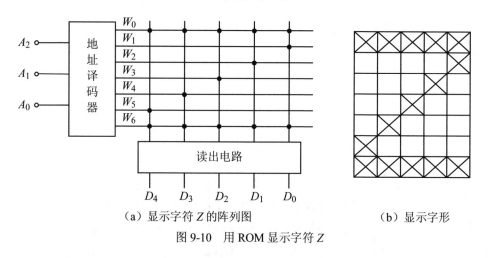

（a）显示字符 Z 的阵列图　　　　　　（b）显示字形

图 9-10　用 ROM 显示字符 Z

9.2　随机存取存储器

随机存取存储器又叫读写存储器，简称 RAM。它可以在任意时刻，对任意选中的存储单元进行信息的存入（写入）或取出（读出）操作。与只读存储器相比，随机存取存储器最大的优点是存取方便，使用灵活，既能不破坏地读出所存信息，又能随时写入新的内容。其缺点是一旦停电，所存内容便全部丢失。

按照电路结构和工作原理的不同，可把 RAM 分成静态 RAM 和动态 RAM 两种。静态 RAM（简称 SRAM）的存储单元由静态 MOS 电路或双极型电路组成，

MOS 型 RAM 存储容量大、功耗低，而双极型 RAM 的存取速度快。

　　动态 RAM（简称 DRAM）是利用 MOS 管栅极电容存储信息。由于电容器上的电荷将不可避免地因漏电等因素而损失，为了保护原来存储的信息不变，必须定期对存储信息的电容进行充电（称为刷新）。动态 RAM 只有在进行读写操作时才消耗功率，因此功耗极低，非常适宜制成大规模集成电路。

9.2.1　RAM 的结构

　　RAM 由存储矩阵、地址译码器、读/写控制电路、输入/输出电路和片选控制电路等组成，其结构示意图如图 9-11 所示。

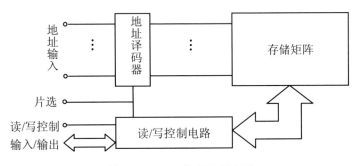

图 9-11　RAM 的结构示意图

　　RAM 的功能与基本寄存器无本质区别，实际上 RAM 是由许许多多的基本寄存器组合起来构成的大规模集成电路。RAM 中的每个寄存器称为一个字，寄存器中的每一位称为一个存储单元。寄存器的个数（字数）与寄存器中存储单元个数（位数）的乘积，叫做 RAM 的容量。按照 RAM 中寄存器位数的不同，RAM 有多字 1 位和多字多位两种结构形式。在多字 1 位结构中，每个寄存器都只有 1 位，例如一个容量为 1024×1 位的 RAM，就是一个有 1024 个 1 位寄存器的 RAM。多字多位结构中，每个寄存器都有多位，例如一个容量为 256×4 位的 RAM，就是一个有 256 个 4 位寄存器的 RAM。

1. 存储矩阵

　　一个 RAM 由若干个存储单元组成，每个存储单元存放 1 位二进制信息。为了存取方便，存储单元通常设计成矩阵形式。

　　例如一个容量为 256×4 位的 RAM，有 1024 个存储单元。这些存储单元可以排成 32 行×32 列的矩阵形式，如图 9-12 所示。图中每一行有 32 个存储单元（圆圈表示存储单元），可存储 8 个字；每 4 列为一个字列，每个字列可存储 32 个字。每根行选择线选中一行，每根列选择线选中一列。因此，图示存储矩阵有 32 根行选择线和 8 根列选择线。

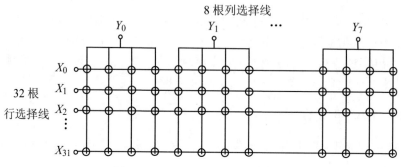

图 9-12　256×4 位 RAM 的存储矩阵

2. 地址译码器

由前所述，一个 RAM 由若干个字和位组成。通常信息的读出和写入是以字为单位进行的，即每次读出和写入一个字。为了区别各个不同的字，将存放同一个字的各个存储单元编为一组，并编上一个号码，称为地址。不同的字单元具有不同的地址，从而在进行读写操作时，便可以按照地址选择需要访问（即进行读写操作）的字单元。

地址的选择是通过地址译码器来实现的。在大容量的存储器中，通常将输入地址分为两部分，分别由行译码器和列译码器译码。行、列译码器的输出即为行、列选择线，由它们共同确定欲选择的地址单元。

对于图 9-12 所示的 256×4 位 RAM 的存储矩阵，因为 $256 = 2^8$，所以 256 个字需要 8 位二进制地址码来区分，设为 $A_7 \sim A_0$。其中地址码的高 3 位 $A_7 \sim A_5$ 用于列译码输入，经列译码器译码后产生 8 根列选择线 $Y_0 \sim Y_7$；地址码的低 5 位 $A_4 \sim A_0$ 用于行译码输入，经行译码器译码后产生 32 根行选择线 $X_0 \sim X_{31}$。只有被行选择线和列选择线都选中的单元，才能被访问。例如，若输入地址码 $A_7 \sim A_0$ 为 11010111，则 $Y_6 = 1$，$X_{23} = 1$，位于 X_{23} 和 Y_6 交叉处的字单元可以进行读出或写入操作，而其余任何字单元都不会被选中。

3. 读/写控制

访问 RAM 时，对被选中的地址单元，究竟是读还是写，由读/写控制线进行控制。例如，有的 RAM 读/写控制线为高电平时是读，为低电平时是写；也有的 RAM 读/写控制线是分开的，一根为读，另一根为写。

4. 输入/输出电路

RAM 通过输入/输出端与计算机的中央处理器（CPU）交换信息，读时它是输出端，写时它是输入端，即一线二用，由读/写控制线控制。输入/输出端数，决定于一个地址中寄存器的位数，例如，在 256×4 位 RAM 中，每个地址中有 4 个存储单元，所以有 4 根输入/输出线；而在 1024×1 位 RAM 中，每个地址中只有 1 个地址单元，所以只有 1 个输入/输出端。也有的 RAM，其输入线和输出线是分开的。输出端一般都具有集电极开路或三态输出结构。

5. 片选控制

由于集成度的限制，目前单片 RAM 的容量是有限的。对于一个大容量的存储系统，往往需要由若干片 RAM 组成。而在进行读/写操作时，一次仅与这许多片 RAM 中的某一片或几片传递信息。RAM 芯片的片选信号线就是用来实现这种控制的。在片选信号线上加入有效电平，芯片即被选中，可以进行读/写操作，否则芯片不工作。

9.2.2　RAM 容量的扩展

在数字系统或计算机中，单个存储器芯片往往不能满足存储容量的要求，因此必须把若干个存储芯片连在一起，以扩展存储容量。扩展的方法可以通过增加位数或字数来实现。

1. 位数的扩展

通常 RAM 芯片的字长多设计成 1 位、4 位、8 位等。当存储芯片的字数已够用，而每个字的位数不够时，可采用位扩展连接方式解决。

图 9-13 所示就是用 8 片 1024×1 位 RAM 构成的 1024×8 位 RAM。

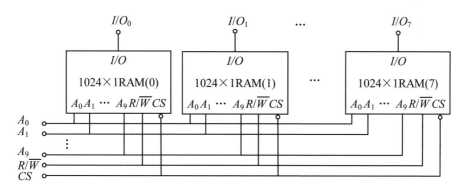

图 9-13　1024×1 位 RAM 构成的 1024×8 位 RAM

由图 9-13 可知，位扩展是利用芯片的并联方式实现的，即将 RAM 芯片的地址线、读/写线和片选线对应地并联在一起，而各片的输入/输出（I/O）分开使用作为字的各个位线。

2. 字数的扩展

当存储芯片的位数已够用，但字数不够时，可采用字扩展连接方式解决。字扩展是利用外加译码器控制芯片的片选输入端来实现的。图 9-13 所示是利用 3/8 线译码器，将 8 片 1k×4 位 RAM 扩展成的 8k×4 位 RAM。

图 9-14 中，存储器扩张所要增加的地址线 A_{10}～A_{12} 与译码器的输入相连，译码器的输出分别接至 8 片 RAM 的片选控制端。这样，当输入一组地址时，尽管 A_9～A_0 并接至各个 RAM 芯片上，但由于译码器的作用，只有一个芯片被选中工作，从而实现了字的扩展。

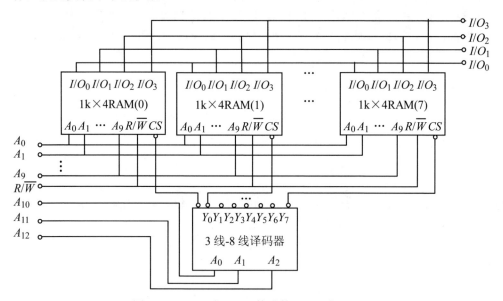

图 9-14　1k×4 位 RAM 构成的 8k×4 位 RAM

在实际应用中，常将两种方法相互结合，以达到预期要求。

图 9-15 所示是静态 RAM6116（2k×8 位）的引脚排列图。图中 $\overline{CS}$ 是片选端，$\overline{OE}$ 是输出使能端，$\overline{WE}$ 是写入控制端，A_0～A_{10} 是地址码输入端，D_0～D_7 是数码输出端。

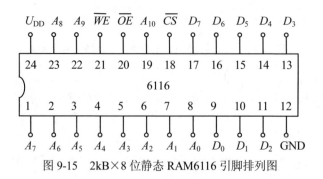

图 9-15　2kB×8 位静态 RAM6116 引脚排列图

表 9-4 所示是 6116 工作方式与控制信号间的关系,读出线和写入线是分开的,而且写入比读出优先。

表 9-4　6116 工作方式与控制信号间的关系

输　　入				工作方式	I/O
$\overline{CS}$	$\overline{OE}$	$\overline{WE}$	$A_0 \sim A_{10}$		$D_0 \sim D_7$
1	×	×	×	低功耗维持	高阻态
1	0	1	稳　定	读	输　出
0	×	0	稳　定	写	输　入

典型的 RAM 芯片除了 6116 外,还有 2114（1k×4 位）、6264（8k×8 位）等。

9.3　可编程逻辑器件

随着集成电路和计算机技术的发展,数字系统经历了由分立元件、小规模、中规模、大规模、超大规模集成电路到专用集成电路的过程。专用集成电路是专为某一系统设计生产的集成电路。制作专用集成电路的方法,一种是掩膜方法,由半导体生产厂家制造;另一种是现场可编程方法,由设计者利用半导体厂生产的可编程逻辑器件(简称 PLD)以某种方式制作。PLD 就是指由用户自行定义逻辑功能(编程)的一类逻辑器件的总称。

9.3.1　PLD 的结构

图 9-16 所示是 PLD 的结构示意图。其主体是由与门和或门构成的与门阵列和或门阵列。为了适应各种输入情况,与门阵列的输入端(包括内部反馈信号的输入端)都设置有输入缓冲电路,从而使输入信号有足够的驱动能力,并产生互补的原变量和反变量。可编程逻辑器件可以由或门阵列直接输出(组合方式),也可以通过寄存器输出(时序方式)。输出可以是高电平有效,也可以是低电平有效。输出端一般都采用三态电路,而且设置有内部通路,可把输出信号反馈到与门阵列的输入端。

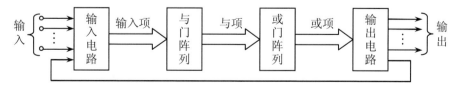

图 9-16　PLD 的结构示意图

　　在绘制中、大规模集成电路的逻辑图时，为方便起见，常采用图 9-17 所示的简化画法。图 9-17（a）所示是输入缓冲器的画法。图 9-17（b）是一个多输入端与门，竖线为一组输入信号，用与横线相交叉的点的状态表示相应输入信号是否接到了该门的输入端上。交叉点上画黑点"·"者表示连上了且为硬连接，不能通过编程改变；交叉点上画叉"×"者表示编程连接，可以通过编程将其断开；既无黑点也无叉者表示断开。图 9-17（c）是多输入端或门，交叉点状态的约定与多输入端与门相同。

（a）缓冲器的的简化画法　　（b）与门的简化画法　　（c）或门的简化画法

图 9-17　门电路的简化画法

9.3.2　PLD 的分类

　　PLD 内部通常只有一部分或某些部分是可编程的。根据可编程情况，可把 PLD 分成可编程只读存储器（PROM）、可编程逻辑阵列（简称 PLA）、可编程阵列逻辑（简称 PAL）和通用阵列逻辑（简称 GAL）4 类，如表 9-5 所示。

表 9-5　PLD 分类表

分类	与门阵列	或门阵列	输出电路
PROM	固定	可编程	固定
PLA	可编程	可编程	固定
PAL	可编程	固定	固定
GAL	可编程	固定	可组态

　　PROM 的电路组成和工作原理已在 9.1 节中介绍过了。PROM 的或门阵列是可编程的，而与门阵列是固定的，其阵列结构如图 9-18 所示。用 PROM 实现逻辑函数时，不管所要实现的函数真正需要多少条字线，其与门阵列必须产生全部 n 个变量的 2^n 条字线，故利用率很低。所以，PROM 除了用来制作函数表电路和显示译码电路外，一般只作存储器用，专用集成电路中很少使用。在画 PROM 的阵列图时，还可以画得更加简单，把不能编程的地址译码器用方框表示，存储矩阵输出端的或门符号也不必画出来，如图 9-19 所示。

　　PLA 的与门阵列和或门阵列都是可编程的，其阵列结构如图 9-20 所示。PLA 可以实现逻辑函数的最简与或表达式，利用率比 PROM 高得多。但由于缺少高质

量的支持软件和编程工具，价格较贵，门的利用率也不够高，使用仍不广泛。在
画 PLA 的阵列图时，也可以画得更加简单，与门和或门的逻辑符号都不必画出来，
如图 9-21 所示。

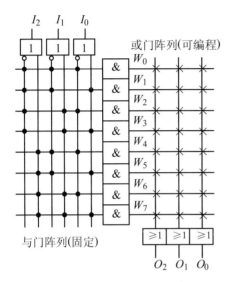

图 9-18　PROM 的阵列结构

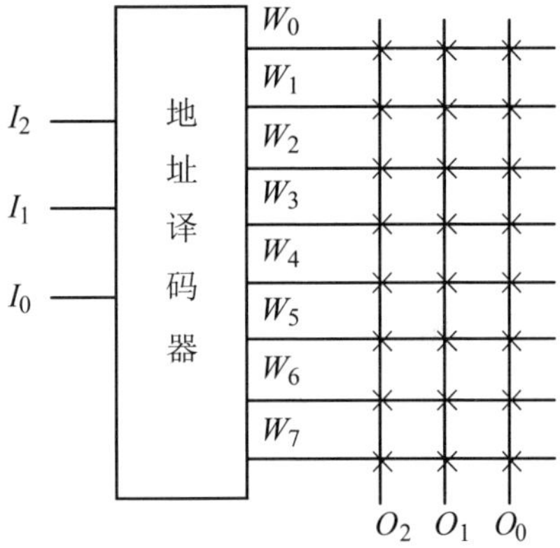

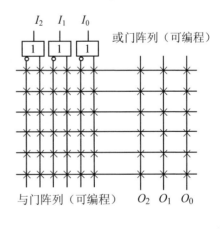

图 9-19　PROM 的简化画法

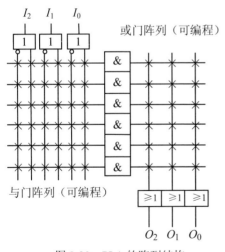

图 9-20　PLA 的阵列结构

图 9-21　PLA 的简化画法

　　PAL 的或门阵列固定，与门阵列可编程。PAL 速度高、价格低，其输出电路
结构有好几种形式，可以借助编程器进行现场编程，很受用户欢迎。但其输出方
式固定而不能重新组态，编程是一次性的，因此它的使用仍有较大的局限性。

GAL 的阵列结构与 PAL 相同，但其输出电路采用了逻辑宏单元结构，输出方式用户可根据需要自行组态，因此功能更强，使用更灵活，应用更广泛。

现在广泛使用的可编程器件是在系统可编程器件（简称 ISP），其编程工作可以直接在目标系统或线路板上用与计算机相连的编程器完成，真正实现了在系统现场编程。

在 4 类 PLD 中，PROM 和 PLA 属于组合逻辑电路，PAL 既有组合逻辑电路又有时序逻辑电路，GAL 则为时序逻辑电路，当然也可用 GAL 实现组合逻辑函数。

9.3.3 PLD 的应用

1. 用 PROM 实现组合逻辑函数

用 PROM 实现组合逻辑函数的方法与 ROM 相同，即首先列出要实现的逻辑函数的真值表，然后再根据真值表画出用 PROM 实现这些逻辑函数的阵列图。

例 9-4 用 PROM 实现下列一组逻辑函数。

$$Y_1 = A\overline{B} + AB + ABC\overline{D} + ABCD$$

$$Y_2 = \overline{A}B + B\overline{C} + AC$$

$$Y_3 = AB\overline{D} + A\overline{C}D + AC + AD$$

$$Y_4 = \overline{A}\,\overline{B}C + \overline{A}BC + AB\overline{C} + ABC$$

解　（1）列出函数的真值表。

按 A、B、C、D 排列变量，列出上列 4 个函数的真值表，如表 9-6 所示。

表 9-6　例 9-4 的真值表

A	B	C	D	Y_1	Y_2	Y_3	Y_4
0	0	0	0	0	0	0	0
0	0	0	1	0	0	0	0
0	0	1	0	0	0	0	1
0	0	1	1	0	0	0	1
0	1	0	0	0	1	0	0
0	1	0	1	0	1	0	0
0	1	1	0	0	1	0	1
0	1	1	1	0	1	0	1
1	0	0	0	1	0	0	0
1	0	0	1	1	0	1	0
1	0	1	0	1	1	1	0
1	0	1	1	1	1	1	1
1	1	0	0	1	1	1	1
1	1	0	1	1	1	1	1
1	1	1	0	1	1	1	1
1	1	1	1	1	1	1	1

（2）选择合适的 PROM，对照真值表画出逻辑函数的阵列图。

与用 ROM 实现函数的方法一样，用 PROM 来实现这四个逻辑函数时，将 4 个变量 A、B、C、D 作为 PROM 的输入地址代码，而将 4 个逻辑函数 Y_1、Y_2、Y_3、Y_4 作为 PROM 中存储单元存放的数据。根据表 9-6，即可画出用 PROM 来实现这 4 个逻辑函数的阵列图，如图 9-22 所示。

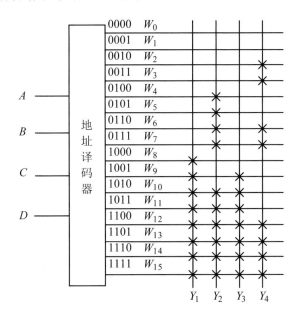

图 9-22 例 9-4 的阵列图

2. 用 PLA 实现组合逻辑函数

因为任何一个逻辑函数都可以化简为最简与或表达式，所以在用与门阵列和或门阵列实现逻辑函数时，与门阵列和或门阵列都可简化，这就是 PLA 的基本设计思想。

用 PLA 实现逻辑函数时，首先需要将逻辑函数化为最简与或表达式，然后根据最简与或表达式画出 PLA 的阵列图。

例 9-5 用 PLA 实现下列一组逻辑函数。

$$Y_1 = A\overline{B} + AB + ABC\overline{D} + ABCD$$

$$Y_2 = \overline{A}B + B\overline{C} + AC$$

$$Y_3 = AB\overline{D} + A\overline{C}D + AC + AD$$

$$Y_4 = \overline{A}\overline{B}C + \overline{A}BC + AB\overline{C} + ABC$$

解 （1）将函数化为最简与或式。

$$Y_1 = A$$
$$Y_2 = B + AC$$
$$Y_3 = AB + AC + AD$$
$$Y_4 = AB + \overline{A}C$$

（2）设 $P_1 = A$，$P_2 = B$，$P_3 = AC$，$P_4 = AB$，$P_5 = AD$，$P_6 = \overline{A}C$，则：

$$Y_1 = P_1$$
$$Y_2 = P_2 + P_3$$
$$Y_3 = P_3 + P_4 + P_5$$
$$Y_4 = P_4 + P_6$$

由此可画出 PLA 的阵列图，如图 9-23 所示。

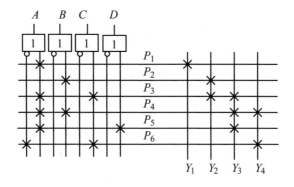

图 9-23　例 9-5 的阵列图

比较例 9-4 和例 9-5 可见，实现同一组逻辑函数，用 PLA 比用 PROM 器件的利用率要高得多。

9.3.4　PLD 设计过程简介

在用 PLD 器件进行系统开发时，首先要选择合适的器件及开发系统，并对目标系统进行模块划分及模块设计。这一过程根据所设计的对象不同，方法及步骤各异，这里不作介绍。在上述设计准备工作完成后，才进入对 PLD 器件的设计。

对 PLD 器件的设计一般要经过设计输入、设计实现和器件编程三个步骤。在这三个步骤中穿插功能仿真、时序仿真及测试三个验证过程。

1. 设计输入

设计输入是设计者对器件进行功能描述的过程。最常用的功能描述方法有两种，即电路图和硬件描述语言。用电路图来描述器件功能时，设计软件必须提供必要的元件库或逻辑宏单元。硬件描述语言则有多种：ABLE-HDL、CUPL 和

MINC-HDL 支持逻辑表达式、真值表、状态机等逻辑表达方式，适合进行逻辑功能描述；VHDL、Verilog 为行为描述语言，具有很强的逻辑描述和仿真功能，是硬件设计语言的主流。硬件描述语言更适合描述逻辑功能。电路图和硬件描述语言结合使用会使设计输入更为简捷方便。

在设计输入过程中，可以对各模块进行功能仿真，以验证各模块逻辑功能的正确性。

2．设计实现

设计实现是根据设计输入的文件，经过编译、器件适配等操作，得到熔丝图文件的过程。通常设计实现都是由设计软件自动完成的。设计者可以通过设置一些控制参数来控制设计实现过程。设计实现一般要经过优化（逻辑化简）、合并（多模块文件合并）、映射（与器件适配）、布局、布线等过程直至生成熔丝图文件。

在设计实现过程中，可以对器件进行延时仿真，以估算系统时延是否满足设计要求。

3．器件编程

器件编程就是将熔丝图文件下载到器件的过程。由于器件编程需要满足一定的条件，如编程电压、编程时序、编程算法等，因此，对不具备在系统编程能力的器件，要使用专门的编程器。

在对器件编程后，还要对器件进行测试。测试过程如发现问题还要重新修改设计，重复上述过程，直至器件测试完全通过。

本章小结

（1）半导体存储器是现代数字系统尤其是计算机中的重要组成部分，有只读存储器（ROM）和随机存取存储器（RAM）两大类，当前主要是用 MOS 工艺制造的大规模集成电路。存储器的存储容量用存储的二进制数的字数与每个字的位数的乘积来表示。存储器容量的扩展有位数的扩展和字数的扩展两种方式，通过扩展位数和字数，可以组成大容量的存储器。

（2）ROM 是一种非易失性的存储器。由于信息写入方式的不同，ROM 可分为 MROM、PROM、EPROM、EEPROM。从逻辑电路构成的角度来看，ROM 是由与门阵列（地址译码器）和或门阵列（存储矩阵）构成的组合逻辑电路。因此，可用 ROM 来实现各种组合逻辑函数，也可用 ROM 来构成各种函数运算表电路或各种字符发生电路。

（3）RAM 是一种时序逻辑电路，具有记忆功能。RAM 内存储的信息会因断电而消失，因而是一种易失性的存储器。RAM 有 SRAM 和 DRAM 两种类型，SRAM 用触发器记忆数据，DRAM 靠 MOS 管栅极电容存储信息。因此，在不停电的情况下，SRAM 的信息可以长久保持，而 DRAM 则必须定期刷新。

（4）PLD 是近期发展起来的新型大规模数字集成电路。PLD 的最大特点是用户可以通过编程来设定其逻辑功能，因而 PLD 比通用的集成电路具有更大的灵活性，特别适合于新产品的开发。目前已开发出来的 PLD 器件及其开发系统种类很多，结构及性能各异。系统开发时，要根据所设计的目标选择合适的 PLD 器件及适当的开发系统来完成 PLD 的设计工作。

习 题 九

9-1 某计算机的内存储器有 32 条地址线和 16 条数据线，该存储器的存储容量是多少？

9-2 指出下列容量的半导体存储器的字数、具有的数据线数和地址线数。

（1）512×8 位

（2）1k×4 位

（3）64k×1 位

（4）256k×4 位

9-3 用 ROM 是否可以实现任何组合逻辑函数？为什么？如果某组合逻辑系统有 6 个输入变量，6 个输出变量，用 ROM 来实现该系统，需要的存储器容量为多少？

9-4 已知 ROM 如图 9-24 所示，试列表说明该 ROM 存储的内容，并写出所实现的逻辑函数表达式。

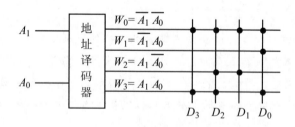

图 9-24 习题 9-4 的图

9-5 二极管存储矩阵如图 9-25 所示，选择线低电平有效。试画出其简化阵列图，并列表说明其存储的内容。

9-6 试画出图 9-26 所示 MOS 管存储矩阵的简化阵列图，并列表说明其存储的内容。

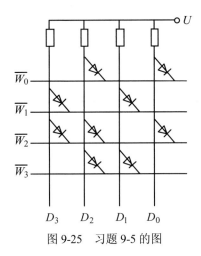

图 9-25 习题 9-5 的图

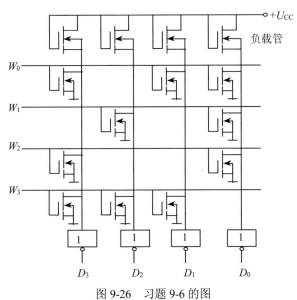

图 9-26 习题 9-6 的图

9-7 试用 ROM 产生下列一组与或逻辑函数，画出 ROM 的阵列图，并列表说明 ROM 存储的内容。

$$Y_1 = \overline{A}BC + A\overline{B}C + AB\overline{C} + ABC$$

$$Y_2 = \overline{A}\overline{B} + \overline{A}B + AB$$

$$Y_3 = \overline{A}\overline{B}C + A\overline{B}\overline{C} + AB\overline{C}$$

$$Y_4 = A\overline{B} + \overline{A}BC + AB\overline{C} + ABC$$

9-8 试用 ROM 构成 8421 码到共阴极 7 段数码管的译码电路，画出 ROM 的阵列图。

9-9　图 9-27 所示为已编程的 PLA 阵列图，试写出所实现的逻辑函数表达式。

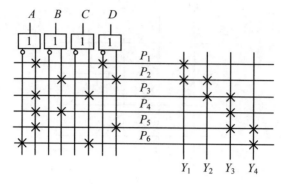

图 9-27　习题 9-9 的图

9-10　图 9-28 所示为编程不完整的 PLA 阵列图（其中或门阵列尚未编程）。试根据其输出的一组逻辑函数 $Y_1 \sim Y_4$ 将或门阵列予以编程。逻辑函数为：

$$Y_1 = \overline{B}\overline{C}\overline{D} + B\overline{C}\overline{D} + BD$$

$$Y_2 = \overline{A}BD + ABD + \overline{B}C\overline{D} + \overline{B}CD + AB\overline{D}$$

$$Y_3 = \overline{A}\overline{B}C + A\overline{B}C + AB\overline{D}$$

$$Y_4 = BD + \overline{A}C\overline{D} + \overline{A}CD + \overline{A}\overline{B}D + \overline{A}BD$$

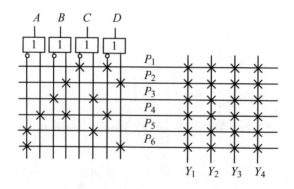

图 9-28　习题 9-10 的图

9-11　试用 PLA 产生下列一组与或逻辑函数，画出 PLA 的阵列图。

$$Y_1 = \overline{A}BC + A\overline{B}C + AB\overline{C} + ABC$$

$$Y_2 = AC + ABD + BC + BD$$

$$Y_3 = A\overline{B} + B\overline{C} + AB\overline{C}D$$

$$Y_4 = A\overline{B}C + \overline{A}BC + AB\overline{C} + ABC$$

9-12　试用 PLA 构成全加器，画出 PLA 的阵列图。

第 10 章　模拟量与数字量的转换

- ● 理解数模与模数转换的基本原理。
- ● 了解常用数模与模数转换集成芯片的使用方法。

　　模拟量是随时间连续变化的量，例如温度、压力、速度、位移等非电量绝大多数都是连续变化的模拟量，它们可以通过相应的传感器变换为连续变化的电压或电流。而数字量是不连续变化的。

　　在电子技术中，模拟量和数字量的相互转换是很重要的。例如，用电子计算机对生产过程进行控制时，必须先将模拟量转换成数字量，才能送到计算机中去进行运算和处理，然后又要将处理得出的数字量转换为模拟量，才能实现对被控制的模拟量进行控制。另外，在数字仪表中，也必须将被测的模拟量转换为数字量，才能实现数字显示。

　　能将模拟量转换为数字量的电路称为模数转换器，简称 A/D 转换器或 ADC；能将数字量转换为模拟量的电路称为数模转换器，简称 D/A 转换器或 DAC。因此，模数转换器和数模转换器是沟通模拟电路和数字电路的桥梁，也可称之为两者之间的接口。

　　图 10-1 所示是模数转换器和数模转换器在加热炉温度控制系统中应用的一个典型例子。

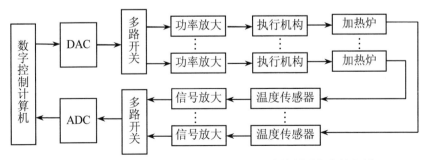

图 10-1　模数转换器和数模转换器在加热炉温度控制系统中的应用

实际上，在数据传输系统、自动测试设备、医疗信息处理、电视信号的数字化、图像信号的处理和识别、数字通信和语音信息处理等方面都离不开模数转换器和数模转换器。

本章介绍数模转换和模数转换的基本概念和基本原理，并介绍几种常用的典型电路。

10.1　数模转换器

数模转换器是将一组输入的二进制数转换成相应数量的模拟电压或电流输出的电路。因为数字量是用二进制代码按数位组合起来表示的，对于有权码，每位代码都有一定的权。所以，为了将数字量转换成模拟量，必须将每一位的代码按其权的大小转换成相应的模拟量，然后将代表各位的模拟量相加，所得的总模拟量就与数字量成正比，这样便实现了从数字量到模拟量的转换。这就是组成数模转换器的基本指导思想。

数模转换器根据工作原理基本上可分为二进制权电阻网络数模转换器和 T 型电阻网络数模转换器（包括倒 T 型电阻网络数模转换器）两大类。

权电阻网络数模转换器的优点是电路结构简单，可适用于各种有权码。缺点是电阻阻值范围太宽，品种较多。要在很宽的阻值范围内保证每个电阻都有很高的精度是极其困难的。因此，在集成数模转换器中很少采用权电阻网络。

10.1.1　T 型电阻网络数模转换器

T 型电阻网络数模转换器是目前用得较多的一种数模转换器。4 位二进制数的 T 型电阻网络数模转换器的电路如图 10-2 所示。图中由 R 和 $2R$ 两种阻值的电阻组成了 T 型电阻网络，其输出端接到运算放大器的反相输入端。$d_3d_2d_1d_0$ 是输入的 4 位二进制数，它们控制着 4 个模拟电子开关 S_3、S_2、S_1、S_0。运算放大器接成反相比例运算电路，其输出是模拟电压 u_o。U_R 是参考电压，也叫做基准电压。

4 个模拟电子开关 S_3、S_2、S_1、S_0 与 4 位二进制数码 d_3、d_2、d_1、d_0 的对应关系是：当某位数码 $d_i = 1$（$i = 0$，1，2，3），即为高电平时，则由其控制的模拟电子开关 S_i 自动接通左边触点，即接到基准电压 U_R 上；而当 $d_i = 0$，即为低电平时，则由其控制的模拟电子开关 S_i 自动接通右边触点，即接到地。可见模拟电子开关的状态，就表示了相应数位的二进制数码。

T 型电阻网络数模转换器的输出电压 u_o 可应用戴维南定理和叠加原理计算，即分别计算只当 $d_0 = 1$、$d_1 = 1$、$d_2 = 1$、$d_3 = 1$（其余为 0）时的电压分量，而后叠加而得 u_o。

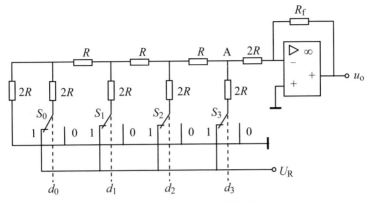

图 10-2 T 型电阻网络数模转换器

只当 $d_0 = 1$ 时，即 $d_3 d_2 d_1 d_0 = 0001$，其电路如图10-3所示。利用戴维南定理从左至右逐级对各虚线处进行等效，分别如图10-4至图10-7所示。由图10-7可得 $d_3 d_2 d_1 d_0 = 0001$ 时的输出电压为：

$$u_{o0} = -\frac{R_f}{R + 2R} \frac{U_R}{2^4} = -\frac{R_f U_R}{3R \cdot 2^4}$$

因这时 $d_0 = 1$、$d_1 = d_2 = d_3 = 0$，故上式又可写为：

$$u_{o0} = -\frac{R_f U_R}{3R \cdot 2^4} d_0$$

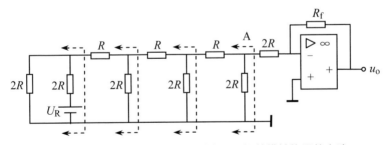

图 10-3　$d_3 d_2 d_1 d_0 = 0001$ T 型电阻网络数模转换器的电路

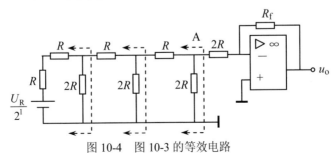

图 10-4　图 10-3 的等效电路

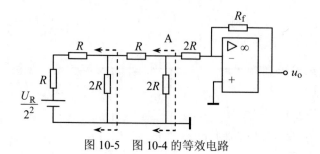

图 10-5　图 10-4 的等效电路

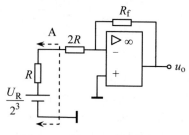

图 10-6　图 10-5 的等效电路　　　　　图 10-7　图 10-6 的等效电路

同理可求得 $d_3 d_2 d_1 d_0 = 0010$ 时的输出电压为：

$$u_{o1} = -\frac{R_f U_R}{3R \cdot 2^3} d_1$$

$d_3 d_2 d_1 d_0 = 0100$ 时的输出电压为：

$$u_{o2} = -\frac{R_f U_R}{3R \cdot 2^2} d_2$$

$d_3 d_2 d_1 d_0 = 1000$ 时的输出电压为：

$$u_{o3} = -\frac{R_f U_R}{3R \cdot 2^1} d_3$$

应用叠加原理将上面 4 个电压分量叠加，即得 T 型电阻网络数模转换器的输出电压为：

$$u_o = u_{o0} + u_{o1} + u_{o2} + u_{o3}$$

$$= -\frac{R_f U_R}{3R \cdot 2^4} d_0 - \frac{R_f U_R}{3R \cdot 2^3} d_1 - \frac{R_f U_R}{3R \cdot 2^2} d_2 - \frac{R_f U_R}{3R \cdot 2^1} d_3$$

$$= -\frac{R_f U_R}{3R \cdot 2^4} (d_3 \cdot 2^3 + d_2 \cdot 2^2 + d_1 \cdot 2^1 + d_0 \cdot 2^0)$$

当取 $R_f = 3R$ 时，则上式成为：

$$u_o = -\frac{U_R}{2^4} (d_3 \cdot 2^3 + d_2 \cdot 2^2 + d_1 \cdot 2^1 + d_0 \cdot 2^0)$$

括号中的是 4 位二进制数按权的展开式。可见，输入的数字量被转换为模拟电压，而且输出模拟电压 u_o 与输入的数字量成正比。当输入信号 $d_3d_2d_1d_0 = 0000$ 时，输出电压 $u_o = 0$；当输入信号 $d_3d_2d_1d_0 = 0001$ 时，输出电压 $u_o = -\dfrac{1}{16}U_R$，…，当输入信号 $d_3d_2d_1d_0 = 1111$ 时，输出电压 $u_o = -\dfrac{15}{16}U_R$。

如果输入的是 n 位二进制数，则：

$$u_o = -\frac{U_R}{2^n}(d_{n-1}\cdot 2^{n-1} + d_{n-2}\cdot 2^{n-2} + \cdots + d_1\cdot 2^1 + d_0\cdot 2^0)$$

T 型电阻网络数模转换器的优点是它只需 R 和 $2R$ 两种阻值的电阻，这对选用高精度电阻和提高转换器的精度都是有利的。

10.1.2　倒 T 型电阻网络数模转换器

图 10-8 所示是一个 4 位二进制数倒 T 型电阻网络数模转换器的原理图。

由图 10-8 可以看出，这种数模转换器是由倒 T 型电阻转换网络、模拟电子开关及运算放大器组成。倒 T 型电阻网络也是由 R 和 $2R$ 两种阻值的电阻构成的。模拟电子开关也由输入的数字量来控制，当二进制数码为 1 时，模拟电子开关接到运算放大器的反相输入端，为 0 时模拟电子开关接地。

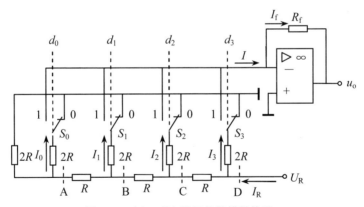

图 10-8　倒 T 型电阻网络数模转换器

根据运算放大器的虚地概念可知：

（1）分别从虚线 A、B、C、D 处向左看的二端网络等效电阻都是 R。

（2）不论模拟开关接到运算放大器的反相输入端（虚地）还是接到地，也就是不论输入数字信号是 1 还是 0，各支路的电流是不变的。

由此可求得从参考电压端输入的电流为：

$$I_R = \frac{U_R}{R}$$

根据分流公式，可得各支路电流：

$$I_3 = \frac{1}{2} I_R = \frac{U_R}{2R}$$

$$I_2 = \frac{1}{4} I_R = \frac{U_R}{4R}$$

$$I_1 = \frac{1}{8} I_R = \frac{U_R}{8R}$$

$$I_0 = \frac{1}{16} I_R = \frac{U_R}{16R}$$

由此可得出流入运算放大器的反相输入端的电流为：

$$I = I_0 d_0 + I_1 d_1 + I_2 d_2 + I_3 d_3$$

$$= \frac{U_R}{16R} d_0 + \frac{U_R}{8R} d_1 + \frac{U_R}{4R} d_2 + \frac{U_R}{2R} d_3$$

$$= \frac{U_R}{2^4 R} (d_3 \cdot 2^3 + d_2 \cdot 2^2 + d_1 \cdot 2^1 + d_0 \cdot 2^0)$$

运算放大器输出的模拟电压为：

$$u_o = -R_f I_f = -R_f I$$

$$= -\frac{U_R R_f}{2^4 R} (d_3 \cdot 2^3 + d_2 \cdot 2^2 + d_1 \cdot 2^1 + d_0 \cdot 2^0)$$

当取 $R_f = R$ 时，则上式成为：

$$u_o = -\frac{U_R}{2^4} (d_3 \cdot 2^3 + d_2 \cdot 2^2 + d_1 \cdot 2^1 + d_0 \cdot 2^0)$$

如果输入的是 n 位二进制数，则：

$$u_o = -\frac{U_R}{2^n} (d_{n-1} \cdot 2^{n-1} + d_{n-2} \cdot 2^{n-2} + \cdots + d_1 \cdot 2^1 + d_0 \cdot 2^0)$$

10.1.3 集成数模转换器及其应用

集成数模转换器的种类很多。按输入的二进制数的位数分有 8 位、10 位、12 位和 16 位等。按器件内部电路的组成部分又可以分成两大类，一类器件的内部只包含电阻网络和模拟电子开关，另一类器件的内部还包含了参考电压源发生器和运算放大器。在使用前一类器件时，必须外接参考电压源和运算放大器。为了保证数模转换器的转换精度和速度，应注意合理地确定对参考电压源稳定度的要求，选择零点漂移和转换速率都恰当的运算放大器。

　　DAC0808 是 8 位并行数模转换器，其引脚排列如图 10-9（a）所示。DAC0808 共有 16 个引脚，各引脚的功能如下：

$d_0 \sim d_7$ 为 8 位数字量的输入端。

I_o 为模拟电流输出端。

$U_R(+)$ 和 $U_R(-)$ 分别为正参考电压和负参考电压输入端。

U_{CC} 和 U_{EE} 分别为+5V 电源和-5V 电源输入端。

COP 为相位移补偿端。

　　DAC0808 的典型实用数模转换电路如图 10-9（b）所示。DAC0808 使用方便，只要给芯片提供+5V 和-5V 电源，并供给一定的参考电压 U_R，在电路的各输入端加上对应的 8 位二进制数字量，电路的输出端即可获得相应的模拟量。

　　DAC0808 以电流形式输出，一般输出电流可达 2mA。当负载输入阻抗较高时，可以直接将负载接到 DAC0808 的输出端，见图 10-9（b）中的 R_L，在 R_L 上得到负向输出电压。U_R 和电阻的取值决定了参考电流的大小，从而影响输出电流的大小。参考电流不小于 2mA。COP 端的外接电容是对器件内部的相位移进行补偿。为了增强 DAC0808 的带负载能力，往往在输出端 I_o 接一个运算放大器。

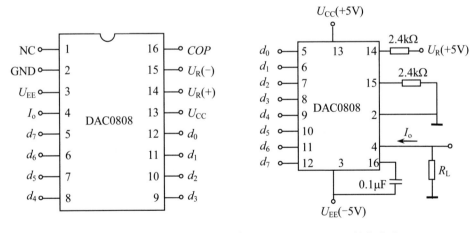

（a）引脚排列图　　　　　　　　（b）D/A 转换电路

图 10-9　集成 D/A 转换器 DAC0808 的引脚排列和实用转换电路

10.1.4　数模转换器的主要技术指标

1. 分辨率

分辨率用输入二进制数的有效位数表示。在分辨率为 n 位的数模转换器中，

输出电压能区分 2^n 个不同的输入二进制代码状态，能给出 2^n 个不同等级的输出模拟电压。

分辨率也可以用数模转换器的最小输出电压（对应的输入二进制数只有最低位为 1）与最大输出电压（对应的输入二进制数的所有位全为 1）的比值来表示。例如，在 10 位数模转换器中，分辨率为：

$$\frac{1}{2^{10}-1} = \frac{1}{1023} \approx 0.001$$

2. 转换精度

数模转换器的转换精度是指输出模拟电压的实际值与理想值之差，即最大静态转换误差。这误差是由于参考电压偏离标准值、运算放大器的零点漂移、模拟开关的压降以及电阻阻值的偏差等原因所引起的。

3. 输出建立时间

从输入数字信号起，到输出电压或电流到达稳定值时所需要的时间，称为输出建立时间。目前，在不包含参考电压源和运算放大器的单片集成数模转换器中，建立时间一般不超过 1μs。

4. 线性度

通常用非线性误差的大小表示数模转换器的线性度。产生非线性误差有两种原因：一是各位模拟开关的压降不一定相等，而且接 U_R 和接地时的压降也未必相等；二是各个电阻阻值的偏差不可能做到完全相等，而且不同位置上的电阻阻值的偏差对输出模拟电压的影响又不一样。此外还有电源抑制比、功率消耗、温度系数以及输入高、低逻辑电平的数值等技术指标。

10.2 模数转换器

在模数转换器中，因为输入的模拟信号在时间上是连续量，而输出的数字信号代码是离散量，所以进行转换时必须在一系列选定的瞬间，亦即在时间坐标轴上的一些规定点上，对输入的模拟信号采样，然后把采样的模拟电压经过模数转换器的数字化编码电路转换成 n 位的二进制数输出。

10.2.1 逐次逼近型模数转换器

逐次逼近型模数转换器一般由顺序脉冲发生器、逐次逼近寄存器、数模转换器和电压比较器等几部分组成，其原理框图如图 10-10 所示。

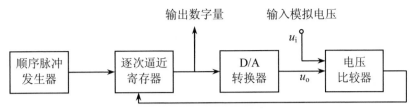

图 10-10 逐次逼近型模数转换器的原理框图

转换开始前先将所有寄存器清零。开始转换以后，时钟脉冲首先将寄存器最高位置成 1，使输出数字为 100…0。这个数码被数模转换器转换成相应的模拟电压 u_o，送到比较器中与 u_i 进行比较。若 $u_o > u_i$，说明数字过大了，故将最高位的 1 清除；若 $u_o < u_i$，说明数字还不够大，应将最高位的 1 保留。然后，再按同样的方式将次高位置成 1，并且经过比较以后确定这个 1 是否应该保留。这样逐位比较下去，一直到最低位为止。比较完毕后，寄存器中的状态就是所要求的数字量输出。

可见逐次逼近转换过程与用天平称量一个未知质量的物体时的操作过程一样，只不过使用的砝码质量一个比一个小一半。

能实现图 10-10 所示方案的电路很多，图 10-11 所示电路是其中的一种。这是一个 4 位逐次逼近型模数转换器。图中 4 个 JK 触发器 $F_A \sim F_D$ 组成 4 位逐次逼近寄存器；5 个 D 触发器 $F_1 \sim F_5$ 接成环形移位寄存器（又叫顺序脉冲发生器），它们和门 $G_1 \sim G_7$ 一起构成控制逻辑电路。

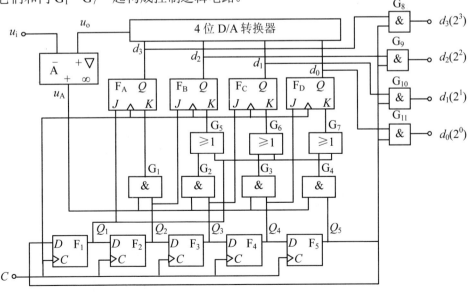

图 10-11 4 位逐次逼近型模数转换器

现分析电路的转换过程。为了分析方便，设 D/A 转换器的参考电压为 $U_R = +8\,V$，输入的模拟电压为 $u_i = 4.52\,V$。

转换开始前，先将逐次逼近寄存器的 4 个触发器 $F_A \sim F_D$ 清 0，并把环形计数器的状态置为 $Q_1 Q_2 Q_3 Q_4 Q_5 = 00001$。

第 1 个时钟脉冲 C 的上升沿到来时，环形计数器右移一位，其状态变为 10000。由于 $Q_1 = 1$，Q_2、Q_3、Q_4、Q_5 均为 0，于是触发器 F_A 被置 1，F_B、F_C 和 F_D 被置 0。所以，这时加到 D/A 转换器输入端的代码为 $d_3 d_2 d_1 d_0 = 1000$，D/A 转换器的输出电压为：

$$u_o = \frac{U_R}{2^4}(d_3 \cdot 2^3 + d_2 \cdot 2^2 + d_1 \cdot 2^1 + d_0 \cdot 2^0) = \frac{8}{16} \times 8 = 4\,V$$

u_o 和 u_i 在比较器中比较，由于 $u_o < u_i$，所以比较器的输出电压为 $u_A = 0$。

第 2 个时钟脉冲 C 的上升沿到来时，环形计数器又右移一位，其状态变为 01000。这时由于 $u_A = 0$，$Q_2 = 1$，Q_1、Q_3、Q_4、Q_5 均为 0，于是触发器 F_A 的 1 保留。与此同时，Q_2 的高电平将触发器 F_B 置 1。所以，这时加到 D/A 转换器输入端的代码为 $d_3 d_2 d_1 d_0 = 1100$，D/A 转换器的输出电压为：

$$u_o = \frac{U_R}{2^4}(d_3 \cdot 2^3 + d_2 \cdot 2^2 + d_1 \cdot 2^1 + d_0 \cdot 2^0) = \frac{8}{16} \times (8 + 4) = 6\,V$$

u_o 和 u_i 在比较器中比较，由于 $u_o > u_i$，所以比较器的输出电压为 $u_A = 1$。

第 3 个时钟脉冲 C 的上升沿到来时，环形计数器又右移一位，其状态变为 00100。这时由于 $u_A = 1$，$Q_3 = 1$，Q_1、Q_2、Q_4、Q_5 均为 0，于是触发器 F_A 的 1 保留，而 F_B 被置 0。与此同时，Q_3 的高电平将 F_C 置 1。所以，这时加到 D/A 转换器输入端的代码为 $d_3 d_2 d_1 d_0 = 1010$，D/A 转换器的输出电压为：

$$u_o = \frac{U_R}{2^4}(d_3 \cdot 2^3 + d_2 \cdot 2^2 + d_1 \cdot 2^1 + d_0 \cdot 2^0) = \frac{8}{16} \times (8 + 2) = 5\,V$$

u_o 和 u_i 在比较器中比较，由于 $u_o > u_i$，所以比较器的输出电压为 $u_A = 1$。

第 4 个时钟脉冲 C 的上升沿到来时，环形计数器又右移一位，其状态变为 00010。这时由于 $u_A = 1$，$Q_4 = 1$，Q_1、Q_2、Q_3、Q_5 均为 0，于是触发器 F_A、F_B 的状态保持不变，而触发器 F_C 被置 0。与此同时，Q_4 的高电平将触发器 F_D 置 1。所以，这时加到 D/A 转换器输入端的代码为 $d_3 d_2 d_1 d_0 = 1001$，D/A 转换器的输出电压为：

$$u_o = \frac{U_R}{2^4}(d_3 \cdot 2^3 + d_2 \cdot 2^2 + d_1 \cdot 2^1 + d_0 \cdot 2^0) = \frac{8}{16} \times (8 + 1) = 4.5\,V$$

u_o 和 u_i 在比较器中比较，由于 $u_o < u_i$，所以比较器的输出电压为 $u_A = 0$。

第 5 个时钟脉冲 C 的上升沿到来时，环形计数器又右移一位，其状态变为

00001。这时由于 $u_A = 0$，$Q_5 = 1$，$Q_1 = Q_2 = Q_3 = Q_4 = 0$，触发器 F_A、F_B、F_C、F_D 的状态均保持不变，即加到 D/A 转换器输入端的代码为 $d_3 d_2 d_1 d_0 = 1001$。同时，Q_5 的高电平将门 $G_8 \sim G_{11}$ 打开，使 $d_3 d_2 d_1 d_0$ 作为转换结果通过门 $G_8 \sim G_{11}$ 送出。

这样就完成了一次转换。转换过程如表 10-1 所示。

表 10-1 4 位逐次逼近型模数转换器的转换过程

顺序脉冲	d_3	d_2	d_1	d_0	u_o/V	比较判断	该位数码 1 是否保留
1	1	0	0	0	4	$u_o < u_i$	保留
2	1	1	0	0	6	$u_o > u_i$	除去
3	1	0	1	0	5	$u_o > u_i$	除去
4	1	0	0	1	4.5	$u_o < u_i$	保留

上例中的转换误差为 0.02V。转换误差的大小取决于 A/D 转换器的位数，位数越多，转换误差就越小。

从以上分析可以看出，图 10-11 所示 4 位逐次逼近型模数转换器完成一次转换需要 5 个时钟脉冲信号的周期。显然，如果位数增加，转换时间也会相应地增加。

逐次逼近型模数转换器的分辨率较高、误差较低、转换速度较快，是应用非常广泛的一种模数转换器。

10.2.2 集成 A/D 转换器及其应用

集成 A/D 转换器的种类很多。例如 AD571、ADC0801、ADC0804、ADC0809 等。下面以 ADC0801 为例来介绍集成 A/D 转换器的应用。图 10-12 所示是 ADC0801 的应用接线图。

ADC0801 各引脚的功能如下：

1（$\overline{CS}$）、2（$\overline{RD}$）和 3（$\overline{WR}$）脚为输入控制端，都是低电平有效。$\overline{CS}$ 为输入片选信号，$\overline{CS} = 0$ 时，选中此芯片，可以进行转换。$\overline{RD}$ 为输出允许信号，转换完成后，$\overline{RD} = 0$，允许外电路取走转换结果。$\overline{WR}$ 为输入启动转换信号，$\overline{WR} = 0$ 时，启动芯片进行转换。

4（CLK_{in}）脚为外部时钟脉冲输入端，时钟脉冲频率的典型值为 640kHz。

5（$\overline{INTR}$）脚为输出控制端，低电平有效。当一次转换结束时，$\overline{INTR}$ 自动由高电平变为低电平，以通知其他设备（如计算机）来取结果。下一次转换开始时，$\overline{INTR}$ 又自动由低电平变为高电平。ADC0801 的一次转换时间约为 100μs。

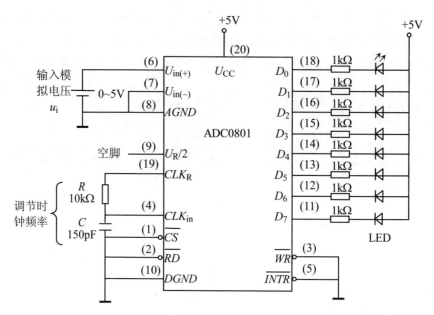

图 10-12　ADC0801 的应用接线图

6（$U_{in(+)}$）和 7（$U_{in(-)}$）脚为模拟信号输入端，是输入级差分放大电路的两个输入端。如果输入电压为正，则从 6 脚输入，7 脚接地；如果为负，则反之。

8（$AGND$）脚为模拟信号接地端。

9（$U_R/2$）脚为外接参考电压输入端，其值约为输入电压范围的 1/2。当输入电压为 0～5V 时，此端通常不接，而由芯片内部提供参考电压。

10（$DGND$）脚为数字信号接地端。

11~18（D_7~D_0）脚为 8 位数字量的输出端，由三态锁存器输出，因此数据输出可以采用总线结构。

19（CLK_R）脚为内部时钟脉冲端。由内部时钟脉冲发生器提供时钟脉冲，但要外接一个电阻 R 和一个电容 C，如图 10-12 所示。内部时钟脉冲的频率为：

$$f \approx \frac{1}{1.1RC}$$

当 $R = 10\,k\Omega$、$C = 150\,pF$ 时，$f = 640\,kHz$。内部时钟脉冲产生后，也可从 19 端输出，供同一系统中其他芯片使用。

20（$+U_{CC}$）脚为电源端，$U_{CC} = 5V$。

如果利用 ADC0801 进行一次性 A/D 转换，其工作过程为：先由外电路给 $\overline{CS}$ 片选端输入一个低电平，选中此芯片使之进入工作状态，此时 $\overline{RD}$ 输出为高电平，表示转换没有完成，芯片输出为高阻态。$\overline{WR}$ 和 $\overline{INTR}$ 为高电平时芯片不工作。当

外电路给 $\overline{WR}$ 端输入一个低电平时启动芯片,正式开始 A/D 转换。转换完成后,$\overline{RD}$ 输出为低电平,允许外电路取走 $D_0 \sim D_7$ 数据,此时外电路使 $\overline{CS}$ 和 $\overline{WR}$ 为高电平,A/D 转换停止。外电路取走 $D_0 \sim D_7$ 数据后,使 $\overline{INTR}$ 为低电平,表示数据已取走。若要再进行一次 A/D 转换,则重复上述控制转换过程。

图 10-12 所示电路是 ADC0801 连续转换工作状态:使 $\overline{CS}$ 和 $\overline{WR}$ 端接地,允许电路开始转换;因为不需要外电路取转换结果,也使 $\overline{RD}$ 和 $\overline{INTR}$ 端接地,此时在时钟脉冲控制下,对输入电压 u_i 进行 A/D 转换。8 位二进制输出端 $D_0 \sim D_7$ 接至 8 个发光二极管的阴极。输出为高电平的输出端,其对应的发光二极管不亮;输出为低电平的输出端,其对应的发光二极管就亮。通过发光二极管的亮、灭,就可知道 A/D 转换的结果。改变输入模拟电压的值,可得到不同的二进制输出值。

10.2.3　模数转换器的主要技术指标

1. 分辨率

模数转换器的分辨率用输出二进制数的位数表示,位数越多,误差越小,转换精度越高。例如,输入模拟电压的变化范围为 0~5V,输出 8 位二进制数可以分辨的最小模拟电压为 $5V \times 2^{-8} = 20mV$;而输出 12 位二进制数可以分辨的最小模拟电压为 $5V \times 2^{-12} \approx 1.22mV$ 。

2. 相对精度

在理想情况下,所有的转换点应当在一条直线上。相对精度是指实际的各个转换点偏离理想特性的误差。

3. 转换速度

转换速度是指完成一次转换所需的时间。转换时间是指从接到转换控制信号开始,到输出端得到稳定的数字输出信号所经过的这段时间。

本章小结

（1）模数转换器和数模转换器是现代数字系统中的重要组成部分,在许多计算机控制、快速检测和信号处理等系统中的应用日益广泛。数字系统所能达到的精度和速度最终取决于模数转换器和数模转换器的转换精度和转换速度。因此,转换精度和转换速度是模数转换器和数模转换器的两个最重要的指标。

（2）数模转换器的功能是将输入的二进制数字信号转换成相对应的模拟信号输出。由于 T 型电阻网络数模转换器只要求两种阻值的电阻,因此最适合于集成工艺,集成数模转换器普遍采用这种电路结构。

（3）模数转换器的功能是将输入的模拟信号转换成一组多位的二进制数字输出。不同的模数转换方式具有各自的特点。由于逐次逼近型模数转换器的分辨率较高、转换误差较低、转换速度较快，因此得到了普遍应用。

习题十

10-1　常见的数模转换器有那几种？其各自的特点是什么？

10-2　某个数模转换器，要求 10 位二进制数能代表 0～50V，试问此二进制数的最低位代表几伏？

10-3　在图 10-2 所示的电路中，若 $U_R = +5$ V，$R_f = 3R$，其最大输出电压 u_o 是多少？

10-4　一个 8 位的 T 型电阻网络数模转换器，设 $U_R = +5$ V，$R_f = 3R$，试求 $d_7 \sim d_0$ 分别为 11111111、11000000、00000001 时的输出电压 u_o。

10-5　一个 8 位的 T 型电阻网络数模转换器，$R_f = 3R$，若 $d_7 \sim d_0$ 为 11111111 时的输出电压 $u_o = 5$ V，则 $d_7 \sim d_0$ 分别为 11000000、00000001 时 u_o 各为多少？

10-6　图 10-13 所示电路是 4 位二进制数权电阻网络数模转换器的原理图，已知 $U_R = 10$V，$R = 10$ kΩ，$R_f = 5$ kΩ。试推导输出电压 u_o 与输入的数字量 d_3、d_2、d_1、d_0 的关系式，并求当 $d_3 d_2 d_1 d_0$ 为 0110 时输出模拟电压 u_o 的值。

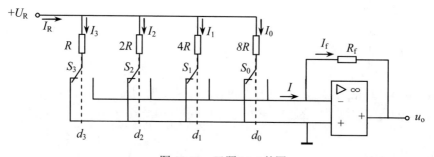

图 10-13　习题 10-6 的图

10-7　D/A 转换器和 A/D 转换器的分辨率说明了什么？

10-8　在图 10-11 所示的 4 位逐次逼近型模数转换器中，D/A 转换器的基准电压 $U_R = 10$ V，输入的模拟电压 $u_i = 6.8$ V，试说明逐次比较的过程，并求出最后的转换结果。

附 录

附录1　半导体分立器件型号命名方法

（国家标准　GB249－89）

第一部分		第二部分		第三部分		第四部分	第五部分
用数字表示器件的电极数目		用汉语拼音字母表示器件的材料和极性		用汉语拼音字母表示器件的类型		用数字表示器件的序号	用汉语拼音字母表示器件的规格号
符号	意义	符号	意义	符号	意义		
2	二极管	A	N 型，锗材料	P	小信号管		
		B	P 型，锗材料	V	混频检波管		
		C	N 型，硅材料	W	电压调整管和电压基准管		
		D	P 型，硅材料	C	变容管		
3	三极管	A	PNP 型，锗材料	Z	整流管		
		B	NPN 型，锗材料	L	整流堆		
		C	PNP 型，硅材料	S	隧道管		
		D	NPN 型，硅材料	K	开关管		
		E	化合物材料	U	光电管		
				X	低频小功率管 $f_C<3MHz$，$P_C<1W$		
				G	高频小功率管 $f_C \geqslant 3MHz$，$P_C<1W$		
				D	低频大功率管 $f_C<3MHz$，$P_C \geqslant 1W$		
				A	高频大功率管 $f_C \geqslant 3MHz$，$P_C \geqslant 1W$		
				T	晶体闸流管		

示例　　　　　　　3 A G 1 B

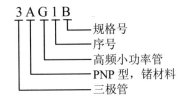

- 规格号
- 序号
- 高频小功率管
- PNP 型，锗材料
- 三极管

附录 2　半导体集成电路型号命名方法

（国家标准　GB430－89）

第 0 部分		第一部分		第二部分	第三部分		第四部分	
用字母表示器件符合国家标准		用字母表示器件的类型		用数字表示器件的系列和品种代号	用字母表示器件的工作温度范围		用字母表示器件的封装	
符号	意义	符号	意义		符号	意义	符号	意义
C	符合国家标准	T	TTL		C	0～70℃	F	多层陶瓷扁平
		H	HTL		G	−25～70℃	B	塑料扁平
		E	ECL		L	−25～85℃	H	黑瓷扁平
		C	CMOS		E	−40～85℃	D	多层陶瓷双列直插
		M	存储器		R	−55～85℃	J	黑瓷双列直插
		μ	微型机电路		M	−55～125℃	P	塑料双列直插
		F	线性放大器				S	塑料单列直插
		W	稳压器				K	金属菱形
		B	非线性电路				T	金属圆形
		J	接口电路				C	陶瓷片状载体
		AD	A/D 转换器				E	塑料片状载体
		DA	D/A 转换器				G	网格阵列
		D	音响电路					
		SC	通信电路					
		SS	敏感电路					
		SW	钟表电路					

示例

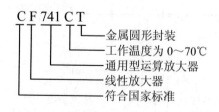

C F 741 C T

金属圆形封装
工作温度为 0～70℃
通用型运算放大器
线性放大器
符合国家标准

部分习题参考答案

第 1 章

1-1 （a） $U_o = 0.7\,V$

（b） $U_o = 1.5\,V$

（c） $U_o = 4.3\,V$

1-3 （1） $U_F = 0V$ ， $I_R = 2mA$ ， $I_{DA} = 1mA$ ， $I_{DB} = 1mA$

（2） $U_F = 3V$ ， $I_R = 1mA$ ， $I_{DA} = 1mA$ ， $I_{DB} = 0mA$

（3） $U_F = 3V$ ， $I_R = 1mA$ ， $I_{DA} = 0.5mA$ ， $I_{DB} = 0.5mA$

1-4 （1） $U_F = 0V$ ， $I_R = 0mA$ ， $I_{DA} = 0mA$ ， $I_{DB} = 0mA$

（2） $U_F = 3V$ ， $I_R = 1mA$ ， $I_{DA} = 1mA$ ， $I_{DB} = 0mA$

（3） $U_F = 3V$ ， $I_R = 1mA$ ， $I_{DA} = 0.5mA$ ， $I_{DB} = 0.5mA$

1-6 $I_Z = 2.02mA$

第 2 章

2-2 （1） $I_B = 50\,\mu A$， $I_C = 2\,mA$， $U_{CE} = 6\,V$

2-3 $R_B = 160\,k\Omega$， $I_B = 75\,\mu A$， $I_C = 3\,mA$， $U_{CE} = 3\,V$

$R_B = 320\,k\Omega$， $I_B = 37.5\,\mu A$， $I_C = 1.5\,mA$， $U_{CE} = 7.5\,V$

2-4 $I_B = 50\,\mu A$， $I_C = 4\,mA$， $U_{CE} = 0.3\,V$，三极管处于饱和状态

2-5 $R_C = 2.5\,k\Omega$， $R_B = 200\,k\Omega$

2-7 （a） $I_B = 50\,\mu A$， $I_C = 2\,mA$， $U_{CE} = 6\,V$

（b） $I_B = 33\,\mu A$， $I_C = 1.33\,mA$， $U_{CE} = 8\,V$

2-8 （2） $R_B = 600\,k\Omega$

2-9 空载时 $\dot{A}_u = -180$；接上负载时 $\dot{A}_u = -90$

2-10 （1） $I_B = 16\,\mu A$， $I_C = 0.8\,mA$， $U_{CE} = 7.2\,V$

（3） $r_i = 1.74\,k\Omega$， $r_o = 3\,k\Omega$

（4） $\dot{A}_u = -38$ ， $A_{us} = -23.4$

2-11 （1） $I_B = 12\,\mu A$， $I_C = 1.2\,mA$， $U_{CE} = 6\,V$

（3）$r_i = 12.9 \text{ k}\Omega$，$r_o = 3 \text{ k}\Omega$

（4）$\dot{A}_u = -6.6$，$\dot{A}_{us} = -6.58$

2-12 （1）$I_B = 25 \text{ μA}$，$I_C = 1.5 \text{ mA}$，$U_{CE} = 4.5 \text{ V}$

（3）$r_i = 92.6 \text{ k}\Omega$，$r_o = 3 \text{ k}\Omega$

（4）$\dot{A}_u = -0.73$

2-13 （1）$I_B = 25 \text{ μA}$，$I_C = 2.5 \text{ mA}$，$U_{CE} = 7 \text{ V}$

（3）$r_i = 85 \text{ k}\Omega$，$r_o = 13 \Omega$

（4）$\dot{A}_u = 0.99$

2-14 $U_o = 1.2 \text{ V}$

2-16 （1）$I_D = 0.3 \text{ mA}$，$U_{DS} = 6 \text{ V}$

（3）$r_i = 1075 \text{ k}\Omega$，$r_o = 10 \text{ k}\Omega$

（4）$\dot{A}_u = -25$

2-17 （1）$I_D = 0.8 \text{ mA}$，$U_{DS} = 4 \text{ V}$

（3）$r_i = 667 \text{ k}\Omega$，$r_o = 5 \text{ k}\Omega$

（4）$\dot{A}_u = -12.5$

2-18 $r_i = 1 \text{ M}\Omega$，$r_o = 200 \Omega$，$\dot{A}_u = 0.97$

第 3 章

3-1 （1）$I_{B1} = I_{B2} = 34 \text{ μA}$，$I_{C1} = I_{C2} = 1.7 \text{ mA}$，$U_{CE1} = U_{CE2} = 5.2 \text{ V}$

（3）$\dot{A}_{u1} = -30$，$\dot{A}_{u2} = -50$，$\dot{A}_u = 1500$

3-2 （1）$I_{B1} = 20 \text{ μA}$，$I_{C1} = 1 \text{ mA}$，$U_{CE1} = 4 \text{ V}$

$I_{B2} = 40 \text{ μA}$，$I_{C2} = 2 \text{ mA}$，$U_{CE2} = 6 \text{ V}$

（3）$\dot{A}_{u1} = -113$，$\dot{A}_{u2} \approx 1$，$\dot{A}_u = -113$

3-3 （1）$I_{B1} = 10 \text{ μA}$，$I_{C1} = 0.5 \text{ mA}$，$U_{CE1} = 10.5 \text{ V}$

$I_{B2} = 20 \text{ μA}$，$I_{C2} = 1 \text{ mA}$，$U_{CE2} = 6 \text{ V}$

（3）$\dot{A}_{u1} \approx 1$，$\dot{A}_{u2} = -156$，$\dot{A}_u = -156$

3-4 （1）$I_B = 10 \text{ μA}$，$I_C = 0.5 \text{ mA}$，$U_C = 6 \text{ V}$

（2）$u_{ic} = 6 \text{ mV}$，$u_{id} = 3 \text{ mV}$

（3）$u_{oc1} = u_{oc2} = -3 \text{ mV}$

（4）$u_{od1} = -610 \text{ mV}$，$u_{od2} = 610 \text{ mV}$

（5）$u_{o1} = -613 \text{ mV}$，$u_{o2} = 607 \text{ mV}$

（6）$u_{oc} = 0 \text{ mV}$，$u_o = u_{od} = -1220 \text{ mV} = -1.22 \text{V}$

3-5 $\quad I_C = 0.5\,\text{mA}$, $\quad U_C = 10\,\text{V}$, $\quad A_d = 84.7$

3-6 $\quad P_{max} = 6.25\,\text{W}$

3-7 $\quad A = 2500$, $\quad F = 0.0096$

3-8 $\quad A_f = 100$, $\quad \dfrac{\mathrm{d}A_f}{A_f} = 0.1\%$

第 4 章

4-1 $\quad u_o = 0 \sim -6\,\text{V}$

4-2 $\quad u_o = 6 \sim 12\,\text{V}$

4-3 $\quad$量程为 $50\mu\text{A}$

4-4 $\quad$（1） $R_x = 0.5Ru_o$

$\qquad$（2） $R = 10\,\text{k}\Omega$

4-5 $\quad i_o = \dfrac{u_i}{R}$

4-6 $\quad i_o = \dfrac{u_i}{R}$

4-7 $\quad i_o = \dfrac{U}{R}$

4-8 $\quad u_o = -\dfrac{1}{R_1}\left(R_{f1} + R_{f2} + \dfrac{R_{f1}R_{f2}}{R_{f3}} \right)u_i$

4-9 $\quad u_o = -(u_{i1} + u_{i2})$

4-10 $\quad u_o = 2(u_{i2} - u_{i1})$

4-11 $\quad u_o = 30u_i$

4-12 $\quad u_o = \left(1 + \dfrac{R_2}{R_1} \right)u_i$

4-14 $\quad u_o = -4(u_{i1} + u_{i2})$

4-15 $\quad u_o = 0.5(u_{i1} + u_{i2})$

4-16 $\quad u_o = 4(u_{i2} - u_{i1})$

4-17 $\quad u_o = 6u_{i1} + 3u_{i2} - 4u_{i3}$

4-18 $\quad t = 1\,\text{s}$ 时 $u_o = 6\,\text{V}$, $\quad t = 2\,\text{s}$ 时 $u_o = 12\,\text{V}$, $\quad t = 3\,\text{s}$ 时 $u_o = 12\,\text{V}$

4-19 $\quad u_o = -\left(\dfrac{R_f}{R}u_i + \dfrac{1}{RC}\displaystyle\int u_i\mathrm{d}t \right)$

4-20 $\quad u_o = -\left(\dfrac{R_f}{R}u_i + RC\dfrac{\mathrm{d}u_i}{\mathrm{d}t} \right)$

4-25 $\quad f = 16\,\text{kHz}$, $\quad R_f \geqslant 40\,\text{k}\Omega$

第 5 章

5-1　$I_D = 0.75$ A，$U_{DRM} = 56.4$ V

5-3　$U_2 = 56$ V，$I_2 = 178$ mA；$I_D = 80$ mA，$U_{DRM} = 79$ V

5-4　（1）13.75 mA

　　（2）19.44mA

　　（3）244V

5-5　（1）$U_o = 9$ V，$I_o = 90$ mA

　　（2）$U_o = 4.5$ V，$I_o = 45$ mA

　　（3）短路

　　（4）$U_o = 12$ V

5-7　（1）24V

　　（2）20V

5-9　二极管：$I_D = 75$ mA，$U_{RM} = 35.3$ V

　　电容：$C = 250$ μF，耐压大于35.3V

5-12　（1）$U_{omin} = 4.9$ V，$U_{omax} = 21.3$ V

　　　（2）$R_1 = R_2 = R_P$

5-13　（2）$k = 15.5$，$I_D = 250$ mA，$U_{DRM} = 20$ V，$C_1 = C_2 = 1000$ μF

第 6 章

6-1　$(2075)_{10} = (100000011011)_2 = (81B)_{16}$

6-2　$(101)_2 = (5)_{10}$，$(101)_{16} = (257)_{10}$

6-3　$(110111)_2 = (55)_{10} = (37)_{16}$，$(1001101)_2 = (77)_{10} = (4D)_{16}$

6-4　$(3692)_{10} = (111001101100)_2 = (0011\ 0110\ 1001\ 0010)_{8421}$

6-5　$(100100101001)_2 = (2345)_{10}$，$(100100101001)_{8421} = (929)_{10}$

6-6　（1）$F_1 = ABC$，$F_2 = A + B + C$

6-7　$F_1 = AB$，$F_2 = A + B$

6-8　（a）$F = \bar{A}$；（b）$F = AB$；（c）$F = A + B$

6-9　$F_1 = \overline{AB}$，$F_2 = \overline{A+B}$，$F_3 = A \oplus B$，$F_4 = AB$，$F_5 = A + B$，$F_6 = \overline{A \oplus B}$

6-10　$F_1 = AB + C$，$F_2 = AC + B$，$F_3 = \overline{\overline{A \oplus B} \oplus \overline{B \oplus C}}$，$F_4 = \overline{AB + BC + CA}$

6-12　（1）011、101、110、111

　　　（2）011、100、101

（3）001、010、100、111

（4）000、001、010、100

6-14　$F_1 = A\overline{C} + B\overline{C}$ ，　$F_2 = \overline{A}\overline{B}C + \overline{A}B\overline{C} + A\overline{B}\overline{C} + ABC$

　　　$F_3 = AB + BC + CA$ ，　$F_4 = \overline{A}B + BC + C\overline{A}$

6-15　$F = A + \overline{B}\overline{C}$

6-16　$F = A\overline{B} + \overline{A}B + \overline{B}C$

6-17　（1）$F = AB + \overline{A}C$

　　　（2）$F = 1$

　　　（3）$F = AB + BC + \overline{A}CD + AC\overline{D}$

　　　（4）$F = A\overline{B} + \overline{D}$

　　　（5）$F = B$

　　　（6）$F = \overline{A}\overline{B}$

　　　（7）$F = 0$

　　　（8）$F = A + B$

6-18　（1）$F = A\overline{B} + A\overline{C} + A\overline{D}$

　　　（2）$F = A\overline{B} + B\overline{C} + AD$

　　　（3）$F = B\overline{D} + \overline{A}CD + A\overline{B}D$

　　　（4）$F = \overline{B}\overline{D}$

　　　（5）$F = \overline{C}$

　　　（6）$F = \overline{C}\overline{D} + \overline{A}\overline{B}C + A\overline{B}\overline{D} + ABD + BCD$

　　　（7）$F = \overline{A}\overline{B} + \overline{A}\overline{C} + \overline{A}\overline{D} + \overline{B}\overline{D} + \overline{C}\overline{D}$

　　　（8）$F = AB + A\overline{C} + B\overline{C}$

第7章

7-1　（a）$F = \overline{A}B + A\overline{B}$

　　　（b）$F = \overline{A}B + A\overline{B}$

7-2　（a）$F = AB + BC$

　　　（b）$F = \overline{A}BC$

7-6　（a）$F = \overline{A}\overline{B} + AB + A\overline{C}$

　　　（b）$F = \overline{A}\overline{B} + BCD$

7-7　（a）$F = AB + \overline{A}C + BC$

　　　（b）$F = AB + \overline{A}\overline{B}\overline{C} + \overline{C}D + BC\overline{D}$

7-8　（a）$F_1 = AB + CD$ ，　$F_2 = BD + CD$

（b）$F_1 = BC + AC$ ，$F_2 = AB + BC + CA$

7-9　（a）$F = AB + \overline{A}\overline{B}$

　　　（b）$F = \overline{\overline{A \oplus B} + \overline{C \oplus D}}$

7-10　$F = A \oplus B \oplus C$

7-11　（a）$F = A \oplus B \oplus C \oplus D$

　　　（b）$F_1 = A \oplus B \oplus C$ ，$F_2 = AB + BC + CA$

7-12　（a）$F = A \oplus B \oplus C \oplus D$

　　　（b）$F_3 = B_3$ ，$F_2 = B_3 \oplus B_2$ ，$F_1 = B_2 \oplus B_1$ ，$F_0 = B_1 \oplus B_0$

　　　（c）$F_2 = B_2 \oplus M$ ，$F_1 = B_1 \oplus M$ ，$F_0 = B_0 \oplus M$

7-13　$F_1 = A \oplus B \oplus C$ ，$F_2 = AB + BC + CA$ ，

7-14　$F = \overline{X}(\overline{A_1}\overline{A_0}D_0 + \overline{A_1}A_0 D_1 + A_1\overline{A_0}D_2 + A_1 A_0 D_3)$

7-15　（1）$F = ABC + ABD + ACD + BCD$

　　　（2）$F = A \oplus B \oplus C \oplus D$

　　　（3）$F = \overline{A \oplus B \oplus C \oplus D}$

　　　（4）$F = \overline{A}\ \overline{B}\ \overline{C}\ \overline{D} + ABCD$

7-16　$F_3 = \overline{B_3 \oplus C}$ ，$F_2 = \overline{B_2 \oplus C}$ ，$F_1 = \overline{B_1 \oplus C}$ ，$F_0 = \overline{B_0 \oplus C}$

7-17　（1）$F = \overline{B_0}$

　　　（2）$F = \overline{B_3}\overline{B_2}\overline{B_1}\overline{B_0} + \overline{B_3}B_2\overline{B_1}B_0 + B_3\overline{B_2}B_1\overline{B_0} + B_3 B_2 B_1 B_0$

　　　（3）$F = B_3 + B_2 B_1 + B_2 B_0$

　　　（4）$F = \overline{B_3} + \overline{B_2}\overline{B_1} + \overline{B_2}\overline{B_0}$

7-18　$F_1 = \overline{C}$ ，$F_2 = \overline{A}\overline{B} + BC$ ，$F_3 = AB + AC$ ，$F_4 = \overline{A}B + BC$

7-19　$F = \overline{A \oplus B \oplus C \oplus D}$

7-20　（1）$F_3 = A + BC + BD$ ，$F_2 = \overline{B}C + \overline{B}D + BC\overline{D}$ ，$F_1 = \overline{C}D + CD$ ，$F_0 = \overline{D}$

　　　（2）$F_3 = BC$ ，$F_2 = A\overline{B} + B\overline{C}$ ，$F_1 = \overline{A}C + A\overline{C}$ ，$F_0 = D$

　　　（3）$F_3 = A$ ，$F_2 = A + B$ ，$F_1 = \overline{B}C + B\overline{C}$ ，$F_0 = \overline{C}D + C\overline{D}$

　　　（4）$a = A_3 + A_2 A_0 + A_1 A_0 + \overline{A_2}\overline{A_0}$ ，$b = \overline{A_2} + \overline{A_1}\overline{A_0} + A_1 A_0$ ，$c = A_2 + \overline{A_1} + A_0$

　　　　　$d = \overline{A_2}\overline{A_0} + A_1\overline{A_0} + \overline{A_2}A_1 + A_2\overline{A_1}A_0$ ，$e = \overline{A_2}\overline{A_0} + A_1\overline{A_0}$

　　　　　$f = A_3 + \overline{A_1}\overline{A_0} + A_2\overline{A_1} + A_2\overline{A_0}$ ，$g = A_3 + A_1\overline{A_0} + \overline{A_2}A_1 + A_2\overline{A_1}$

7-21　$X_3 = B_2$ ，$X_2 = B_1$ ，$X_1 = B_0$ ，$X_0 = 0$ ；$Y_5 = B_2 B_1$ ，$Y_4 = B_2\overline{B_1} + B_2 B_0$ ，

　　　$Y_3 = \overline{B_2}B_1 B_0 + B_2\overline{B_1}B_0$ ，$Y_2 = B_1\overline{B_0}$ ，$Y_1 = 0$ ，$Y_0 = B_0$

7-22　红灯 $F_1 = AB$ ，黄灯 $F_2 = AC$ ，白灯 $F_3 = A\overline{B}$

7-23　红灯 $F_1 = \overline{A}\ \overline{B} + \overline{B}\ \overline{C} + \overline{C}\ \overline{A}$ ，黄灯 $F_2 = \overline{A}\ \overline{B}\ \overline{C} + \overline{A}BC + A\overline{B}C + AB\overline{C}$

　　　绿灯 $F_3 = ABC$

7-24 $X = \overline{A}\,\overline{B}\,\overline{C} + \overline{A}\,\overline{B}\,\overline{D} + \overline{A}\,\overline{C}\,\overline{D} + \overline{B}\,\overline{C}\,\overline{D} + BCD + ABD + ABC + ACD$

   $Y = AB + AC + AD + BC + BD + CD$

7-25 $F = \overline{B}C + \overline{A}B\overline{D} + A\overline{B}\,\overline{D} + B\overline{C}D + ABD$

7-26 $F = \overline{S}_2\overline{S}_1\overline{S}_0 + \overline{S}_2\overline{A}B + \overline{S}_2AB + \overline{S}_1AB + \overline{S}_0\overline{A}B$

7-28 半减器：和 $S_i = A_i \oplus B_i$ ，借位 $G_i = \overline{A}_iB_i$

   全减器：和 $S_i = A_i \oplus B_i \oplus G_{i-1}$ ，借位 $G_i = \overline{A}_iB_i + \overline{A}_iG_{i-1} + B_iG_{i-1}$

7-29 $Y_3 = A_1A_0B_1B_0$ ， $Y_2 = A_1\overline{A}_0B_1 + A_1B_1\overline{B}_0$

   $Y_1 = A_1\overline{A}_0B_0 + A_1\overline{B}_1B_0 + \overline{A}_1A_0B_1 + A_0B_1\overline{B}_0$ ， $Y_0 = A_0B_0$

7-30 $Y_2 = (A_1B_1 + \overline{A}_1\overline{B}_1)(A_0B_0 + \overline{A}_0\overline{B}_0)$ ， $Y_1 = A_1\overline{B}_1 + A_1B_1A_0B_0 + \overline{A}_1\overline{B}_1A_0B_0$

   $Y_0 = \overline{A}_1B_1 + A_1B_1\overline{A}_0B_0 + \overline{A}_1\overline{B}_1\overline{A}_0B_0$

7-31 差 $W_i = \overline{\overline{Y_1}\,\overline{Y_2}\,\overline{Y_4}\,\overline{Y_7}}$ ， 借位 $G_i = \overline{\overline{Y_1}\,\overline{Y_2}\,\overline{Y_3}\,\overline{Y_7}}$

7-32 （1） $F = \overline{\overline{Y_0}\,\overline{Y_1}\,\overline{Y_2}\,\overline{Y_5}\,\overline{Y_6}\,\overline{Y_7}}$

   （2） $F = \overline{\overline{Y_4}\,\overline{Y_5}\,\overline{Y_7}}$

   （3） $F = \overline{\overline{Y_1}\,\overline{Y_2}\,\overline{Y_3}\,\overline{Y_4}\,\overline{Y_5}\,\overline{Y_6}}$

   （4） $F = \overline{\overline{Y_4}\,\overline{Y_5}\,\overline{Y_6}\,\overline{Y_7}}$

7-33 （1） $D_0 = D_3 = 1$ ， $D_1 = D_2 = 0$

   （2） $D_0 = D_3 = 0$ ， $D_1 = D_2 = 1$

   （3） $D_0 = C$ ， $D_1 = D_2 = 0$ ， $D_3 = 1$

   （4） $D_0 = 0$ ， $D_1 = D_2 = 1$ ， $D_3 = \overline{C}$

7-34 （1） $D_0 = D_3 = D_5 = D_6 = 0$ ， $D_1 = D_2 = D_4 = D_7 = 1$

   （2） $D_0 = D_2 = D_3 = D_4 = D_6 = 0$ ， $D_1 = D_5 = D_7 = 1$

   （3） $D_0 = D_2 = D_4 = 1$ ， $D_1 = D_5 = \overline{D}$ ， $D_3 = D$ ， $D_6 = D_7 = 0$

   （4） $D_1 = D_4 = D_5 = 1$ ， $D_0 = D_2 = D_3 = D_6 = D_7 = D$

第 8 章

8-6

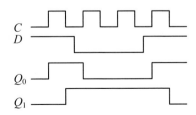

8-7　　$f_0 = 2000\ \text{Hz}$，$f_1 = 1000\ \text{Hz}$

8-9

C	Q_0	Q_1	Q_2	Q_3
0	0	0	0	1
1	1	0	0	0
2	0	1	0	0
3	0	0	1	0
4	0	0	0	1

8-10

C	Q_0	Q_1	Q_2	Q_3
0	0	0	0	0
1	1	0	0	0
2	0	1	0	0
3	0	0	1	0
4	1	0	0	1

8-11

C	Q_0	Q_1	Q_2
0	0	0	0
1	1	0	0
2	0	1	0
3	0	0	1
4	0	0	0

8-12　同步 2 位二进制可逆计数器

8-13　同步五进制计数器

8-14　异步六进制计数器

8-16　异步六进制计数器

8-17　（a）8421 码八进制计数器

　　　（b）5421 码六进制计数器

　　　（c）8421 码七进制计数器

8-18　（a）十进制计数器

　　　（b）11 进制计数器

8-19　（a）50 进制计数器

　　　（b）137 进制计数器

8-20 （1）$\overline{CR} = \overline{Q_2}$

（2）$\overline{CR} = \overline{Q_5 Q_4 Q_0}$

（3）$\overline{CR} = \overline{Q_6 Q_5 Q_1 Q_0}$

（4）$\overline{CR} = \overline{Q_7 Q_6 Q_3}$

8-21 （1）$\overline{LD} = \overline{Q_2 Q_0}$

（2）$\overline{LD} = \overline{Q_5 Q_4 Q_1}$

（3）$\overline{LD} = \overline{Q_6 Q_5 Q_2}$

（4）$\overline{LD} = \overline{Q_7 Q_6 Q_2 Q_1 Q_0}$

8-22 （1）$R_{0A} = R_{0B} = Q_3 Q_0$

（2）$R_{0A} = R_{0B} = Q_5 Q_4 Q_2 Q_0$

（3）$R_{0A} = R_{0B} = Q_6 Q_4$

（4）$R_{0A} = R_{0B} = Q_6 Q_5 Q_4 Q_3$

8-25 11s

第 9 章

9-1 $4G \times 16$

9-2 （1）512，8，9

（2）1k，4，10

（3）64k，1，16

（4）256k，4，18

9-7

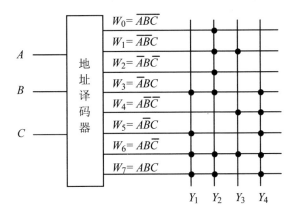

9-9

$$Y_1 = A\bar{D} + BD$$
$$Y_2 = BD + AC$$
$$Y_3 = AC + AB + AD$$
$$Y_4 = AD + \bar{A}C$$

9-10

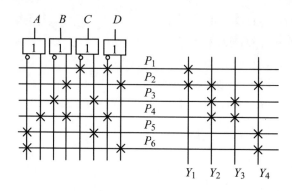

第 10 章

10-2　0.05V

10-3　−4.6875V

10-4　−4.98V，−3.75V，−0.0195V

10-5　3.765V，0.0196V

10-6　$u_o = -\dfrac{U_R R_f}{2^3 R}(d_3 \cdot 2^3 + d_2 \cdot 2^2 + d_1 \cdot 2^1 + d_0 \cdot 2^0)$，−3.75V

10-8　6.5V

参考文献

[1] 秦曾煌主编. 电工学（上册）. 第 5 版. 北京：高等教育出版社，1999.

[2] 陈宗穆主编. 电子技术. 第 2 版. 长沙：湖南科学技术出版社，2001.

[3] 康华光主编. 电子技术基础（模拟部分）. 第 3 版. 北京：高等教育出版社，1988.

[4] 康华光主编. 电子技术基础（数字部分）. 第 3 版. 北京：高等教育出版社，1988.

[5] 杨素行主编. 模拟电子技术基础简明教程. 第 2 版. 北京：高等教育出版社，1998.

[6] 余孟尝主编. 数字电子技术基础简明教程. 第 2 版. 北京：高等教育出版社，1999.

[7] 周良权主编. 模拟电子技术基础. 北京：高等教育出版社，1993.

[8] 周良权主编. 数字电子技术基础. 北京：高等教育出版社，1993.

[9] 田华荣，李中发主编. 计算机课程上机操作与实验指导大全. 北京：气象出版社，1995.

[10] 李中发主编. 数字电子技术. 北京：中国水利水电出版社，2001.

[11] 刘全忠主编. 电子技术（电工学 II）. 北京：高等教育出版社，1999.

[12] 李中发主编. 电工电子技术基础. 北京：中国水利水电出版社，2003.

[13] 李中发. 电子技术基础. 北京：中国水利水电出版社，2004.